Compendium
der
Technologie.

Als Leitfaden
zum Gebrauche bei Vorlesungen für Cameralisten, Juristen und Polytechniker.

Von
Sigismund Friedrich Hermbstädt.

Neue durchaus umgearbeitete Ausgabe
besorgt
von
Prof. Dr. R. Wagner.

Berlin,
Druck und Verlag von Georg Reimer.
1855.

Vorwort zur ersten Auflage.

Dieses bereits in der Vorrede zur kürzlich erschienenen zweiten Ausgabe meines Grundrisses der Technologie angekündigte Compendium, ist als ein gedrängter Auszug aus dem erstgenannten Buche zu betrachten, in welchem die darin abgehandelten Gegenstände der Technologie in derselben Ordnung auf einander folgen, wie im Grundrisse derselben.

Das Compendium ist dazu bestimmt, bei Vorträgen über die Technologie auf Universitäten, wie auf technischen Lehranstalten, sowohl dem Lehrer als dem Lernenden, einen kurzen Leitfaden darzubieten, nach welchem sie die Anordnung der mündlich zu erklärenden Gegenstände befolgen können.

Der umfassendere Grundriß hingegen, der allerdings wol mehr den Titel Handbuch der Technologie verdienen dürfte, ist dazu bestimmt, dem Compendium als Commentar zu dienen, mit dessen Hülfe der Studirende für die Vorträge der Technologie auf Universitäten, oder auf technischen Lehranstalten, sich vorbereiten, so wie beim häuslichen Studium, oder der Repetition des Gehörten, sich Raths erholen kann.

*

Der Grundriß und das Compendium müssen also als ein zusammenhängendes Ganzes angesehen werden. Daher ist in dem Compendium bei vielen nur mit wenigen Worten angedeuteten Gegenständen, auf den mündlichen Vortrag verwiesen worden. Wem dieser nicht zu Theil wird, kann sich aus dem Grundriß oder anderen Lehrbüchern der Technologie darüber unterrichten.

Berlin, im März 1831.

Dr. Hermbstädt.

Vorwort zur zweiten Auflage.

Das Compendium der Technologie von Hermbstädt ist von mir durchaus neu und zeitgemäß bearbeitet worden. Ich war nach Kräften bemüht, die darin abgehandelten Gewerbe so viel als möglich auf chemische und physikalische Principien zurückzuführen. Der ursprüngliche Character des Buches, hauptsächlich dem Cameralisten und Juristen bei technologischen Vorträgen ein Leitfaden zu sein, ist aufrecht erhalten worden.

Möge das Compendium auch in dieser Auflage sich einer günstigen Aufnahme zu erfreuen haben.

Nürnberg, den 1. August 1855.

Prof. Dr. R. Wagner.

Inhalts-Verzeichniß.

Die eigentliche Streichwollspinnerei. Seite

Seite

Zweiter Abschnitt.

Dritter Abschnitt.

Vierter Abschnitt.

Seite

Fünfter Abschnitt.

Sechster Abschnitt.

Siebenter Abschnitt.

Seite

Achter Abschnitt.

Neunter Abschnitt.

Zehnter Abschnitt.

Seite

Vierzehnter Abschnitt.

Funfzehnter Abschnitt.

Sechszehnter Abschnitt.

Siebenzehnter Abschnitt.

Seite

Dreiundvierzigster Abschnitt.

Vierundvierzigster Abschnitt.

Fünfundvierzigster Abschnitt.

Sechsundvierzigster Abschnitt.

Seite

Siebenundvierzigster Abschnitt.

Achtundvierzigster Abschnitt.

Neunundvierzigster Abschnitt.

Fünfzigster Abschnitt.

Einundfünfzigster Abschnitt.

Zweiundfünfzigster Abschnitt.

Dreiundfünfzigster Abschnitt.

Compendium

der

Technologie

als Leitfaden

zum

Gebrauche bei Vorlesungen.

Einleitung.

§. 1.

Die Technologie ist die Wissenschaft von den Gewerben; als solche macht sie einen besondern Zweig der Kameralwissenschaft, und einen unentbehrlichen Zweig der allgemeinen Staatswirthschaftslehre aus.

a) Dem Sinne des Wortes nach, ist Technologie die Lehre von den Künsten. Nach dieser allgemeinen Bedeutung würde die Technologie alle denkbaren Kunstfertigkeiten einschließen. Um zu einiger Begränzung zu gelangen, rechnet man zur Technologie nur jene Kunstfertigkeiten, welche Gegenstand dauernder Beschäftigung oder wirklichen Erwerbs sind oder werden können. In diesem Sinne wird die Technologie zur Gewerbelehre, Gewerbekunde.

b) Technologie und Gewerbekunde sind jedoch nicht identisch. Obgleich Bergbau und Handel als producirende und umsetzende Gewerbe in die Gewerbelehre gehören, wird sie doch Niemand zur Technologie rechnen. Bei einigen Gewerbezweigen ist die Stellung zweifelhaft; dahin gehört keineswegs die häufig mit dem Bergbau vereinigte Hüttenkunde, die unbedingt ein Theil der Technologie ist, wol aber Eisenbahnbau, Artilleriewissenschaft, Schifffahrt, Straßenbau ꝛc. Diese Zweige pflegt man meist zum Gegenstand specieller Behandlung zu machen.

Zweck der Technologie.

§. 2.

Der Zweck der Technologie ist die empirische Erkenntniß und das rationelle Studium aller Gewerbe (Fabriken, Manufakturen und Handwerke).

a) Die Technologie ist keine selbständige Wissenschaft mit eigenthümlichen Principien, sondern nur eine Anwendung der mechanischen und chemischen Grundsätze und Erfahrungen auf Verarbeitung der Materialien.

b) Die Technologie ist demnach praktische Naturwissenschaft, sie führt die technisch-industrielle Thätigkeit auf ihre naturwissenschaftlichen Principien zurück und lehrt letztere zum Vortheil der cultivirten Menschheit verwenden und ausbeuten.

Nutzen des Studiums der Technologie.

§. 3.

Die Technologie soll nicht bloß künftige Techniker bilden, sondern sie soll dem künftigen Beamten im Staat zur Vervollständigung seiner formellen Bildung dienen.

a) Jeder Gebildete bedarf der technologischen Kenntnisse;

b) Am nächsten liegt das Bedürfniß der Technologie dem Cameralisten, dem künftigen Verwaltungsbeamten im Staatsdienst. Der moderne Staat muß die industrielle Bildung zur Basis seiner Macht und zum Gemeingut des Volkes machen, indem er ihre Thätigkeit zum Wohl der Kapitalisten, Techniker und aller Arbeitgeber, wie Arbeitnehmer durch weise Gesetze und kluge Verwaltungsmaßregeln ordnet. Die industrielle Thätigkeit der Völker, ganz und gar abhängig von der technischen Bildung derselben, ist so umfassend für die Gestaltung der Gegenwart und Zukunft, daß Verwaltungsbeamte ohne technologische Kenntnisse unmöglich zum Heile des Staates wirken können.

c) Auch der Jurist bedarf technischer Kenntnisse. Bei dem unermeßlichen Einflusse der Technik auf die Gestaltung des Lebens der Gegenwart, wird einerseits die Gesetzgebung immer mehr und mehr von der abstract schematisirenden Form abgehen und zu einem wissenschaftlichen Eingehen auf die Eigenthümlichkeiten technischer Thätigkeit (es sei nur angeführt Patentwesen, Musterschutz, Schutz des artistischen Eigenthums, Nachdruck) sich herbeilassen, so wie andererseits die Rechtsstreitigkeiten sich immer mehr auf diese technisch-industriellen Verhältnisse beziehen werden.

d) Der Mediciner hat eine ganz specielle Aufforderung zum Studium der Technologie dadurch, daß alle Menschen mit ihrem Gesundheitszustande in directer oder indirecter Abhängigkeit von der technischen Betriebsamkeit stehen. Nicht nur wird das Wohlbefinden des Technikers von der Beschaffenheit der Stoffe, mit denen er es zu thun hat, und von der Art und Weise, in welcher er mit diesen Stoffen zu verkehren genöthigt ist, bedingt, sondern die Erzeugnisse der Technik sind aller Menschen stete Begleiter durch das Leben und machen ihren nimmer ruhenden Einfluß auf deren Gesundheit geltend.

e) Es leidet endlich keinen Zweifel, daß handwerkmäßige Rohheit und Trägheit in allen Volksschichten durch technologischen Unterricht überwunden werde. Daher der große Segen der Handwerkerschulen, Gewerbeschulen, polytechnischen Anstalten, der Industrie-Ausstellungen 2c.

f) Das Nähere über die Bedeutung der Technologie überhaupt und insbesondere als Unterrichtsgegenstand in den Vorlesungen.

Künste und Handwerke.

§. 4.

Jede Ausübung eines Gewerbes nach bestimmten Regeln und Vorschriften, mit einer durch Uebung erlangten mechanischen Fertigkeit, um dadurch einen beabsichtigten Gegenstand zu produciren, wird Kunst (Ars) genannt: also ist auch jedes Handwerk (Opificium) eine Kunst; woraus aber keinesweges folgt, daß jede Kunst auch ein Handwerk sei.

a) Eine nähere Auseinandersetzung der verschiedenen Künste (der schönen, der bildenden und der mechanischen), so wie der Kunsthandwerke und gemeinen Handwerke, in den Vorlesungen.

Grund- und Hülfswissenschaften der Technologie.

§. 5.

Die Anleitung zur Erlernung einer Kunst oder eines Handwerks, geschieht durch empirische praktische Anweisung des Lernenden. Das Studium der Technologie setzt Kenntniß mehrerer Grund- und Hülfswissenschaften voraus.

a) Die dem Technologen nothwendige Grundwissenschaften sind: 1) Arithmetik; 2) reine und angewandte Mathematik; 3) Naturgeschichte; 4) Physik; 5) Chemie; 6) Mechanik; 7) Nationalökonomie.

b) Die Hülfswissenschaften sind: 1) Maschinenlehre; 2)

Zeichnenkunst; 3) Produktenkunde; 4) Waarenkunde; 5) Kenntniß der englischen und französischen Sprache.

§. 6.

Das Studium der Technologie geschieht nicht durch empirische Erlernung der verschiedenen Gewerbe; sondern durch ein rationelles Studium derselben. Jenes bildet den Handwerker; das Letztere den Kameralisten und Technologen.

§. 7.

Bei der Gründung größerer Gewerbsanstalten in einem Staate kommt es darauf an: ob und in wiefern einer erfolgreichen Gründung derselben nicht physische oder geographische Hindernisse im Wege stehen, um deren Gründung nicht allein mit Vortheil für den Unternehmer sondern auch für den Staat, zu veranlassen: daher muß deren Gründung der Mitwirkung der Staatsbehörden unterworfen werden.

a) Eine jede größere Gewerbsanstalt muß im Bereiche ihrer Rohstoffe und ihrer Absatzwege liegen.

b) Jede Industrie hat ihre Oertlichkeit, wie jede Pflanze ihren Boden.

Handwerke und Handwerker.

§. 8.

Handwerke, in der allgemeinen Bedeutung des Wortes, werden diejenigen mechanischen oder auch chemischen Gewerbe genannt, welche die Verarbeitung roher Naturerzeugnisse zu Edukten oder Produkten, oder die Verarbeitung der Produkte zu Fabrikaten und Waaren zum Gegenstande haben. Der, welcher ein solches Geschäft ausübt, wird ein Handwerker; der Ort, wo das Handwerk ausgeübt wird, wird die Werkstelle genannt.

a) Von der Kunst (§. 4.) unterscheidet sich dem gewöhnlichen Sprachgebrauch nach, das Handwerk dadurch, daß bei der ersten neben der mechanischen Arbeit auch noch höhere intellectuelle Bildung und Verfeinerung des Geschmacks nothwendig sind.

b) Zu der Fabrik (§. 11.) steht das Handwerk in derselben Beziehung, wie der kleine Betrieb zum großen, in der Regel auch wie das Arbeiten auf Bestellung zum Arbeiten auf Vorrath.

Das Zunftwesen.

§. 9.

Die Handwerker werden unterschieden, in Meister, in Gesellen und in Lehrlinge. Einige Handwerker bilden in mehreren Staaten, in und außerhalb Europa, eigene von der Obrigkeit genehmigte Verbindungen (Corporationen), welche Zünfte, Innungen, Gilden oder Geffeln genannt werden; diese nennen sich zünftige Handwerker. Hierdurch unterscheiden sich solche von den Nichtzünftigen, bei denen das gedachte Zunftwesen nicht eingeführt ist. Wo jene Einrichtung existirt, müssen daher die Handwerker (Professionisten) in Zünftige und Nichtzünftige, unterschieden werden.

a) Eine Auseinandersetzung der Vortheile, aber auch der Nachtheile des Zunftwesens, sowohl für die Gewerbe als für den Staat, in den Vorlesungen.

Handwerks-Gebräuche.

§. 10.

Das Zunftwesen, da wo dasselbe noch besteht, ist auf besondere, mit demselben in Beziehung stehende Gesetze gegründet, welche Handwerksgebräuche genannt werden. Dahin gehören: 1) das Aufdingen der Lehrlinge; 2) der Unterschied zwischen Lehrlingen und Gesellen; ferner zwischen Junggesellen und Altgesellen; 3) die Wanderschaft; 4) der Handwerks-Gruß; 5) die Eintheilung in schenkende und nichtschenkende Handwerke; 6) die Kundschaft; 7) das Umschauen; 8) das Meisterstück; 9) die Muthung; 10) der Unterschied in freie und in gesperrte; so wie in geschlossene und nichtgeschlossene Handwerke; 11) der Unterschied in Jungmeister, in Altmeister und in Gildemeister; 12) die Pfuscher oder Pönhasen.

a) Eine weitere Erörterung dieser Gegenstände in den Vorlesungen.

Fabriken und Manufakturen.

§. 11.

Fabriken und Manufakturen werden diejenigen gewerblichen Etablissements genannt, in denen durch Menschenhand oder durch dieselbe ersetzende Maschinen Rohstoffe in Kunstprodukte umgewandelt werden. Sie zeichnen sich aus durch große, meist auf Vorrath berechnete, Production, durch Anwendung des Princips der Theilung der Arbeit und eine von den Fesseln des Zunftzwanges freie Bewegung. In Deutschland und Frankreich sind die Worte Fabrik und Manufaktur gleichbedeutend, wogegen in England beide Arten von Etablissements *manufactures* genannt werden.

a) Sonst machte man zwischen Fabriken und Manufakturen einen Unterschied, und nannte Fabriken diejenigen Anlagen, in denen zur Umwandelung des Rohstoffes zu Kunstprodukten wesentlich das Feuer benutzt wurde.

b) Der Fabrikbetrieb nimmt mehr und mehr überhand. Er wird sich nach und nach eines großen Theiles der kleineren Industrie bemächtigen, da er nur dort nicht anzuwenden ist, wo es sich um eine gewisse Individualisirung des einzelnen Stückes oder um äußerste Vollendung der einzelnen Theile handelt wie bei Schneiderarbeit und Schuhmacherarbeit.

c) Der städtische Handwerker wird nach und nach genöthigt sein, sich an die große Industrie anzuschließen; er giebt dadurch seine vollständige Selbständigkeit auf und wird ein untergeordnetes Glied eines großen Ganzen, dafür erlangt er besseren Verdienst und Befreiung von jenen täglichen Sorgen, welche in unseren Tagen längst nicht mehr durch die Freiheit und Selbständigkeit der Geschäftsführung des Kleinmeisters aufgewogen werden.

Allgemeine und specielle Technologie.

§. 12.

Man theilt die Technologie ein in die allgemeine und in die besondere. Die allgemeine Technologie betrachtet den Stoff nach der Gleichheit oder Aehnlichkeit der Manipulationen, Processe oder Werkzeuge, unabhängig von dem Gewerbszweige, dem sie angehören, z. B. die Gießerei, das Schmieden und Walzen, das Nieten und Löthen, das Graviren und Guillochiren ꝛc.; die specielle Technologie beschreibt die Umwandelung des Rohstoffes in derselben Folge wie sie in der Wirklichkeit vor sich geht, z. B. die Seifensiederei, die Brauerei, die Färberei, die Eisengewinnung, die Schießpulverfabrikation ꝛc. Nach der Natur der dabei vorkommenden Bearbeitung roher Naturerzeugnisse kann sie ferner: 1) in die mechanische; 2) in die chemische Technologie unterschieden werden, insofern das Naturprodukt entweder bloß der Form, oder bloß der Substanz nach verändert wird. Nach dieser Eintheilung zerfallen sämmtliche Gewerbe in mechanische und chemische Gewerbe. Die mechanische Technologie beschreibt solche Gewerbe, bei denen der Rohstoff nur der Gestalt, nicht der Substanz nach verändert wird, z. B. das Spinnen und Weben der Baumwolle, die Verwandelung der Metalle in Blech und Draht, die Fabrikation des Pulvers ꝛc.; die chemische Technologie betrachtet solche Gewerbe und Fabrikationen, bei denen der Rohstoff seiner Substanz nach verändert wird, so z. B. die Umwandelung der Stärke und des Zuckers in Weingeist, die des Weingeistes in Essig, die Bereitung der Soda aus Kochsalz, die der Seife aus Fett und Pottasche u. s. w. Die meisten Gewerbe sind chemisch und mechanisch zugleich, indem Form und Substanz des Rohstoffes verändert werden, so das Gewerbe des Glasfabrikanten, der die Glasmasse schmilzt (Veränderung der Substanz) und aus der Masse Fensterglas und Hohlglas (Veränderung der Form) darstellt.

a) Vergleiche J. B. Say, Lehrb. d. polit. Oekonomie, Bd. I. S. 331 u. 340.

b) Eine weitere Auseinandersetzung dieser verschiedenen Eintheilung der Technologie, in den Vorlesungen.

Erster Abschnitt.

Von der Wolle und den Thierhaaren überhaupt; so wie den daraus producirten Fabrikaten.

(Die Wollverarbeitung.)

§. 13.

Thierische Wolle (laine, *wool*) und thierisches Haar unterscheiden sich allein dadurch, daß die Fasern der Erstern spiralförmig gekräuselt; die des Letztern hingegen gerade ausgehend sind. Der chemischen Beschaffenheit und Zusammensetzung nach sind Wolle und Haar übereinstimmend. (Beide enthalten Kohlenstoff, Wasserstoff, Stickstoff, Sauerstoff und Schwefel.) In der allgemeinen Bedeutung werden alle gekräuselten Haare Wolle genannt; in der speciellern Bedeutung begreift man unter dem Namen Wolle allein das mehr oder weniger gelockte Haar der Schafe.

a) Gleich anderen Hausthieren bietet das Schaf in Folge der verschiedenen Verhältnisse des Klima, der Nahrung und der Pflege eine große Anzahl Abweichungen dar, die sich auf die Beschaffenheit der Wolle erstrecken. Man unterscheidet vorzüglich zwei Racen: 1) das Höhe- oder Landschaf, mit kurzer, mehr oder weniger gekräuselter und feiner Wolle; 2) das Niederungsschaf mit meist grober, schlichter, langer, haarähnlicher Wolle. Zu den ersteren gehören die spanischen oder Merinoschafe, die sich nach der Verschiedenheit ihres Körperbaues in mehrere Racen theilen, von denen als die vorzüglichsten die Infantado- oder Negrettirace und die Elektoralrace (d. i. die kurfürstliche Race, wegen der ersten 1765 aus Spanien an den Kurfürst von Sachsen gelangten Schafe) bekannt sind. Was man mit Eskurial bezeichnet, ist keine eigene Race, sondern ein Elektoralschaf mit wollreicherem Vließ.

b) Zu den Niederungsschafen gehören das Haidschaf oder die Haidschnucke im Königreiche Hannover, und das Zackelschaf in Ungarn. Versuche, genannte Niederungsschafe durch Paarung mit spanischen Widdern zu veredeln, sind erfolglos geblieben.

Deutsche Schafracen.

§. 14.

Die in Deutschland producirte Schafwolle zerfällt: 1) in gemeine Landwolle; 2) in halbveredelte; 3) in ganz veredelte Wolle. Die beiden letztern Sorten gehen aus der Paarung deutscher Mutterschafe mit Widdern von spanischer Zucht und umgekehrt, hervor. Durch fortgesetzte Paarung der hieraus entspringenden Abkömmlinge, Mestizen oder Metis mit spanischen Widdern läßt sich die Veredelung so weit treiben, daß in der 6—8ten Generation kein Unterschied mehr zwischen der producirten Wolle und ächten Merinowolle stattfindet.

a) Die Feinheit und Güte, so wie der von beiden abhängende merkantilische Werth einer jeden Art Schafwolle, ergiebt sich: 1) aus ihrem seidenartigen Glanze; 2) der Zartheit der einzelnen Fasern; 3) deren Länge und 4) der Festigkeit und Milde derselben.

b) Die durch Veredlung der deutschen Schafe producirte Wolle wird unterschieden: 1) in Super-elektoral-; 2) Elektoral-; 3) in halbveredelte Wolle.

c) Außerdem unterscheidet man noch: 1) die Bock- und Hammelwolle; 2) die Lämmerwolle; 3) die Rauf- oder Sterblingswolle; 4) die Schlachtwolle; 5) die Gerberwolle, und 6) die ein- und zweischürige Wolle.

d) Unterschied der Einschürigen (Sommerwolle) und der Zweischürigen (Winterwolle und Sommerwolle).

e) Der Wollertrag verschiedener Racen wird pro Stück angenommen bei

dem gemeinen deutschen Höhenschafe	2½	bis	4	Pfund;
den Haidschnucken	2			Pfund;
den englischen Niederungsschafen .	5	=	8	Pfund;
den Merinoschafen	2½	=	3	Pfund.

Englische Schafracen.

§. 15.

Die Wolle der in England so wie in Schottland kultivirten Schafe (Niederungsschafe), ist weniger gekräuselt als die anderer Länder; dagegen ist sie glänzender, seidenartiger im Gefühl und länger in der Faser. Die beste englische Wolle ist die der Schafe der Leicester- oder Dishley-, Lincoln-, Teeswater- und Romney-Marsh-Raçe, und von den schottischen Inseln, besonders von den Hebriden und Shetlandsinseln. Sie dient vorzüglich zu Kammwolle, für glatte nicht gewalkte Gewebe.

Kaschmirwolle. Persische oder thibetanische Ziegenwolle.

§. 16.

Die feinste Wolle zu nicht gewalkten Geweben ist das feine wollige Flaumhaar der Schafe und Ziegen von Kaschmera oder Kaschmir, welche ursprünglich an der östlichen Seite des Himalaja leben. Nach der Stadt Kashmera (die an der westlichen Seite jenes Gebirgs, in Klein-Thibet in Asien) liegt, wird jene Wolle durch die Kaufleute von Ladak gebracht. Sie ist von weißer, grauer oder bräunlicher Farbe.

a) Die beste Shawlwolle kommt aus der Gegend von Auprang-Kote (beim See Manasarowar) her. Nicht mit Erfolg hat man die Acclimatisirung der Kaschmirziege in Frankreich begonnen. Die thibetanische Ziege, scheint bloß eine Varietät der gemeinen Ziege zu sein. Der Kaschmirwolle in der Feinheit sehr nahe, kommt der in den Wintermonaten unter den starken Haaren sitzende Flaum, der gemeinen bei uns einheimischen Ziegen.

b) Aus dem Gespinnst von beiden Wollenarten werden die kostbaren orientalischen, in Europa häufig nachgemachten Shawls gewebt.

Die Vigogne-Wolle.

§. 17.

Die Vigogne-Wolle besteht in dem nur sehr wenig gekräuselten Haar des Vikugne oder Schafkameels (Auchenia Vicuna), das auf den hohen Gebirgen von Peru, Chili, Mexiko, besonders auf den Anden lebt. Das Thier hat die Gestalt einer Ziege. Das Rückenhaar ist hellbraun, nicht viel über 1 Zoll lang. Das Bauchhaar ist weiß und $2\frac{1}{2}$ Zoll lang. Die Vigogne-Wolle wurde vormals häufiger als jetzt, zu sehr feinem Tuche, verarbeitet.

a) Man unterscheidet von der Vigogne-Wolle drei Sorten: 1) die Carmelinwolle, welches die feinste ist; 2) die Bastardwolle; 3) die Pelot- oder Klumpwolle, welches die schlechteste ist.

b) Als Stellvertreter der ächten Vigogne-Wolle, hat man auch angefangen die Haare der Seidenhasen und der Kaninchen (vermengt mit Schafwolle) zu verarbeiten.

Das Alpakahaar. Die Alpaguawolle. Das Pakoshaar.

§. 18.

Das Alpakahaar besteht in dem langen flaumartigen, weißen, schwarzen oder braunen Haar der Alpagua oder Alpako (Pako), einer in Peru ꝛc. lebenden Ziege aus der Gattung Llama. Das Haar ist sehr fein und hat mit der Vigogne-Wolle große Aehnlichkeit, weshalb man das Alpaka häufig mit der zweiten und dritten Sorte der Vigogne-Wolle mischt und als letztere verkauft. Man hat die Alpakaziege in England und Holland zu acclimatisiren versucht, ohne jedoch ein günstiges Resultat zu erzielen. Die Einfuhr der Alpakawolle ist dagegen von hoher Bedeutung, und die verschiedenen Farben dieser Wolle verleihen ihr eine mannigfaltigere Anwendbarkeit.

a) Das Alpakahaar wird in neuerer Zeit in England als Kammwolle verarbeitet und als Kette zu Thibets benutzt.

b) Das Nähere über die Alpakawolle und ihre Verarbeitung in dem Bericht des Herrn Staatsrath v. Hermann über die Wollwaaren im „Amtl. Bericht über die Londner Industrie-Ausstellung im Jahre 1851;" Bd. II. S. 52.

Die Kämelwolle. Das Kämelhaar. Das Mohair.

§. 19.

Die Kämelwolle (Mohair, Tiftik) besteht in dem langen, glänzenden, seidenartigen, wenig gekräuselten Haar der Angora- oder Kämelziege (Capra angorensis), welche um Angora in Klein-Asien lebt. Aus ihr wird das Kämelgarn (das fälschlich sogenannte Kameelgarn) gesponnen, das besonders zu ungewalkten Zeugen (z. B. der Kamelot) verwebt wird. Die Kämelwolle erscheint bald weiß, bald aschgrau, bald schwarz von Farbe. In Frankreich und England hat man die Kämelziege zu acclimatisiren angefangen; es ist jedoch die Frage, ob die Acclimatisirung dieser Ziege besser rentiren würde, als das einheimische oder veredelte Schaf.

a) Die Kämelwolle kommt meist schon gesponnen als Kämelgarn, Angoragarn nach Europa. Man verarbeitet sie zu feinen Umschlagtüchern, und zu halbseidenen (gemischten) Stoffen als Einschlag.

b) Vergleiche den „Amtl. Bericht der Londner Industrie-Ausstellung im Jahre 1851;" Bd. II. S. 52.

Vorbereitung der Schafwolle zur Fabrikation.

Das Waschen der Wolle vor und nach der Schur.

§. 20.

So lange die Schafwolle, als Vließ, auf dem Körper des Thieres sitzt, ist sie innerhalb von dem darin angehäuften Schweiß durchdrungen; außerhalb mit mancherlei Schmutztheilen bedeckt. Die erste damit vorzunehmende Operation besteht im Waschen derselben; doch nur so weit, daß die äußern Unreinigkeiten vollkommen, der innere Schweiß hingegen, nur zum Theil, daraus hinweggenommen wird.

a) Das Waschen der Wolle geschieht entweder auf dem Thiere vor der Schur desselben; oder nachdem die Wolle schon abgeschoren war.

b) Das Waschen der Wolle auf dem Thier geschieht am besten in fließendem Wasser, durch Kneten des Felles mit den Händen, so oft, bis das Wasser klar ausfließt.

c) Das Waschen der Wolle nach der Schur wird in einem eigenthümlichen Waschapparate vorgenommen.

d) In diesem roh gewaschenen Zustande macht sie einen Gegenstand des Handels aus.

e) Die guten Eigenschaften einer roh gewaschenen Wolle bestehen darin: 1) daß ihre Fasern sehr dünn sind; 2) daß sie weich im Gefühl ist; 3) einen seidenartigen Glanz besitzt; 4) beim Ausziehen sehr lang; 5) nicht klebrig; und 6) nicht zweiwüchsig ist; 7) einen süßlichen (nicht einen widrigen) Geruch besitzt; 8) beim Zug nicht schreit.

Das Sortiren der Schafwolle.

§. 21.

Die gewaschene Wolle geht aus den Händen der Schafzüchter direct in jene der Fabrikanten über; sie ist von einem und demselben Thiere in ihrer Güte sehr verschieden, je nachdem sie von dem Bauche, dem Rücken, dem Kopfe oder den Beinen desselben entnommen worden ist; daher muß sie vor dem Gebrauche sortirt, d. i. ausgelesen werden; indem die weichern Haare von den gröbern, die längern von den kürzern getrennt werden. Am besten ist die Wolle an den Schulterblättern und der Flanke (den beiden Seiten des Leibes), darauf folgt die Keule oder Hose (die Seitenfläche der Hinterschenkel); diese drei Theile, so wie die flachen Seiten des Halses bilden den wichtigsten Theil des Vließes und bestimmen dessen Werth.

a) Das Sortiren der Wolle geschieht entweder gleich beim Abscheeren derselben vom Körper des Thieres; oder auch nach der Rohwäsche der geschornen Wolle: entweder von dem Züchter, oder auch von dem Fabrikanten derselben.

b) Kommt die Wolle sortirt in den Handel, so wird sie: 1) in Super-Elekta (d. i. die ausgesuchteste Sorte, zuweilen, wiewohl fälschlich Elektoral genannt); 2) in Elekta-oder Prima (d. i. erste Sorte); 3) in Sekunda (d. i. zweite

Sorte) und 4) in Tertia, Quarta ꝛc. unterschieden, womit die schlechtesten Sorten bezeichnet werden.

c) Die beim Sortiren gewonnene längere Wolle wird Waschwolle genannt, und zur Kette verarbeitet; die kürzere wird Fettwolle genannt, und zu Einschußgarn verarbeitet.

Eintheilung der Wollverarbeitung.

§. 22.

Die Verarbeitung der Wolle durch Spinnen zu Garn, und durch Weben zu Tuch oder Zeug begründet zwei Industriezweige, die durch Auswahl und Behandlung der sortirten Wolle wesentlich von einander verschieden sind, nämlich:

1) die Streichwollfabrikation, d. h. die Verfertigung gewalkter oder rauher Wollstoffe, wozu man die Wolle durch Kratzen oder Streichen vorbereitet;
2) die Kammwollfabrikation, d. h. die Herstellung glatter Wollstoffe, wozu die Wolle durch Kämmen vorbereitet wird.

a) Die Streichwollfabrikation tritt in der vollendeten Entwickelung in der Fabrikation des Tuches auf, die Kammwollfabrikation in der des Thibets, welcher überhaupt als Repräsentant eines nicht gewalkten, glatten Wollstoffes zu betrachten ist.

Das Waschen der sortirten Wolle.

§. 23.

Die sortirte Wolle enthält noch immer eine gute Portion Schweiß, wovon sie vollkommen befreit werden muß. Sie wird daher zum zweitenmal gewaschen, um sie zu entschweißen oder entfetten, was das Ziel der Fabrikwäsche ist. Das Waschen geschieht in einem Gemenge aus $\frac{2}{3}$ oder $\frac{3}{4}$ Flußwasser und $\frac{1}{3}$ oder $\frac{1}{4}$ gefaultem Menschen-Harn, das bis 40 Grad Reaumür erwärmt wird; oder auch mit einer Lösung von 1 Theil weißer Seife, in 50 Theilen Flußwasser; oder endlich mit einer schwachen Sodalösung (5 Th. krystallisirte Soda auf 100 Th. Wolle).

a) Nach dem Waschen muß diese Wolle ausgewunden, und dann an einem schattigen Orte getrocknet werden, weil sie an der Sonne leicht gelb wird. Jetzt bedient man sich zum Trocknen der gewaschenen Wolle häufig der Centrifugal-Trockenmaschine.

b) 100 Theile käufliche Wolle, die schon vor der Schur mit Wasser gewaschen worden ist, verlieren durch die Fabrikwäsche 17—40 Th., und hinterlassen demnach 60—83 Th. reine trockne Wolle.

Das Färben der Wolle.

§. 24.

Die gewaschene Wolle wird in gewissen Fällen, wenn sogenannte wollfarbige Tuche erzeugt werden sollen, vor dem Verspinnen gefärbt und alsdann ist das Färben diejenige Operation, die unmittelbar auf das Waschen der Wolle folgt. Das Färben in der Wolle eignet sich nur für sehr haltbare (ächte) Farben, weil andere Farben durch die Walke, wobei Seife und gefaulter Harn zur Anwendung kommen, zerstört werden würden.

a) Durch das Färben der Wolle entsteht eine Gewichtszunahme, die manchmal weniger als 1 Procent, öfters dagegen bis zu 12 Procent beträgt.

Das Zausen, Wolfen und Einfetten der Wolle.

§. 25.

Um die gewaschene Wolle gehörig aufzulockern, wird sie auf der Zausemaschine gezauset; um sie noch mehr zu zertheilen, wird sie auf dem Wolf (Reißwolf) gewolfet (geflackt, maschinirt). Nach dieser Bearbeitung wird sie eingefettet oder geschmalzt, um ihr eine schlüpfrige Beschaffenheit zu ertheilen, damit die Fasern in der zum weiteren Entwirren bestimmten Maschine nicht reißen.

a) Erörterung der Zausemaschine und des Wolfs und der Arbeit damit, in den Vorlesungen.

b) Das Einfetten oder Schmalzen der Wolle, geschieht mit Olivenöl, bei gröberer Wolle mit Rüböl. Man verwendet auch häufig die bei der Stearinkerzenfabrikation abfallende Oelsäure zum Einfetten der Wolle oder Thran. Für 1 Pfund Wolle zum Kettgarn werden 4 Loth, für 1 Pfund derselben zu Einschußgarn werden 5 Loth Fett gerechnet. Bei grober Waare ersetzt man die theuren Fette theilweise durch Seife.

c) Wird eingefettete Wolle in dichten Haufen aufbewahrt, so kommt es zuweilen vor, daß sie sich bis zum Entzünden erhitzt, in Folge einer Absorption von atmosphärischem Sauerstoff durch das Oel. Die mit Oelsäure eingefettete Wolle ist der Selbstentzündung nicht unterworfen.

Die eigentliche Streichwollspinnerei.

Das Kratzen, Streichen, Krempeln und Schrubbeln der Wolle.

§. 26.

Jene Operationen sind dazu bestimmt, die eingefettete und zusammengepreßte Wolle wieder zu zertheilen und zum Verspinnen vorzubereiten. Die dazu bestimmten Werkzeuge werden unterschieden, in: 1) Reiß- oder Brechkämme; 2) Kratzen oder Krempeln; 3) Schrubbeln, Karbätschen oder Kniestreichen.

a) Eine nähere Beschreibung dieser Werkzeuge, ihrer Gestalt, ihrer verschiedenen Bestimmung in den Vorlesungen.

b) Durch die Schrubbeln wird die Wolle zu viereckigen Blättern ausgearbeitet. Durch die Kniestreichen wird sie zu spindelförmigen Flieden oder Flöthen ausgearbeitet, von der jede einzelne kleine Walze eine Locke oder Flocke genannt wird.

Die Kratz- Krempel- Streich- und Schrubbel-Maschine.

§. 27.

Während mit den vorher gedachten, nicht mehr üblichen Werkzeugen die Bearbeitung der Wolle mittelst der Hände ausgeführt wurde, bedient man sich jetzt allgemein der von Arkwright im Jahre 1776 construirten Maschinen, welche Kratz- oder Krempelmaschinen genannt werden. Sie haben späterhin mehrere Verbesserungen erhalten.

a) Das erste Kratzen geschieht auf der Schrubbelmaschine oder Reißkrempel (*scribbling machine*), die auch Pelz- oder Fellmaschine genannt wird, weil sie die Wolle in Gestalt einer dünnen fell- oder pelzähnlichen Fläche abgiebt; zum zweiten Kratzen (Feinkratzen) bedient man sich der Lockenmaschine oder Lockenkrempel (*carding engine*), aus welcher die Wolle in Gestalt von Locken hervorgeht.

b) Eine detaillirte Beschreibung derselben in den Vorlesungen.

Das Spinnen der Wolle zu Garn.

§. 28.

Um die vermittelst der Kratzmaschinen erhaltenen Locken durch Ausdehnung in die Länge und schwache Drehung in einen Faden zu verwandeln oder zu verspinnen, bedient man sich der Spinnmaschine (*spinning machine*).

a) Sonst spann man bloß mittelst der, noch jetzt in einigen Gegenden üblichen, Spindel. Jürgens (Steinmetz zu Watenbüttel in Braunschweig) erfand das Spinnrad im Jahre 1530. Die Spinnmaschine ist dazu bestimmt, das Spinnen der zubereiteten Wolle mit größerer Genauigkeit, als es mittelst der Hände möglich ist, und zugleich mit größerer Schnelligkeit, zu bewirken. Die erste Spinnmaschine wurde von dem Engländer James Hargraves erfunden, im Jahr 1770 aber von Richard Arkwright wesentlich verbessert.

b) Die Spinnmaschine zerfällt in 2 Abtheilungen: 1) in die Vorspinnmaschine (*billy, slubbing billy*), welche die Locken zu einem groben Faden etwa von der Dicke eines Bindfadens, Vorgespinnst (*slub, slubbing*) genannt, ausdehnt; 2) in die Feinspinnmaschine (*jenny, spinning jenny*), welche das Vorgespinnst durch Ausziehen und Drehen in Garn (*yarn*) verwandelt. Ihre Bewegung geschieht durch Wasser- oder durch Dampfkraft.

c) In der neueren Zeit umgeht man häufig die Bildung von Locken auf der Lockenmaschine, wobei die Vorspinnmaschine überflüssig wird. Man erzeugt hierbei das Vorgespinnst auf der Kratzmaschine, mit welcher die Wolle zum letzten Male gekratzt wird, wobei man diese Maschine anstatt der Vorrichtung zur Lockenbildung mit einem Apparat versieht, durch welchen die Wolle in eine gewisse Anzahl Theile getrennt und in eben so viele Vorgespinnstfäden verwandelt wird. Diese Vorrichtung heißt die Vorspinnkrempel (*continue*).

d) Eine weitere Beschreibung der Vor- und Feinspinnmaschine für Wolle in den Vorlesungen.

Das Haspeln des Garns.

§. 29.

Um das gesponnene Garn regelmäßig abzutheilen, wird dasselbe abgehaspelt, d. i. mittelst des dazu bestimmten Haspels, dessen Umfang in jedem Staate gesetzlich bestimmt ist, in Strähne (Zahlen oder Löppe), so wie in Gebinde (Fäden oder Litzen) und in Stücke, abgetheilt.

a) Besteht ein Stück Garn z. B. aus 22 Gebinden, jedes Gebinde aber aus 44 Fäden, und jeder einzelne Faden ist gleich dem Umfange des Haspels (gleich 2 Ellen); so beträgt die Gesammtlänge des Fadens in einem Stück Garn (22. 44. 2) d. i. 1936 Ellen.

b) Der Umfang des Haspels ist in Preußen 2,44 Berl. Ellen; in Sachsen 2—3 Leipziger Ellen; in Hannover 3 hannöv. Ellen; in Böhmen 2 Wiener Ellen; in Frankreich 1,534 Meter. Am rationellsten ist es, wie es neuerlich auch oft vorkommt, anzugeben, wie viel Meter Fadenlänge ein Kilogramm (= 2 Zollpfunde) enthält z. B. 32000 oder 67000 Meter im Kilogramm. Diese Bezeichnungsweise ist in Belgien üblich.

Das Zwirnen des gehaspelten Garns.

§. 30.

Das gehaspelte Garn wird entweder in dem Zustande verarbeitet, wie solches vom Haspel kommt; oder dasselbe wird vorher (besonders das Kettgarn) nochmals gezwirnt, d. i. doublirt oder triplirt.

a) Das Zwirnen des Garns wird verrichtet, indem 2 oder 3 Spulen (bobine, *reel*) aufgesteckt, die einzelnen Fäden derselben zusammengefaßt, dann auf einem Spulrade zusammengedreht, damit sämmtliche Fäden zu einem Einzigen verbunden werden. Es geschieht dieses durch die Zwirnmaschine oder Zwirnmühle (*doubling and twisting machine*).

b) Eine Beschreibung des Spulrades und der Zwirnmühle in den Vorlesungen.

Kettgarn und Einschußgarn.

§. 31.

Das zum Verweben bestimmte Garn soll entweder dazu dienen, die Kette (Zettel, Werft, Schweif, Anschweif, Scherung, Aufzug chaîne, *warp*), oder den Einschuß (Schuß, Einschlag, Eintrag, Wefel, Faden, trame, *weft*) zu bilden. Jenes ist stärker, Letzteres schwächer gedreht.

a) Jedes Gewebe ist aus zwei verschiedenen Systemen von unter sich parallelen Fäden zusammengesetzt: die des einen Systems, die Kettenfäden laufen in der Richtung der Länge, die des anderen Systems, der Einschuß in der Richtung der Breite des Zeuges. Durch die Umkehr des Einschusses an den beiden Rändern des Gewebes, wobei derselbe die äußersten Kettenfäden umschlingt, entsteht die Sahlleiste (Leiste, Sahlband, Kante).

Das Scheeren oder Schweifen der Kette. Der Scheerrahmen.

§. 32.

Scheeren oder Schweifen (ourdir, *warping*) wird das Ordnen oder Abtheilen der zur Kette bestimmten Fäden genannt. Das Aufscheeren derselben geschieht mittelst des Scheerrahmens (Schweifrahmen, Scheerkübe, Scheergiebe), und der Scheerlatte (Scheerbank, Schweifstock), auf der die zur Kette erforderlichen Spulen mit ihren Fäden stehen. Hierbei kommen in Betrachtung

a) Die Scheerlatte, der Scheerrahmen, und die Behandlung derselben.

b) Die Leseruthe des Obergeleses (Obersprung), und des Untergeleses (Untersprung).

c) Die Scheermühle (ourdissoir, *warping mill*).

d) Alle jene Gegenstände sind in den Vorlesungen näher zu erörtern.

Das Schlichten der Kette.

§. 33.

Ist das zur Kette bestimmte Garn zur Kette aufgeschiert, so wird die Kette geschlichtet (geleimt). Die dazu angewendete Schlichte ist ein aus Stärke oder Mehl gekochter Kleister, zu welchem man zuweilen etwas Leim, zuweilen auch etwas Talg setzt.

a) Das Schlichten der Kette wird verrichtet, um den Fäden Glätte und Festigkeit zu ertheilen; da diese Fäden einer beständigen und ziemlich starken Reibung ausgesetzt sind, so würden dieselben, ungeschlichtet, rauh werden oder leicht abreißen.

b) Bei Anwendung von sogenannten Kraftstühlen, die durch Wasser oder durch Dampf bewegt werden, wird das Scheeren und Schlichten durch die Scheermaschine (Kettenscheermaschine, *warping mill*) und die Schlichtmaschine (*dressing machine*) verrichtet.

c) Eine weitere Erörterung dieser Arbeit in den Vorlesungen.

Der Webstuhl. Der Tuchmacherstuhl.

§. 34.

Der Apparat, auf welchem das gehörig vorbereitete Garn zu Gewebe verarbeitet werden soll, wird der Webstuhl (métier, *loom*) genannt. Der welcher ausschließlich zu Tuchen oder Laken (drap, *cloth*) gebraucht werden soll, wird der Tuchmacherstuhl genannt. Der Tuchmacherstuhl besteht, mit seinen Hülfswerkzeugen, aus neun verschiedenen Theilen, diese sind: 1) das Gestell; 2) der Garnbaum (Kettbaum); 3) die Kämme (Schäfte, Geschirre); 4) die Tritte (Pedale, Fußschemel, Schemel); 5) die Lade mit dem Rietblatt (Rietkamm, Weberblatt, peigne, *reed*); 6) das Sperrholz oder die Sperrruthe (Tempel, Tompel); 7) der Brustbaum; 8) der Tuchbaum (Unterbaum); 9) der Schütze oder das Schiffchen (Weberschütze, Weberschiffchen, navelle, *shuttle*).

a) Der Tuchmacherstuhl wird in den Einmännigen und in den Zweimännigen unterschieden.

b) Der Handschütze und der Schnellschütze. Der Schütze ist ein schiffförmiges Werkzeug, das eine mit Eintragfaden angefüllte Spule enthält. Der Handschütze wird von dem Weber in der Hand geführt und frei durch das offene Fach der Kette geworfen, so daß die linke Hand ihn auffängt, wenn die rechte geworfen hat und umgekehrt. Der Schnellschütze wird nicht durch die Luft geworfen, sondern auf fester Unterlage laufend fortgestoßen.

c) Kraftstühle haben in der Tuchweberei nur versuchsweise Anwendung gefunden; bei der beträchtlichen Breite der Tücher, wie sie des Einlaufens beim Walken wegen erforderlich, ist es schwierig, den gewöhnlichen Tuchmacherstuhl zu ersetzen.

d) Eine nähere Erörterung aller dieser Gegenstände in den Vorlesungen.

Das Aufbäumen der Kette auf den Webstuhl.

§. 35.

Das Aufbäumen (Aufschieren, Aufziehen, montage, *beaming*) der Kette auf den Webbaum (den Kettbaum) setzt viel Aufmerksamkeit voraus. Dasselbe geschieht mit dem Rietkamm, Schlichtkamm oder Oeffner (rateau, *separator, ravel*) einem Kamm, der wenigstens so viel Zähne enthalten muß, als halbe Gänge in der Kette enthalten sind; weil, um die Kettfäden nach der Breite zu ordnen, zwischen 2 Zähne immer nur ein halber Gang gebracht wird.

a) Damit beim Aufbäumen der Kette die sich kreuzenden Gelese (Fadenkreuze) sich nicht verwirren, wird die Leseruthe dazwischen gebracht.

b) So getrennt wird nun jeder Faden der Kette durch ein Auge (maillon, *mail*) des Geschirrs gezogen; d. i. ein Faden durch das eine Auge des ersten Kamms (des Obersprungs), dann ein Faden durch das eine Auge des zweiten Kamms (des Untersprungs).

c) Nun werden die Fäden des Obersprungs und des Untersprungs durch die Zwischenräume zweier Rietstifte, im Blatte der Lade, gezogen. Endlich werden alle Fäden zusammengebunden und an die Ruthe geknüpft, welche in die Fuge des Tuchbaums befestigt wird.

d) Zur Bildung der Sahlleiste (vergl. §. 30.) werden an jeder Seite der Kette einige gröbere Fäden mit aufgezogen.

e) Eine weitere Erörterung dieser Gegenstände in den Vorlesungen.

Das Weben des Tuchs.

§. 36.

Das Weben des Tuchs geschieht auf eine ganz einfache Weise. Der Weber befestigt die Wefelspule mit dem Einschußgarn in die Oeffnung des Schützens, dessen Ende durch das an der Seite des Schützens befindliche kleine Loch gezogen, dann an der rechten Seite der Kette angeknüpft wird. Hierauf wird der eine Schemel mit dem Fuße niedergetreten, wodurch die Kettfäden des Ober- und des Untergeleses sich kreuzen und einen Winkel bilden. Durch diesen Winkel wird nun der Schütze durchgeworfen, wobei der Einschußfaden sich von der Wefelspule abwickelt, und der Faden in den Winkeln der Kettfäden eingeschlossen wird. Darauf wird der zweite Schemel niedergetreten, wodurch der Faden durch die Kreuzung der Kette nochmals eingeschlossen wird. Um ihn mehr zu befestigen, werden mit der Lade ein oder zwei Schläge gegeben. Ist dies geschehen, so wird der Schütze von der linken Seite zur rechten geworfen, und dann wie vorher operirt, und diese Arbeit fortgesetzt, bis das ganze Stück des Tuchs vollendet ist.

a) Vom Schlagen bei offener und bei geschlossener Lade, so wie vom Mantelende (Nachschuß), in den Vorlesungen.

Gesetze der Tuchweberei.

§. 37.

Damit jedes Tuch, nach seiner Art, gesetzmäßig gearbeitet sei, setzt die Schauordnung bestimmte Gesetze fest: diese beziehen sich: 1) auf die Länge und Breite eines Stückes Tuch; 2) auf die Zahl der Kettfäden, die solches bei einer gegebenen Breite enthalten soll; 3) auf das Gewicht des zum Einschuß bestimmten Garns.

a) Eine weitere Ausführung dieses Gegenstandes in den Vorlesungen.

Fehler der Tuchweberei.

§. 38.

Mangel an Kunstfertigkeit seitens des Webers, so wie Nachlässigkeit desselben, können mancherlei Fehler im fertigen Tuche herbeiführen, die durch das Schaugericht bestraft werden. Diese Fehler bestehen: 1) in Zwisten oder Fadenbrüchen; 2) in Doppelschüssen oder Wefelzwisten; 3) in Nestern; 4) in Ueber- und Unterschüssen; 5) in Moderflecken; 6) in Vorschlag oder Niep.

a) Eine weitere Erörterung dieser Fehler in den Vorlesungen.

Das Noppen des Lodens.

§. 39.

Das zu Tuch bestimmte Gewebe heißt, so wie es von dem Webstuhl kommt, Loden (drap brut). Den Namen Tuch erhält es erst nach dem Walken, wo es mit der charakteristischen Filzdecke versehen erscheint. Der Loden hat das Ansehen einer groben mit Fett durchdrungenen Leinwand, auch ist derselbe gewöhnlich mit Fasern von Stroh und andern fremdartigen Körpern durchsetzt. Die erste Behandlung des Lodens ist das Noppen oder Belesen, welches den Zweck hat, das Stroh und andere fremde Substanzen mit einer kleinen metallnen Zange (Noppzange, Noppeisen) zu entfernen, eine Arbeit, welche gewöhnlich das Fettnoppen genannt wird.

a) Von den gebräuchlichen Noppinstrumenten in den Vorlesungen.

Das Walken des Lodens.

§. 40.

Ist der Loden genoppt, dann kommt derselbe in die Walke. Der Zweck des Walkens ist, aus dem Loden das Fett und die anderweitigen Unreinigkeiten zu entfernen (das Auswaschen), sodann den Loden zu verfilzen, wodurch beide Flächen des Tuches eine das Gewebe selbst versteckende Filzbekleidung erhalten, in welchem Zustande es erst den Namen Tuch erhält. Das Verfilzen ist keineswegs aber ein oberflächliches, sondern erstreckt sich so weit in das Innere, daß in den meisten Fällen Ketten- und Einschlagfäden nur schwierig, ohne das Tuch zu zerreißen, getrennt werden können.

a) Die Bedingungen des Walkens sind: Wasser, Wärme und mechanische Behandlung, welche letztere knetend wirkt.

Die Walkmühlen.

§. 41.

Die Walkmühlen waren schon am Ende des 10. Jahrhunderts bekannt; sie wirken entweder durch Stoß wie die Stampfmühlen und Hammermühlen oder durch Druck wie die Walzenwalke.

a) Die Stampfwalkmühle besteht aus unten abgerundeten senkrechten Stampfern, unter welchen sich die zur Aufnahme des Tuchs bestimmte Oeffnung (der Walkstock, Walkloch, Kump) von der Form eines Geschützmörsers befindet. Die Bewegung der Stampfen geschieht durch eine Daumwelle, deren Däumlinge, indem sich die Welle um ihre Axe bewegt, die Stampfen in eine senkrechte auf- und niedergehende Bewegung setzen.

b) In der Hammerwalkmühle bewegen sich unten gekerbte 2—3 Centner-Hämmer in horizontaler Richtung, die so gestaltet sind, daß der ihrer Wirkung unterworfene Tuchballen in dem Walktroge durch jeden Schlag zugleich eine Drehung empfängt und so regelmäßig und allseitig bearbeitet wird.

c) Bei der Walzenwalkmaschine wird der Loden wiederholt durch einen Kanal zwischen zwei aus Holzstäben zusammengesetzten Walzen hindurch in einen zweiten Kanal geführt; die Kanäle sind oben mit einem klappenartig beweglichen Brett bedeckt, das durch Gewicht auf den Loden drückt, so daß dieser nur mit einer gewissen Schwierigkeit hindurchgeht, sich faltet und dadurch geknetet wird. Der Loden ist an seinen Enden zusammengenäht, also ohne Ende, da es durch die Walzmaschine stets in einerlei Richtung circuliren muß.

d) Während des Walkens läuft oder geht das Tuch beträchtlich ein, so daß seine Gesammtfläche sich um $\frac{1}{8}$ bis $\frac{1}{4}$ vermindert.

Walkmaterialien.

§. 42.

Um neben der Schlichte, welche die Kette erhalten hat, und den andern im Wasser löslichen Unreinigkeiten, auch das Fett aus dem Tuche herauszuschaffen, werden geeignete Zusätze erfordert, die Walkmaterialien genannt werden.

a) Zu den Walkmaterialien gehören: 1) gefaulter Harn; 2) Schmierseife, zu feinem Tuche auch Baumölseife; 3) die Walkerde (terre à foulon, *fuller's earth*).

b) Von der Behandlung des Tuchs in der Walke in den Vorlesungen.

c) Durch Mangel an Sachkenntniß, so wie an Aufmerksamkeit des Walkers, können mancherlei Fehler im gewalkten Tuche entstehen; diese Fehler sind: 1) die ungleiche Walke; 2) die Ungleichheit der Breite; 3) die Aehle oder Schrippen; 4) die Flacken; 5) der zu geringe Verlust in der Länge; 6) Löcher im Tuche.

Das Rauhen des gewalkten Tuchs.

§. 43.

Ist das Tuch gewalkt und nach der Walke nochmals gut ausgewaschen, um alle Theile des Walkmaterials daraus hinwegzuschaffen, so wird dasselbe gerauhet: eine Arbeit, die von dem Tuchbereiter, entweder durch die Handarbeit, oder durch Maschinen veranstaltet wird.

a) Der Zweck des Rauhens ist, die während dem Walken des Tuchs verwirrten und verfilzten Fasern auf der Oberfläche aufzulockern, emporzuheben, nach einer Richtung niederzustreichen (in den Strich zu legen) und dadurch zum Abscheeren vorzubereiten.

b) Man bedient sich dazu der Weber-Karden oder Weber-Disteln von Dipsacus fullonum (chardons, *teasels*), die vermittelst ihrer zurückgebogenen, in Dornen auslaufenden Kelchschuppen wirken; von diesen Karden werden mehrere neben einander gereiht in einem hölzernen Handgriffe (dem Fadenkreuze) eingeschlossen; oder der aus denselben Weberkarden zusammengesetzten Rauhmaschinen, die erst seit der zweiten Hälfte des 18. Jahrhunderts in Gebrauch gekommen sind.

c) Um das Handrauhen, das zum größten Theile jetzt durch das Maschinenrauhen verdrängt worden ist, zu veranstalten, wird das benetzte Tuch über den Rauhbaum geworfen und zwar so, daß das eine Ende desselben (die Fahne) in den darunter befindlichen mit Wasser gefüllten Rauhkasten (Rauhbock) herabhängt. Der Arbeiter stellt sich nun vor die Fahne, faßt die Rauhe mit beiden Händen und streicht in einerlei Richtung, von oben nach unten herab.

d) Die Rauhmaschine (machine à lainer, *gig-mill*) besteht in einem hohlen Cylinder von 2½ bis 3 Fuß im Durchmesser, dessen Umkreis mit mehreren Doppelreihen von Weberkarden besetzt ist. Unter ihnen befindet sich ein Behälter mit Wasser. Indem der Cylinder um seine Axe bewegt wird, berühren die Karden das darüber ausgespannte Tuch, und verrichten das Rauhen desselben.

e) Man hat vielfach versucht, bei den Rauhmaschinen die theuren und in Menge verbrauchten Kardendistelköpfe durch dauerhaftere Metallhäkchen zu ersetzen, ohne jedoch ein praktisch vortheilhaftes Resultat zu erzielen.

f) Eine speciellere Erörterung des Rauhens, so wie eine Erklärung der technischen Wörter: Tracht, aus dem Haar oder Haarmann gearbeitet, aus dem ersten Wasser gearbeitet; gebärteltes Tuch, in den Vorlesungen.

Das Bürsten des gerauhten Tuchs.

§. 44.

Das gerauhte Tuch wird nun in den stellbaren Tuchrahmen ausgespannt, und im Sommer an der trocknen Luft, im Winter in geheizten Räumen getrocknet; hierauf mit einer scharfen Bürste gebürstet, um die beim Rauhen niedergedrückten Fasern aufzulockern, auch die Unreinigkeiten hinwegzuschaffen. Dasselbe geschieht entweder mit den Händen oder mittelst der erst seit einigen Jahren eingeführten Bürstmaschine (machine à brosser, *brushing mill*).

a) Eine speciellere Erörterung des Bürstens mit der Handbürste und mittelst der Bürstmaschine, in den Vorlesungen. Letztere hat im Allgemeinen große Aehnlichkeit mit der Rauhmaschine, nur mit dem Unterschiede, daß die Bekleidung des Cylinders aus steifen Bürsten aus Schweinsborsten, statt aus Karden besteht.

b) Das Bürsten des Tuchs, früher nur angewendet, um das Haar nach dem Scheeren wieder im Striche niederzulegen, findet jetzt weit ausgedehntere Anwendung; zuweilen bürstet man schon vor der Walke nach dem Auswaschen, nicht aber nach dem Rauhen, und zwischen und nach dem Scheeren.

Das Scheeren des Tuchs.

§. 45.

Um dem gerauhten Tuche eine glatte glänzende Oberfläche, überhaupt ein schöneres Ansehn zu ertheilen, wird dasselbe geschoren, d. h. man schneidet die durch Rauhen auf die Oberfläche herausgezogenen Wollhärchen regelmäßig zu einer dem Zwecke entsprechenden Kürze ab; eine Arbeit, die von dem Tuchbereiter (namentlich vom Tuchscheerer) verrichtet wird. Diese Arbeit geschieht entweder mittelst der Hand-Tuchscheere (forces, *shears*) oder mittelst der Scheermaschine.

a) Die Hand-Tuchscheere besteht aus 5 einzelnen Theilen: 1) dem Lieger; 2) dem Läufer; 3) der Wanke; 4) dem Zapfen; 5) der Leyer.

Die Scheermaschinen.

§. 46.

Die Scheermaschine (machine à tondre, *shearing machine*), mittelst welcher weit schneller und im Ganzen eben so vollkommen als mit der Handscheere gearbeitet wird, wurde bereits im Jahr 1758 durch Everett in Wilt-Shire erfunden, ist aber in der neuern Zeit wesentlich verbessert worden. Alle Scheermaschinen lassen sich zurückführen auf die mechanische Scheermaschine (*shearing frame*), die amerikanische Scheermaschine (Maschine mit oscillirendem Cylinder) und die Cylinderscheermaschine.

a) Die mechanische Scheermaschine besteht aus einem Scheertische (§. 47.) mit einer Scheere nach Art der Handscheere; der

Mechanismus bewirkt die schneidende Bewegung und das Fortrücken der Scheere.

b) Die amerikanische Scheermaschine besteht (mit Ausschluß des Scheertisches) aus einem Schneideapparat, der aus einem festliegenden geraden Messer (dem Lieger) und einer schraubengangartig um einen Holzcylinder gewundenen Klinge (dem Läufer) zusammengesetzt ist. Der Cylinder dreht sich sehr schnell so abwechselnd um seine Achse, daß er in einem gewissen Bogen vor- und rückwärts gleichsam oscillirt, während sich zugleich das Tuch nach seiner Breitenrichtung unter dem Apparat vorüber bewegt.

c) Bei den Cylinderscheermaschinen (oft auch nur Cylinder genannt) befinden sich mehrere Stahlblätter schraubenartig um einen eisernen Cylinder gewunden, dem man eine ununterbrochene rotirende Bewegung giebt. Diese Scheermaschinen sind jetzt allgemein eingeführt. Man unterscheidet Transversal- und Longitudinal-Scheermaschinen.

α) Bei der Transversal-Scheermaschine liegt der Cylinder nach der Länge des Tuchs, und schreitet während seiner Drehung zugleich von der einen Kante des Stückes nach der anderen fort, wenn man nicht, was jedoch seltener der Fall ist, vorzieht, das Tuch sich nach seiner Breitenrichtung unter dem Cylinder vorüber bewegen zu lassen.

β) Bei der Longitudinal-Scheermaschine bleibt der umlaufende Cylinder stets an seinem Platze liegen, und das Tuch geht ziemlich schnell unter ihm, seiner Längenrichtung nach, fort, so daß das Scheeren an dem einen Ende des Stückes beginnt und am anderen Ende schließt.

d) Eine speciellere Erörterung der verschiedenen Scheermaschinen und deren Vortheile beim Gebrauche in den Vorlesungen.

Die Ausführung des Scheerens des gerauhten Tuchs.

§. 47.

Um das Scheeren des vorher gerauhten Tuchs zu verrichten, wird dasselbe mittelst der Sahlleisten über dem ausgepolsterten Scheertische ausgespannt, das Haar mit einer Bürste aufgestrichen, und nun die in Thätigkeit gesetzte Scheere darüber hingeleitet, welche das emporgehobene Haar abschneidet.

a) Eine nähere Beschreibung: 1) des Scheertisches; 2) der Tuchscheere und 3) der Arbeit des Scheerens mit der Hand, in den Vorlesungen.

b) Grobe Tücher werden nur 3 bis 4 Mal, feinere Tücher oft 14, 15, 16 Mal unter die Scheere gebracht, bis sie vollkommen ausgeschoren sind.

c) Die dabei abfallenden kurzen Haare werden Scheerhaare oder Scheerwolle genannt.

Fehler, welche durch das Handscheeren im Tuche entstehen.

§. 48.

Das Handscheeren erfordert große Geschicklichkeit und Sorgfalt; ein nicht sorgfältiger Arbeiter kann zu verschiedenen Fehlern des Tuches Anlaß geben. Dahin gehören: 1) die Schmitzen (treppenartig aussehende Streifchen); 2) die Rattenschwänze (Stellen mit zu langem Haar, über welche, weil sie etwas vertieft lagen, hinweggeschoben wurde); 3) die Kläcke (Haartheile, die von den Schneiden der Scheere nur zerquetscht, aber nicht abgeschnitten wurden); 4) die Bankerotte (ungeschorne Stellen und Streifen); 5) die Fadensichtigkeit (wenn durch zu starkes Scheeren das Haar bis auf das Gewebe hinweggenommen ist).

a) Diese Fehler kommen bei Anwendung der Scheermaschinen nicht mehr vor.

Das Recken und Strecken des Tuchs.

§. 49.

Um das Tuch völlig fadengleich zu machen, wird dasselbe, wenn es aus dem letzten Wasser kommt, vor dem völligen Ausscheeren in dem Tuchrahmen an beiden Enden, erst nach der Länge, hierauf mittelst der Sahlleisten, nach der Breite ausgezogen und gestreckt. So wie das ausgereckte Tuch allmälig trocknet, muß dasselbe von Zeit zu Zeit mittelst einer geraden Bürste ausgestrichen werden.

a) Eine nähere Beschreibung des Tuchrahmens so wie der Arbeit damit;

b) Die Behandlung des Tuchs nach dem letzten Scheeren: 1) dem Noppen durch die Beleserin (wodurch alle durch das Rauhen und Scheeren zum Vorschein gekommenen fremden Körper vermittelst des Noppeisens entfernt werden); 2) dem Stopfen durch die Stopferin (um kleine, etwa während des Scheerens entstandene Löcher mit seidenem Faden und mit der Nadel zu stopfen); 3) dem Ausstreichen durch den Tuchbereiter, in den Vorlesungen.

Das Pressen des Tuchs.

§. 50.

Um dem fertigen Tuche äußern Glanz und Schönheit zu ertheilen, wird dasselbe in der dazu bestimmten Schraubenpresse oder hydraulischen Presse, zwischen Preßspänen (Glanzpappe, cartons, *pressing boards*) gepreßt.

a) Von den Preßspänen und ihrer Fabrikation rc., in den Vorlesungen.

b) Beim Pressen faltet man das Tuch in der Art zusammen, wie man es in den Handel bringt, und legt zwischen die einzelnen Lagen desselben Preßspäne: feinere rechts, gröbere auf die linke Seite des Tuches. Man bringt 6—12 Stücke Tuch zugleich in die Presse. Zwischen jedes Stück kommt ein gewöhnlicher Pappbogen, sodann ein Brett, und zwischen je zwei Bretter eine erhitzte eiserne Platte. Man läßt das Ganze 1—2 Tage unter der Presse. Darauf legt man das Tuch um und wiederholt das Pressen.

c) Weiße Tuche werden entweder geschwefelt oder mit einer wässrigen Lösung von schwefliger Säure behandelt, um sie zu bleichen; oder sie werden, mittelst geschlämmten Specksteins oder Kreide gekreidet, auch häufig mit etwas schwefelsaurer Indiglösung oder mit Ultramarin gebläuet.

d) Einige werden, um ihnen mehr Glanz zu geben, gummirt. Schwarze Tuche werden, durch Bestreichen mit Olivenöl, laudirt.

Das Decatiren der Tücher. Die Dampfkrumpe.

§. 51.

Der Glanz (Preßglanz) der gepreßten Tücher ist empfindlich gegen Regen, indem jeder Wassertropfen einen matten und weniger glänzenden Fleck bewirkt; daher müssen sie, vor dem Verarbeiten zu Kleidern, mit Wasser benetzt (gekrumpt) werden, um dadurch ferner das sonst erfolgende Zusammenschrumpfen zu verhüten, das um so stärker stattfindet, je stärker das Tuch früher auf dem Tuchrahmen gestreckt worden war. Dies geschieht durch das Decatiren (das Dampfkrumpen). Man verrichtet das Decatiren auf eine verschiedene Weise, immer aber dadurch, daß das Tuch, in einem Zustande der Pression, von heißen Wasserdämpfen durchdrungen wird.

a) Specieller, von dem Verfahren beim Decatiren, in den Vorlesungen.

Besonders zubereitete Tücher.

§. 52.

Die meisten Tücher werden entweder einfach oder geköpert gewebt, die melirten, aus vorher gefärbter und unter verschiedenen Farben mit einander gemengter Wolle. Das Filztuch (drap feutré, *felted cloth*), ein Tuch durch bloße Filzung ohne alles Weben verfertigt, hat sich nicht praktisch erwiesen.

Tuchartige Wollzeuge.

§. 53.

Zu den tuchartigen Wollzeugen gehören: 1) der Kasimir; 2) die Circassienne (dem Kasimir nahe verwandt); 3) der Fries, Flaus oder Coating (frise, *coating*), dicker, gröber oder langhaariger als Tuch; hierher gehören auch Kalmuck und Sibirienne, Düffel und Kastorin; 4) der Molton oder Multon, dem Fries verwandt, unter dem Haar das Gewebe etwas sichtbar; 5) der Flanell, sehr wenig gewalkt, nur auf der rechten Seite geraubt und gewöhnlich nicht geschoren; 6) der Buckskin (*buck-skin*), gemusterter Beinkleiderstoff, nicht geraubt, auf der rechten Seite glatt geschoren (leichter dünner Buckskin heißt Doeskin); 7) das Doppeltuch zu Winterkleidern, aus zwei auf einander liegenden und zusammengewebten Stoffen bestehend; 8) der Lama, dem Flanell ähnlich; 9) der Kirsey, ein grobes, nicht appretirtes (also weder gerauhtes, noch geschorenes) Zeug zu Militärmänteln; 10) der Kotzen, ein rauhes Zeug zu Pferdedecken, Fuß- und Bettdecken; 11) der Papiermacherfilz.

Die Verarbeitung der Kammwolle.

(Glatte, nicht gewalkte Gewebe.)

§. 54.

Glatte Wollgewebe (Kammwollzeuge oder auch nur wollene Zeuge) sind aus Kammwolle (die tuchartigen Wollgewebe dagegen aus Streichwolle) gefertigt; sie werden nicht gewalkt und nicht geschoren, sondern erhalten ihre Appretur auf eine andere schickliche Weise durch Waschen, Sengen, Pressen rc.

Das Kämmen der Wolle. Kammwolle.

§. 55.

Die zu glatten Wollzeugen bestimmte Wolle wird nicht gekratzt und geschrubbelt, sondern gekämmt, da die wesentlichste Eigenthümlichkeit bei der Verarbeitung der Kammwolle zu Kammgarn darin besteht, durch die dem Verspinnen vorausgehenden Arbeiten eine so viel als möglich parallele Lagerung der längeren Kammwollhaare herbeizuführen, wodurch der Garnfaden Glätte erhält. Man verwendet dazu nur lange einschürige Wolle (Kammwolle).

a) Außer der Kammwolle verarbeitet man zu Kammgarn auch Alpaka und Mohair (vergl. S. 13 u. 14), so wie auch Mischungen von Schafwolle mit Baumwolle oder Seide (Phantasiegarne, *mixed yarn*).

b) Das Kämmen der Wolle geschieht durch die Wollkämmer, mittelst der Wollkämme; es bewirkt eine Auflockerung, Reinigung und Ordnung der Wollhaare, wie bei der Streichwolle das Krempeln.

c) Der Wollkamm (peigne, *combs*) besteht aus 2 Theilen: 1) der Lade; 2) den Zähnen. In der Arbeit wirken immer 2 Kämme zugleich in einander.

d) Die Wolle wird vorher eingefettet, hierauf in den (im Kammpot) vorher erwärmten Wollkamm zusammengerollt, eingeschlagen, und zwar in beiden Kämmen zu gleichen Theilen, worauf der Arbeiter den einen Kamm in der linken Hand hält, den zweiten in der Rechten, und nun die Wolle aus einem Kamm in den andern überkämmt: eine Operation, die so oft wiederholt wird, bis eine lange schmale Fliede (ein Bart oder Zug) daraus entstanden ist.

e) Durch das Kämmen wird die Kammwolle von den wenigen kurzen Haaren, Kämmlingen, die sie noch bei sich führt, getrennt. Diese Kämmlinge werden als Streichwolle verwendet.

f) Eine specielle Erörterung der Einrichtung der Wollkämme, des Kammpots und der Arbeit mittelst beider, in den Vorlesungen.

g) Das Wollkämmen wird meist jetzt noch durch Handarbeit verrichtet, ungeachtet unter den zahlreichen Projecten von Kammmaschinen mehrere in der Anwendung sich bewährt haben.

Das Kammgarn.

§. 56.

Das Verspinnen der Kammwolle zu Kammgarn (*worsted*) auf Maschinen geschieht nach ähnlichen Principien, wie bei dem Verspinnen der Streichwolle zu Streichgarn. Man hat in den Kammgarnspinnereien sehr verschiedenartige Constructionen und Zusammenstellungen von Maschinen, deren Eigenthümlichkeit wesentlich durch die natürliche Beschaffenheit der verarbeiteten Wollsorten bedingt ist.

a) Die erste mechanische Kammgarnspinnerei entstand 1792 in England.

b) Man unterscheidet bei dem Kammgarn gleichfalls Kettengarn (*warp*) und Schußgarn (*weft*).

Der Raschmacher- oder Zeugmacherstuhl.

§. 57.

Der Raschmacherstuhl (Zeugmacherstuhl) unterscheidet sich von dem Tuchmacherstuhle dadurch, daß er weniger breit ist, und der Kettbaum über das Gestelle ruht: so daß die Kette zum Weben herabhängt. Das Weben auf diesem Stuhle bietet keine besonderen Verschiedenheiten dar. Die Kette wird wie bei den tuchartigen Wollzeugen geleimt, dasselbe bisweilen auch unterlassen, wenn das dadurch nothwendig werdende Waschen der Farbe schaden könnte.

Kammwollzeuge.

§. 58.

Zu den glatten Kammwollzeugen gehören: 1) Orleans; 2) Kammlot; 3) Perkan oder Berkan; 4) Bombasin; 5) Beuteltuch zu Mühlbeuteln und Sieben; 6) Krepp zu Trauerflören; 7) Wollstramin, Stickgaze, als Unterlage zu Stickarbeiten; 8) Wollmusselin; 9) Chaly (Kette Seide, Einschuß Kammwolle).

a) Hierher gehören auch die sogenannten neueren Bradforder Artikel (gemischte Stoffe aus Alpaka, Mohair, Baumwolle, Seide, so z. B. ein Alpakagewebe mit Seidenkette unter dem Namen Lavella).

b) Vergl. Staatsrath v. Hermann's Bericht über die Wollwaaren im „Amtl. Bericht d. Londn. Ausstell. d. Jahres 1851. Bd. II. S. 77."

c) Eine nähere Erörterung oben genannter Gewebe und ihres Unterschiedes in den Vorlesungen.

Geköperte Kammwollzeuge.

§. 59.

Das Wort Köper (auch Keper, Küper und Kieper) stammt von dem holländischen Worte Kep (auch Keep oder Kiep) ab, welches eine Kerbe bedeutet. Die geköperten Zeuge haben das Ansehn, als seien sie gekerbt. Die wichtigsten geköperten Kammwollzeuge sind: 1) geköperter Wollmusselin; 2) Merinos und die sich weicher anfühlende Art Thibet; 3) Serge (Serge de Rome, Serge de Berry, Serge de Londres, Serge à la reine); 4) Rasch oder Ras (auch Chalon und Soy genannt); 5) Lasting oder Prunell zu Cravatten, Damenschuhen, Möbelüberzügen; 6) Oeltuch oder Oelpreßtuch.

a) Auch die geköperten Kammwollzeuge sind häufig gemischte Zeuge, so ist z. B. der Bombasin eine Art Merino, Kette Seide, Schuß Kammwolle.

Gemusterte Kammwollstoffe.

§. 60.

Außer den genannten glatten und geköperten Kammwollstoffen werden auch gemusterte (geblümte oder figurirte) fabricirt. Hierher gehören die kammwollenen Beinkleider- und Westenzeuge, der Schuhkord hauptsächlich zu Pantoffeln, mannigfaltige Kleider- und Mantelstoffe, gemusterte Thibets (häufig Kette Alpaka, Schuß Kammwolle), Möbeldamast (Wollendamast); die früher gebräuchlichen Stoffe Tabouret, Lüstrin, Droguet und Florette werden jetzt nicht mehr gefertigt.

a) Zur Darstellung der gemusterten Kammwollstoffe bedient man sich des Jacquard-Webstuhls.

Shawls und Umschlagtücher.

§. 61.

Das Grundgewebe der Shawls und Umschlagtücher besteht entweder ganz aus Kammgarn (bei den Kaschmir- oder Ternauxshawls aus Kaschmirwolle), oder aus florettseidener, in geringeren Qualitäten baumwollener Kette und Kammgarnschuß. Man unterscheidet viereckige Shawls (shawls carrés, *square shawls*), Doppel- oder Lang-Shawls (double-shawls, *long-shawls*) und Schärpen (Echarpes, *scarf shawls*).

a) Die wollenen Shawls, sogenannte Plaids, Tartans, Kabyles liefern besonders England und der Zollverein.

b) Frankreich's Shawls (imitirte Kaschmir-Shawls) zeichnen sich aus durch kunstreiche Zeichnung und große Farbenpracht, bei feiner Ausführung des Gewebes.

Appretur der Kammwollzeuge.

§. 62.

Die Appretur der nicht gewalkten wollenen Gewebe geschieht durch Kreppen, durch Sengen, durch Karrayen und durch Kalandern derselben.

a) Das Kreppen wird nur bei Krepp zu Trauerflören vorgenommen, indem man denselben in Wasser kocht, wobei durch ungleiches Einlaufen der Fäden die krause Beschaffenheit entsteht.

b) Das Sengen oder Karrayen (Karaien) wird verrichtet, indem man die Gewebe über glühende Kohlen, über eine Weingeistflamme, oder über einen glühenden Cylinder von Eisen hinleitet, um die hervorragenden Fasern hinwegzunehmen und ihnen eine glatte Oberfläche zu ertheilen.

c) Das Kalandriren, Mangen oder Cylindriren geschieht, indem man die Zeuge zwischen 2 harte Walzen hindurch leitet, von denen die eine von glatt polirtem harten Holze massiv, die andere von Metall hohl angefertigt ist, welche letztere durch einen hineingesteckten glühenden Bolzen erhitzt wird. Häufig werden auch die Walzen durch Dämpfe geheizt. Das Kalandriren vertritt die Stelle der Presse bei den Tüchern, um den Zeugen Glanz zu ertheilen.

d) Manche Kammwollzeuge werden vorher mit einer Glanz gebenden Substanz durchdrungen.

e) Eine speciellere Erörterung dieser Arbeiten in den Vorlesungen.

Wollene, nicht gewalkte, aber geschnittene Zeuge.

§. 63.

Geschnittene wollene Zeuge werden wie gewöhnlich auf dem Raschmacherstuhle (Sammtstuhle) gewebt; nur mit dem Unterschiede, daß hier zwei Ketten, die Grundkette (chaine, *ground*) und die Poilkette (poil, *pile warp*) erfordert werden, um durch letztere das Haarartige (die Pole oder den Flor) hervorzubringen. Letzteres geschieht vermittelst einer Ruthe von Messingdraht, welche auf der obern Seite vertieft eingeschnitten ist. Während des Webens wird der Poilschemel in die Höhe getreten, die Ruthe zwischen Poil- und Grundkette eingeschoben, und die Grundkette mit dem Poil hinabgetreten, dann drei Fäden eingeschossen, um den Poil gehörig zu binden; worauf der Poilfaden, mittelst eines scharfen Messers, nach der Breite des Gewebes durchschnitten wird; wodurch sich das Haarartige (der Flor) bildet. Zu den sammtartigen Wollstoffen gehören: 1) der Wollsammt (*worsted velvet*); 2) der Wollplüsch (*worsted shag*); 3) der Velpel, Felpel, Pelzsammt (*panne, worsted long poil*). Von dem Sammt unterscheidet sich der Plüsch und der Velpel nur durch die Länge des Haares, welche beim Plüsch größer als beim Sammt, und beim Velpel am größten ist.

a) Die sammtartigen Wollstoffe werden als Möbel-, Futter-, Vorhang-, Kragen-, Mützen-Stoffe angewandt. Sie werden mehr oder minder dicht gewebt, mit längerem oder kürzerem Flor versehen und erhalten hiernach die verschiedenen Specialbenennungen Astrakan, Krimmer, Biber, Castorin, Utrechter Sammt (velours d'Utrecht). Die Kaffa, ein sehr grobes, façonirt gewebtes, geschnittenes Zeug ist nicht mehr in Anwendung.

b) Eine speciellere Erörterung dieser Fabrikate, die jetzt größtentheils außer der Mode sind, in den Vorlesungen.

Die Teppich- oder Tapetenweberei.

§. 64.

Die Herstellung der Wandtapeten, so wie der Fußteppiche, vorzüglich der Arbeiten solcher Art, wie sie in der (im Jahre 1667 unter Ludwig XIV. errichteten) Gobelin's-Manufaktur zu Paris verfertigt werden, ist das Vollkommenste, was durch Weberei erreicht werden kann.

a) Eine speciellere Erörterung der hochschäftigen (haute-lisse), und der niederschäftigen (basse-lisse) Stühle, welche zu den feinern Tapetenarbeiten erfordert werden, in den Vorlesungen.

b) Von den englischen, den schottischen, den deutschen, den türkischen oder Savonnerie-Fußteppichen und ihrer Darstellung, mit und ohne Flor, gleichfalls in den Vorlesungen.

Zweiter Abschnitt.
Von der Baumwolle und ihrer Verarbeitung.
(Die Baumwollspinnerei und Weberei.)

§. 65.

Die Baumwolle (colon, *cotton*) ist die Samenwolle der Früchte der Baumwollenpflanze (Gossypium). Die Früchte bestehen aus 3 bis 5 fächerigen Kapseln von der Größe einer Wallnuß, in welcher sich die erbsengroßen schwarzen oder dunkeln Samenkerne von der Wolle umgeben finden. Die Baumwollenpflanze erscheint entweder staudenartig (Gossypium herbaceum); oder baumartig (Gossypium arboreum); ihr Vaterland ist Ostindien und Afrika. Durch Cultur wird sie gewonnen: 1) in Ostindien und China, Afrika und Aegypten; 2) in Westindien; 3) in Nordamerika (vereinigt. Staat., besonders Carolina, Louisiana, Florida); 4) im südlichen Amerika; 5) in einigen Gegenden des südlichen Europa (Corsica, Sicilien, Calabrien, Malta, Macedonien); 6) in dem brittischen Neuholland.

a) Nach Decandolle sind alle Species der Baumwollenpflanze sehr unbestimmt. Hamilton, welcher der Baumwollenpflanze in ihrem Vaterlande viel Aufmerksamkeit schenkte, statuirt nur 3 Arten überhaupt. Diese sind: 1) Gossypium album, mit weißer Wolle und weißem Samen. Dahin gehören: Goss. herbaceum; Goss. barbadense; Goss. purpurescens und Goss. racemosum; sie werden vorzüglich cultivirt in Südeuropa, Nordamerika, Aegypten, in Kleinasien und den Antillen. 2) Gossypium nigrum, mit weißer Wolle und schwärzlichem Samen. Es gehören dahin: Goss. arbor. Lin.; Goss. indicum und vitifolium Lamark.; Goss. eglandulosum Cavanilles; besonders cultivirt in Ostindien, China, Aegypten und einigen Gegenden von Spanien und Amerika. 3) Gossypium croceum, mit gelber Wolle. Die letzte Art kommt von Goss. religiosum. Sie wird am häufigsten in China, seltener in Ostindien, diesseits des Ganges, cultivirt.

b) Nordamerika producirt etwa ⅔ aller auf der Erde erzeugten Baumwolle.

§. 66.

So wie die Baumwolle in den europäischen Handel kommt, hat sie bereits eine vorbereitende Arbeit, das Egreniren (égrenage, *ginning*) erlitten, um sie von den Samenkernen zu befreien. Das Egreniren geschieht entweder mittelst des Walzenreinigers (*roller gin*), eines Walzenpaares, das so eng gestellt ist, daß die wolligen Theile, nicht aber die Samen hindurchgehen, oder mittelst der Entkörnungsmaschine (*cotton gin*, *saw gin*), deren Haupttheile Kreissägeblätter sind; diese Blätter greifen mit einem Theil ihrer Peripherie zwischen den Stäben eines engen Rostes hindurch; die Zähne nehmen die Wolle, nicht aber die Körner mit durch den Rost, unter welchem sie von Bürsten aufgenommen und gesammelt wird. In anderen Gegenden mittelst des Sägewolfs.

a) Eine speciellere Erörterung dieser Vorrichtungen und der Arbeit damit, in den Vorlesungen.

§. 67.

Auf dem europäischen Markte wird die Baumwolle unterschieden nach den Ländern oder auch den Stapelplätzen, woher sie erhalten wird, in sieben Hauptgattungen:

a) Nordamerikanische (Sea Island oder lange Georgia, Louisiana, Alabama, Florida, Neu Orleans, Tenessee, Upland-Georgia oder kurze Georgia, Virginia, Carolina, Molinos und die geringste Varietät Sturmwolle, wahrscheinlich das Product einer Nachlese).

b) Südamerikanische (Brasilianische: Pernambuco, Siara, Bahia ꝛc.; Guyana: Surinam, Demerary, Berbice, Essequebo; Columbische: Varinas, Caracas, Cartagena ꝛc.; Peruanische: Lima ꝛc.).

c) Westindische (Jamaika, Guayanilla, Hayti, Portorico, Cuba, Curaçao ꝛc.).

d) Ostindische (Manilla, Bengal, Madras, Bombay).

e) Afrikanische (Insel Bourbon, Senegal, Mako oder ägyptische).
f) Levantische (türkische):
   α) Macedon. (Uschur, Salonichi, Cantar, Taxili).
   β) Smyrn. (Arar, Kassabar, Kirkagadj).
   γ) Eigentl. Levant. (Subuschak).
g) Europäische (span. Motril; sicilian. Castellamare und Biancavilla; maltesische).

Vorbereitung der Baumwolle zum Verspinnen.

§. 68.

So wie die Baumwolle in Gestalt von fest zusammengepreßten Ballen im europäischen Handel vorkommt, ist sie noch nicht geschickt, um versponnen zu werden; sie ist mit Staub, Körnern und anderen fremden Körpern verunreinigt. Der Spinnerei muß daher eine Arbeit vorausgehen, durch welche die rohe Baumwolle gereinigt und in ihren ursprünglichen lockeren Zustand zurückgeführt wird. Dies geschieht durch das Auflockern.

a) Um die rohe Baumwolle aufzulockern, wird sie entweder auf aus Stricken geflochtenen Horden ausgelegt, und mit Rohrstöcken geschlagen; oder sie wird mittelst Maschinen gereinigt. Solche Maschinen sind: 1) der Wolf, Teufel oder Oeffner (diable, *devil*), welcher die Auflockerung durch einen mit spitzen eisernen Zähnen versehenen Cylinder bewirkt; 2) der Willow oder Zauseler, eine dem Wolf ähnliche Maschine, aber mit stumpfen Stiften oder Pflöcken versehen; 3) die Flack- oder Schlagmaschine (batteur); ein Flügelrad und ein Ventilator, die Schläge der Flügel trennen die Wollfasern von den Unreinigkeiten, welche letztere durch den Wind fortgeweht werden oder durch den Rost fallen; die erste Schlagmaschine (batteur éplucheur, *blower*) hat hauptsächlich diese Reinigung zum Zweck (sie heißt auch Putzmaschine); die zweite, die Watten- oder Wickelmaschine (batteur étaleur, *spreader*) soll außerdem die gereinigte Baumwolle in Watte (nappe) verwandeln und diese Watte zu Wickel (*lap*) aufrollen.

Das Streichen der gereinigten Baumwolle.

§. 69.

Das Krempeln, Kratzen oder Streichen der gereinigten Baumwolle ist dazu bestimmt, der Baumwolle das zum Verspinnen unerläßliche Erforderniß, daß ihre Fasern völlig parallel gelegt sind, zu geben, außerdem die noch vorhandenen Unreinigkeiten abzusondern und die Baumwolle in ein Band umzuwandeln, das sich der Gestalt eines Fadens schon entfernt nähert. Man erreicht dies Nebeneinanderlegen der Fasern durch die Gegeneinanderwirkung der Flächen, die mit feinen hakenförmigen Drahtspitzen dicht besetzt sind. Diese Operation wird durch die Kratz- oder Krempelmaschine verrichtet.

Die Kratz-, Krempel- oder Streichmaschinen.

§. 70.

Die Kratz-, Krempel- oder Streichmaschinen (machines à carder, *carding engines*) sind im Jahre 1770 durch Arkwright erfunden, später (so neuerdings durch Pooley 1845) aber wesentlich verbessert worden. Sie zerfallen in 3 Hauptabtheilungen: 1) die Vorkratze; 2) die Feinkratze; 3) die Streckmaschine.

a) Die Vorkratze, Grobkarde, Reißkrempel (carde en gros, *breaker*) besteht aus 3 sich über einander bewegenden Walzen, von verschiedenem Durchmesser mit Kratzenblättern umlegt. Außer dem Gestell und einem Vorlegetuch ohne Ende, besitzt die Vorkratze 3 Walzen: 1) die Haupttrommel (Kratztrommel); 2) die Kamm- oder Abnehmewalze; 3) die Haubenkrempel; endlich 4) das Abnehmeblatt. Die Vorkratze liefert eine lockere, dünne, zusammenhängende Watte (Vließ, nappe, *fleece*).

b) Die Feinkratze, Auskarde, Feinkrempel (carde en fin, *finisher*) unterscheidet sich von jener dadurch, daß sie keine Kratztrommel besitzt, sondern die Baumwolle sogleich von dem Abnehmeblatt aus, mittelst 2 Walzen durch ein trichterförmiges Mundstück gezogen und von da in eine Kanne (einen Cylinder von Blech) oder in ein Weidengeflecht geleitet wird; nach welcher Bearbeitung die Baumwolle in Gestalt eines wurstförmigen Bandes (einer Locke) erscheint. Häufig vereinigt man auch die Bänder, welche die Vorkratze geliefert, mittelst der Doublirmaschine (doubleur, *lapping engine*) zu breiter Watte und bringt diese auf die Feinkratze.

c) Die Watte (ouate, *wad*), welche die Vorkratze liefert, dient zum Ausfüttern der Kleider.

d) Die Streckmaschine (Laminirstuhl, laminoir, *drawing frame*) besteht aus mehreren, auf einander folgenden Paaren von Streckwalzen, die durch ihre ungleiche Geschwindigkeit die Bänder in die Länge strecken und die Baumwollfasern immer mehr und mehr parallel legen.

e) Ohne das Doubliren und Strecken kann ein feines und gleichförmiges Garn nicht hergestellt werden, dies sah schon Arkwright (1769) ein, den man mit Recht als den Schöpfer der mechanischen Baumwollspinnerei ansieht.

f) Aus den durch die Streckmaschinen gelieferten Bändern geht durch Bearbeitung auf Vorspinnmaschinen ein dicker und lockerer Faden, das Vorgespinnst hervor, das auf den Feinspinnmaschinen in Garn umgewandelt wird.

g) Eine speciellere Erörterung des Vorstehenden in den Vorlesungen.

Das Verspinnen der gestreckten Baumwolle zu Garn.

§. 71.

Das Verspinnen der gestreckten Baumwolle zu Garn geschah früher mit dem Handrade (Handgespinnst); jetzt allgemein mittelst der Spinnmaschinen (Maschinengespinnst). Das Verspinnen zerfällt in das Vorspinnen (filage en gros, *roving*) und in das Feinspinnen (filage en fin, *spinning*).

Die Baumwollen-Spinnmaschinen.

Die Vorspinnmaschinen.

§. 72.

Die Verwandelung der durch die Streckmaschinen gelieferten Bänder in Vorgespinnst geschieht: 1) entweder durch geringe, aber bleibende Drehung, wodurch das fernere Ausziehen nicht gehindert wird; oder 2) durch starke, aber vorübergehende Drehung.

a) Die ersterwähnte Drehung wird dem Gespinnst ertheilt: 1) durch die Achsendrehung von blechernen Kannen oder Laternen, in welchen es nach dem Strecken aufgefangen wird (Flaschenmaschine, Laternenbank, banc à lanternes, *can roving frame*, jetzt fast außer Gebrauch; 2) durch die Achsendrehung von horizontalen Spulen (Spulmaschine, *jack frame*); 3) durch vertikale Spulen, die auf umlaufenden Spindeln stecken, deren jede mit einem Flügel (*flyer*) zum Einleiten des Fadens versehen ist (die jetzt allgemein benutzte Spindelbank oder Flyer); 4) durch Spulen auf einem Spindelwagen (Vorspinnmule) im Wesentlichen mit der Feinspinnmule übereinstimmend; wegen ihrer geringen quantitativen Leistungsfähigkeit fast gänzlich aus den Spinnereien verschwunden.

b) Die zweiterwähnte Drehung wird dem Gespinnst gegeben: 5) durch ein kurzes, äußerst schnell um seine Axe gedrehtes Rohr, durch welche das Gespinnst geht (Röhrenmaschine, machine à tubes, *tube frame*); 6) dadurch, daß der Faden — ohne Spindel und Röhrchen — durch rollende Bewegung zwischen einem in schneller Circulation befindlichen endlosen Riemen sich rundet und verdichtet (Eklipsmaschine, éclipse fileur, *eclipse speeder*).

c) Mit der Eklipsmaschine ist verwandt die Würgelmaschine (rota-frotteur).

d) Vorstehende Vorspinnmaschinen arbeiten theils einzeln, theils mehrere zusammenwirkend. Im letzteren Fall erhält man zuerst grobes Vorgespinnst (Lunte, mèche, *slub*), sodann feines Vorgespinnst (Vorgarn, fil doux, *roving*).

Die Feinspinnmaschinen.

§. 73.

Die Verwandelung des Vorgespinnstes in Feingespinnst, Garn oder Twist, d. h. das Ausziehen des Fadens geschieht: 1) durch zeitweises Festhalten des Fadens vermittelst einer Klemme; 2) durch ununterbrochenes Ausziehen zwischen Walzenpaaren, von denen die nächst folgenden schneller umlaufen, als die vorhergehenden.

a) Das erste Princip findet Anwendung bei der Jenny (*jenny*), die jetzt nicht mehr benutzt wird.

b) Jetzt benutzt man zum Feinspinnen nur nach dem zweiten Principe construirte Maschinen, nämlich die Watermaschine und die Mulemaschine.

c) Unter dem Namen Watermaschine verstand schon Arkwright eine Spinnmaschine, die ihren Namen davon trug, daß sie die erste durch Wasserkraft in Bewegung gesetzte war; was jetzt mit gleicher Benennung in den Spinnereien vorkommt, ist eine mehrfach veränderte Maschine, welche eigentlich Drosselmaschine (continu, *throstle*) heißt. Die in vertikaler Richtung angebrachten Spindeln verrichten das Drehen und Aufwinden der Fäden gleichzeitig und in ununterbrochener Folge (daher die französische Benennung continu).

d) Die Mulemaschine (mull-jenny, *spinning mule*) zeigt das Eigenthümliche, daß ihre Spindeln nicht wie jene der Watermaschine während ihrer Umdrehung an einem und demselben Orte bleiben, sondern sich auf einem Wagen befinden, welcher von dem die Ausziehung bewirkenden Walzwerke bis auf eine Entfernung von etwa 5 Fuß wegführt, darauf wieder eingefahren wird, und so abwechselnd fort. Beim Ausfahren findet das Spinnen Statt, beim Einfahren das Aufwinden der Fäden auf die Spindeln. Wird der Wagen der Mule von dem Spinner in Bewegung gesetzt, so heißt sie Handmule, geschieht dies dagegen durch Wasser- oder Dampfkraft, so heißt sie Selfactor (*selfactor*).

e) Die Jenny erhielt ihren Namen von Hargreave's, des Erfinders Tochter, die Mule von dem engl. *mule*, Maulesel, weil diese Maschine gleichsam ein Bastard ist der Jenny und der Watermaschine, indem sie von ersterer den Spindelwagen, von letzterer das Streckwalzwerk entlehnte.

§. 74.

Das durch die Spinnmaschinen gewonnene Garn (Twist) zeichnet sich durch Feinheit, Gleichförmigkeit und Glätte vor dem Handgespinnst wesentlich aus. Man unterscheidet es in Muletwist und in Watertwist.

a) Der Muletwist, welches bei feinern Geweben zur Kette und zum Einschuß, bei andern bloß zum Einschuß gebraucht wird, zeichnet sich durch seine lockere wenig gedrehte Beschaffenheit aus.

b) Der Watertwist, welcher ausschließlich als Kettgarn verarbeitet wird, ist stärker gedreht.

Das Doubliren, Zwirnen und Haspeln des Garns.

§. 75.

Das Garn wird entweder in dem Zustande verarbeitet,

wie es von der Spinnmaschine kommt; oder es wird, je nach der Natur der Gewebe, die daraus fabricirt, werden sollen, vorher doublirt, auch wohl triplirt, und dann gezwirnt, um die einzelnen Fäden stärker zusammen zu drehen, und ihre Festigkeit zu vergrößern.

a) Das Doubliren und Zwirnen des einfachen Gespinnstes geschieht eben so wie bei dem Wollgespinnste (§. 30.) mit den dazu bestimmten Zwirnmaschinen.

b) Auch das Haspeln wird eben so veranstaltet, wie solches bei der Wolle (§. 29.) angegeben ist.

c) Außer dem einfachen rohen Garne kommt noch gebleichtes, gefärbtes (türkischroth gefärbtes) und gezwirntes Baumwollgarn in den Handel.

Das Verweben des Baumwollgarns.

Das Scheeren oder Schleifen des Kettgarns mittelst des Scheerrahmens.

§. 76.

Um die Zahl der Garnfäden abzumessen, welche die Kette bilden sollen, wird dasselbe mittelst der Bobinen auf die Scheerlatte gebracht, und mit Hülfe des Scheerrahmens zur Kette aufgeschiert.

a) Die Scheerlatte so wie der Scheerrahmen für Baumwolle sind denen für Wolle (§. 32.) völlig gleich.

b) Das Scheeren der Kettfäden wird meist durch die Scheermaschine, Zettelmaschine (ourdissoir, *warping mill*) verrichtet.

Das Schlichten des Kettgarns.

§. 77.

Das zur Kette abgemessene Garn wird nun geschlichtet, um ihm die erforderliche Glätte und Steifigkeit zu ertheilen; die Operation wird eben so veranstaltet, wie beim Wollgarn, nur mit anderen Materialien.

a) Das Schlichten des Baumwollgarns geschieht nicht mit Leim, wie bei der Wolle, sondern mittelst Stärkekleister.

b) Um das zu schnelle Austrocknen der Schlichte zu verhindern, versetzt man den Kleister mit etwa 5 Procent Chlorcalcium oder essigsaurem Kali.

c) Das Schlichten und das Trocknen der geschlichteten Kette kann auch mittelst Schlichtmaschinen (colloir, *dressing machine*) verrichtet werden.

Der Baumwoll-Webstuhl.

§. 78.

Der gemeine Webstuhl für die Baumwollweberei ist dem Leinweberstuhl am ähnlichsten; nur liegt der Garnbaum etwas höher als der Brustbaum, so daß die Kette, nach dem Brustbaume zu, etwas geneigt herabhängt. Das Weben geschieht wie gewöhnlich, am meisten mit dem Schnellschützen. Nach der Verschiedenheit der Gewebe die darauf producirt werden sollen, erleidet er mancherlei Abänderungen.

a) Zur Beurtheilung der Feinheit der baumwollenen Gewebe bedient man sich des Weberglases, einer Art von Mikroskop; auch dient hierzu der Leptometer.

Die Baumwoll-Webmaschine (métier mécanique, *power loom*).

§. 79.

Von dem Zeitpunkte an, als die Baumwollweberei aus einem Handwerk ein Fabrikgeschäft wurde, mußte sich das Bedürfniß offenbaren, Webstühle durch mechanische Combination ihrer Bestandtheile dergestalt zu betreiben, daß die bewegende Kraft an einem einzigen Punkte wirkt. Diese Richtung führte den Erfindungsgeist auf die Construction der mechanischen Webstühle oder Kraftstühle (*power loom*). Jetzt hat man den Bau dieser Stühle modificirt, daß er so viel als möglich zum leichten, schnellen und gleichförmigen Arbeiten geeignet ist.

a) Von der Einrichtung gedachter Stühle in den Vorlesungen.

b) Ursprünglich bestimmte man die Kraftstühle nur zum Weben glatter und geköperter Stoffe; neuerlich dehnte man aber ihre Anwendung auch auf Mustergewebe aus und verband in dieser Absicht die Jacquardmaschine mit dem Kraftstuhl.

Die Baumwollgewebe.

§. 80.

Die Baumwollgewebe sind: 1) glatte (leinwandartige), 2) geköperte, 3) gemusterte und 4) sammtartige.

a) Zu den glatten (leinwandartigen) Baumwollgeweben α) mit parallelen Kettfäden gehören: 1) Kattun (als Druckkattun oder als Baumwoll-Leinwand); 2) Nanking; 3) Shirting (Hemdenkattun, Futterkattun); 4) Kambrik (Kammertuch); 5) Baumwollbattist (schott. Battist); 6) Jaconet; 7) Perkal (zum Druck bestimmter Perkal heißt Kaliko); 8) die aus ganz oder theilweise gefärbtem Garn gewebten Zeuge Gingham, Baumwoll-Barège, Haincord; 9) die locker gewebten Zeuge Musselin (Vapeur, Zephyr), Organdin (Mull, Linon); Baumwoll-Stramin; β) mit gekreuzten Kettfäden: 10) Tüll und Gaze.

b) Zu den geköperten Baumwollstoffen gehören: 1) Köper oder Croisé; 2) Baumwollmerino; 3) Drill oder Drell; 4) Bast; 5) Satin (englisch Leder); 6) Barchent (*fustian*).

c) Der gefärbte rauhe und gleich dem Wolltuch geschorene Barchent heißt Beaverteen, der feinere Moleskin.

d) Zu den gemusterten Baumwollstoffen gehören: 1) Dimity (Wallis); 2) gemusterte Drelle und Barchente; 3) Baumwolldamast; 4) Piqué.

e) Zu den sammtartigen Baumwollstoffen gehören: 1) Manchester; 2) Baumwollsammt (*velvet*).

f) Das Weben des Baumwollsammts und seiner Arten geschieht mittelst der Poilruthe, wie beim Wollsammt.

g) Eine speciellere Erörterung dieser Gegenstände in den Vorlesungen.

Appretur der Baumwollgewebe.

§. 81.

So wie die Baumwollgewebe vom Webstuhl kommen, werden sie entschlichtet; dann gebleicht, endlich aber, nach dem Trocknen, weiter appretirt.

a) Um die entschlichteten Gewebe zu appretiren, werden sie:

1) gesengt (zuweilen auch geschoren, wie z. B. der Molesfin und Beaverteen); 2) (die weißen) gebleicht; 3) getrocknet (durch das Ausringen und durch die Centrifugaltrockenmaschine, hydroextracteur); 4) gestärkt; 5) gemangt oder kalandrirt; 6) gemessen und zusammengelegt und endlich 7) gepreßt.

b) Eine specielle Erörterung dieser Arbeiten in den Vorlesungen.

Stellvertretende Materialien für Baumwolle.

§. 82.

Als Stellvertreter für die Baumwolle sind empfohlen worden: 1) der Papus der syrischen Seidenpflanze (Asclepias syriaca); 2) die Wolle der Schwarzpappel (Populus nigra); 3) die der Lorbeerweide (Salix pentandra); 4) die Flachsbaumwolle. Sie sind aber sämmtlich unbrauchbar gefunden worden.

Dritter Abschnitt.

Von dem Flachs und seiner Verarbeitung.

(Die Flachsspinnerei und Leinweberei.)

§. 83.

Der Flachs (lin, *flax*) ist der als Spinnmaterial zubereitete Bast von den Stengeln der Leinpflanze (Linum usilatissimum); als Stellvertreter des Leins ist der Anbau des Neuseeländischen Flachses (Phormium tenax) empfohlen worden. Außerdem schlägt man vor anstatt des Flachses das chinesische Gras (*cloth-grass*), welches von Urtica utilis, Boehmeria utilis, Corchorus textilis abstammen soll, den Manilahanf von Musa textilis, den Aloehanf von Agave americana, den Ananashanf (Pinna).

a) Von der Cultur des Leins in den Vorlesungen.

Vorbereitung des Flachses zum Verspinnen.

§. 84.

Wenn die Leinpflanze die erforderliche Reife erlangt hat, wird solche: 1) mit der Wurzel ausgerauft; 2) von den Samenkapseln durch einen groben eisernen Kamm, den Riffelkamm, befreit; 3) geröstet (gerottet); 4) geklopft; 5) gebrochen; 6) geschwungen; 7) gehechelt (das beim Hecheln zurückbleibende Gewirre von Fasern heißt Werg oder Hede, étoupe, *tow*).

a) Eine specielle Erörterung dieser Arbeiten, so wie der dazu erforderlichen Werkzeuge und ihres Gebrauchs;

b) Eben so von der Behandlung des Leinsamens und seiner Benutzung zu Oel; desgleichen

c) Von der Behandlung des Flachses bei der Röstung; von der Thau- und Wasserröste, von der Warmwasser- oder Schenk'schen Röste; und

d) Von der Veredlung des Flachses, in den Vorlesungen.

Verspinnen des Flachses zu Garn.
(Handgespinnst. Maschinengespinnst.)

§. 85.

Nach dem Hecheln wird der Flachs zu Garn versponnen. Das Verspinnen geschieht entweder auf dem Handspinnrade, oder mittelst der Flachsspinnmaschinen.

a) Von der verschiedenen Einrichtung des Handspinnrades: 1) dem gemeinen Spinnrade; 2) dem Dresdner Batiströde; 3) dem schlesischen Spinnrade; 4) dem Hannersdorfer Spinnrade in den Vorlesungen.

b) Das Spinnen des Flachses auf Maschinen bietet wegen der Länge und der ungekräuselten Beschaffenheit der Faser, so wie des Umstandes, daß die feinste gleichförmigste Faser nur erst durch lange fortgesetztes Hecheln erzeugt wird, mehr Schwierigkeiten als jenes der Wolle und Baumwolle; es wurde deshalb auch später versucht und die mechanische Flachsspinnerei zu dem Grade der Vollkommenheit erhoben, auf welchem eine erfolgreiche Concurrenz mit der Handspinnerei erreicht werden konnte.

c) Die Verwandelung des gehechelten Flachses in Garn durch Maschinen ist dieselbe wie die der gekrempelten Baumwolle in Twist; sie zerfällt in: 1) die Bildung eines Bandes; 2) das Dubliren und Strecken; 3) das Vorspinnen und 4) das Feinspinnen.

d) Das Werg (étoupe, *tow*) wird ähnlich der Baumwolle durch Kratzen in Watte verwandelt und diese dann gestreckt, doublirt und gesponnen.

Vorbereitung des Leingarns zum Verweben.

§. 86.

Das Leingarn wird gehaspelt, dann entweder roh, wie solches gesponnen ist, oder auch vorher gebleicht, verarbeitet. Man unterscheidet: 1) Kettgarn; 2) Einschußgarn.

a) Das zur Kette bestimmte Garn wird auf Bobinen (hölzerne Spulen); das zum Einschuß wird auf Spulen von Schilfrohr gebracht.

b) Von den auf der Scheerlatte mit Garn gefüllten, aufgestellten Bobinen wird solches mittelst dem Lesebrettes und des Scheerrahmens zur Kette geschieret, diese auf dem Webstuhl aufgebäumt; dann wieder abgebäumt, hierauf geschlichtet und wieder aufgebäumt.

c) Der Leinweberstuhl ist der allereinfachste aller Webstühle; seine Haupttheile sind: der Garn- oder Kettenbaum, die Kette, die Schäfte und der Brustbaum, die Lade mit dem Rietblatt und der Tritt.

d) Gemusterte Gewebe aus Leingarn werden auf dem Jacquardschen Stuhle gewebt.

Appretur der Leingewebe.

§. 87.

Um die Leingewebe, so wie solche vom Webstuhl kommen, in den Handel zu bringen, muß ihnen die erforderliche Appretur gegeben werden. Diese besteht: 1) im Entschlichten; 2) im Beuchen; 3) im Bleichen; 4) im Stärken oder Steifen; 5) im Mangen; 6) im Glätten.

a) Das Entschlichten, das Beuchen und das Bleichen geschieht in den Bleichereien; dieselben werden weiterhin (im 11. Abschnitt) besonders erörtert werden.

b) Das Steifen der leinen Gewebe geschieht mittelst in heißem Wasser gelöster Stärke oder Dextrin (Stärkegummi, Leiokom), auch wohl eines Zusatzes von arabischem Gummi und weißem Wachs; mit Versetzung eines bläuenden Mittels (Indigolösung oder häufiger Ultramarin), um das Weiße mehr hervorzuheben.

c) Das Mangen geschieht mittelst der Mangel; das Glätten mittelst der Glätt- oder Appreturmaschine.

d) Eine speciellere Erörterung dieser Arbeiten in den Vorlesungen.

Verschiedenheit der Leingewebe.

§. 88.

Die Leingewebe sind entweder glatte, oder geköperte und gemusterte Gewebe. Zu den glatten gehören: 1) Segeltuch; 2) Packtuch; 3) Leinwand (Creas); 4) Battist; 5) Schleier; 6) Linon; 7) Futterleinen oder Cannevas. Die geköperten und gemusterten Stoffe zerfallen in bloß geköperte und einfach gemusterte, die Zwilliche, und in Zeuge mit complicirten Mustern, die Damaste. Der Zwillich (Drell, Drillich) heißt je nach seiner Anwendung Sack-, Bett-, Hosen-, Tisch-, Handtuchdrell. Der Damast enthält größere Muster als der Drell, wie z. B. Portraits, Landschaften, Inschriften ꝛc.

a) Eine specielle Erörterung dieser Fabrikate, ihrer Darstellung, ihres Unterschiedes in den Vorlesungen.

Hanfleinwand.

§. 89.

Außer dem Flachs wird auch die, auf gleiche Weise wie jene, zubereitete Faser des Hanfes (Cannabis saliva) zu Garn versponnen, und dieses zu Leinwand (toile de chanvre, *hemp-linen*) verwebt; die zwar in der Feinheit der aus Flachsgespinnst nachsteht, rücksichtlich der Festigkeit und Dauer aber den Vorzug behauptet.

a) Eine speciellere Erklärung dieser Fabrikate; so wie

b) Eine Nachweisung der vorzüglichsten Leinwand-Manufakturen in Deutschland; desgleichen

c) Von den vorgeschlagenen Stellvertretern für den Flachs und den Hanf; in den Vorlesungen.

Die Nesseln. Das Nesselgarn und das Nesseltuch.

§. 90.

Einen Stellvertreter des Flachses gewähren verschiedene Arten der Nessel (Urtica). Aus den Fasern ihrer Stengel wird das Nesselgarn bearbeitet; aus dem durch das Verweben das Nesseltuch hervorgeht.

a) Die zum Gebrauche in der Weberei dienlichen Nesselarten sind: 1) die hanfblättrige Nessel; 2) die gemeine Nessel; 3) die Brennnessel; und einige andere; auch soll die Urtica Whillow, die zu New-York verarbeitet wird, ein sehr feines und festes Gespinnst geben.

b) Die Zubereitung der Nesseln geschieht wie die des Leins und des Hanfs.

c) Das Gespinnst stellt das Nesselgarn; das daraus gewebte Zeug das ächte Nesseltuch dar.

d) Von größerer Wichtigkeit als die vorerwähnten Nesselarten ist die neuerdings eingeführte Jute (ostind. Kalkuttahanf oder Chinagras (?), *grass-cloth*), die von *Urtica nivea* abstammen soll. Ueber die noch nicht völlig bestimmte Abstammung der Gespinnstfasern Jute und Chinagras siehe den Amtl. Ber. d. Londn. Industrieausstell. Bd. I. S. 380.

Mit Baumwolle gemischte Leingewebe.

§. 91.

Durch das jetzt übliche Verfahren, mit Baumwolle gemischten Flachs zu verspinnen und zu verweben, ist ein sicheres Mittel Bedürfniß geworden, Baumwolle von Leinen zu unterscheiden. Alle zu diesem Zweck vorgeschlagene Mittel wie concentrirte Schwefelsäure, Kalilauge, Pikrinsäure ꝛc. erfüllen ihren Zweck nur unvollständig. Der einzig sichere Führer ist das Mikroskop.

a) Die Leinfaser erscheint nämlich unter dem Mikroskop als ein vollkommen stielrunder und bis auf einen kleinen, in der Mitte verlaufenden Kanal ganz ausgefüllter Faden.

b) Die Baumwollfaser ist dagegen ein breiteres, korkzieherähnlich gewundenes Band, in dessen Mitte eine Höhlung längs der Axe befindlich ist.

c) Vergl. Schacht, Die Prüfung der Gewebe durch das Mikroskop, Berlin 1853.

Fabrikation des Zwirns.

§. 92.

Zwirn (fil, *thread*) nennt man das Produkt, welches aus der gedrehten Vereinigung zweier oder mehrerer dünner Fäden irgend eines Gespinnstes hervorgeht. Die Verarbeitung heißt das Zwirnen. Die dazu bestimmten Fäden werden auf dem Zwirnrade oder auf der dazu bestimmten Zwirnmühle oder Zwirnmaschine (tordoir, *doubling and twisting machine*) vereinigt.

a) Eine speciellere Beschreibung der Zwirnmaschine in den Vorlesungen.

§. 93.

Vormals wurde nur allein aus Flachsgespinnst Zwirn verfertigt; seitdem die Baumwolle im Preise sehr gesunken ist, verfertigt man einen sehr feinen Zwirn auch aus Baumwollgespinnst.

a) Daher unterscheidet man jetzt Leinzwirn und Baumwollzwirn.

b) Nach der verschiedenen Bestimmung des Zwirns wird er in Nähezwirn, in Strickzwirn und in Heftzwirn unterschieden. Nach der Zahl der Fäden, welche darin zusammen vereinigt sind, in 2, 3, 4drähtigen 2c.

c) Der Zwirn kommt bald grau, bald gebleicht, bald gefärbt im Handel vor.

d) Der feinste leinene Zwirn dient zur Verfertigung der Spitzen oder Kanten.

e) Eine speciellere Erörterung dieser Gegenstände, der Operation des Zwirnens, und Vorzeigung verschiedener Arten des Zwirns, in den Vorlesungen.

Vierter Abschnitt.

Die Seilfabrikation.

§. 94.

Der Abfall, welcher beim Hecheln des geschwungenen Flachses oder Hanfs gewonnen ist, wird Werg oder Hede genannt; dieser Abfall und der Hanf sind das Material, welches vom Repschläger oder Seiler zu Seilen, Stricken, Tauen, Bindfaden, Gurten, Spritzenschläuchen, Teppichen, Glockenzügen ꝛc. verarbeitet wird; auch hat man in neuern Zeiten die Faser vom Neuseeländischen Flachs (Phormium tenax), den Ostindischen und den Aloëhanf, die Kokosnußfaser und sonstige Gespinnstfasern als Stellvertreter des Wergs und Hanfs empfohlen.

Die Seilerbahn. Das Seilergeschirr. Die Seil-Spinnmaschine.

§. 95.

Die praktische Ausübung des Seilergewerks setzt einen langen und freien Platz (die Seilerbahn) voraus, der mit einem Gebäude verbunden ist, in welchem die Geräthschaften aufbewahrt werden. Zu den Geräthschaften gehören:

a) Das große und das kleine Geschirr oder Strenggeschirr, mittelst welcher die Seile und Stricke gewissermaßen gezwirnt werden.

b) Neuerdings ist in alle Zweige auch dieses Gewerbe die mechanische Arbeit eingedrungen, von der Herstellung des Bindfadens und der Taue an, bis zu den Spritzenschläuchen und dem Maschinenband. Es wird demnach das Seilergewerbe überall in die drückendste Lage gerathen, wo man es versäumt, rechtzeitig die Handarbeit zu verlassen und auf den Maschinenbetrieb vermittelst der Seilspinnmaschinen überzugehen.

Die Drahtseile.

§. 96.

Ein neuerer und besonders für die Bergwerke wichtiger Zweig der Seilfabrikation ist die Herstellung der Drahtseile, welche aus Eisendrähten ebenso gebildet werden, wie die gewöhnlichen Taue aus Hanffäden, und gegen die Hanfseile und eisernen Ketten, an deren Stelle sie in den Gruben jetzt ziemlich allgemein getreten sind, vermehrte Sicherheit und Kostenersparniß gewähren.

a) Die Anwendung des Eisendrahts zu Seilen wurde zuerst im Jahre 1822 vom Ober-Bergrath Albert in Clausthal versucht.

b) Da ein Drahtseil seine größte Stärke nur dann erhält, wenn die Drähte selbst keine Drehung beim Spinnen erleiden, so wird in die 6 Drähte, aus welchen gewöhnlich der Strang gebildet wird, ein Hanfseil eingelegt, welches den Raum ausfüllt und gewöhnlich getheert wird. Aus 6 solchen Strängen wird wieder mit einem Hanfkerne das Seil gebildet, und aus solchen Seilen kann man nochmals ein Seil zusammensetzen, welches also aus 216 Drähten besteht.

c) Die Herstellung des Drahtseils geschieht auf Drahtseilspinnmaschinen.

Fünfter Abschnitt.

Die Seide, deren Gewinnung und Verarbeitung.

(Die Seidenweberei.)

§. 97.

Die Seide (soie, *silk*) besteht in dem natürlichen Gespinnst der Seidenraupe, der Raupe eines Nachtfalters, des Seidenspinners (Bombyx mori), aus welchem durch Abhaspeln der Cocons, durch Degummiren, Spinnen und Weben, die seidenen Zeuge verfertigt werden. Nach Ueberlieferungen soll schon früher als 2000 Jahre v. Chr. Seide in Gebrauch gewesen sein. Silingshi, die Gemahlin des chinesischen Kaisers Hoangtu, soll den ersten Seidenstoff gewebt haben. Um das Jahr 550 kamen die ersten Cocons aus China nach Constantinopel. Griechenland zeichnete sich schon früh durch den Seidenbau aus und blieb fast 600 Jahre im alleinigen Besitze dieses Culturzweiges. Nach Deutschland kamen die Seidenmanufakturen im 14. Jahrhundert. Nürnberg hatte vielleicht die ersten. Erst im 18. Jahrhundert nahm man sich ihrer am meisten in Preußen (durch Friedrich d. Gr.), Württemberg und Sachsen mit Eifer an.

a) Vergl. Gropius, Amtl. Ber. d. Londn. Industrie-Ausstellung d. Jahr. 1851. Bd. II. S. 109.

b) Die Geschichte der Seide, so wie die Cultur der Seidenraupe in den Vorlesungen.

Die Seidencocons. Der Seidenhaspel. Das Lösen und Abhaspeln der Seide.

§. 98.

Die von gesunden, mit den Blättern des weißen Maulbeerbaums genährten Seidenraupen erhaltenen Cocons haben die Größe und die Gestalt eines Taubeneies, ihre Farbe ist bald gelb, bald weiß. Außerhalb sind sie mit einer rauhen Faser (der Floretseide) bedeckt, unter welcher die wahre Seide liegt. Unter dieser folgt wieder eine gröbere Faser, und endlich ein zäher elastischer Balg, in welchem die Larve des künftigen Schmetterlings enthalten ist.

a) Sobald die Cocons gebildet sind, muß die Larve darin entweder durch Behandeln mit siedendem Wasser oder mit bis auf 75—80 Grad erwärmter Luft getödtet werden.

b) Die Anstalten, in denen die Raupen gezogen werden, nennt man in Frankreich coconière, vererie, magnanerie.

Der Seidenhaspel.

§. 99.

Der Seidenhaspel (die Seidenwindemaschine, dévidoir, *reel*) ist dazu bestimmt, die Seide von den Cocons abzuwinden, um solche in Gestalt spinnbarer Fäden darzustellen.

a) Von dem Seidenhaspel kennt man jetzt mehrere Einrichtungen: 1) den zu Piemont gebräuchlichen; 2) den zu Boffalore in Mailand gebräuchlichen.

b) Die Anstalt, in welcher das Abhaspeln der Seide geschieht, nennt man eine Filanda oder Seidenspinnerei.

c) Eine specielle Erörterung von der Construktion jener verschiedenen Arten des Seidenhaspels, in den Vorlesungen.

Das Abhaspeln der Seide.

§. 100.

Um die Seide von den Cocons abzuhaspeln (tirer, dévider, *reeling*), werden dieselben in einem Kessel mit Wasser (in einigen Anstalten von 20 bis 30, in anderen von 70 bis 80 Grad Reaumür Temperatur) eingeweicht, um die leimartige Substanz, welche die Faser bindet, zu erweichen, dann mit Reisern so lange gerührt, bis die gelösten Fäden aufgefunden worden sind, worauf sie aus dem Wasser herausgenommen und der Haspelerin (tireuse, fileuse) übergeben werden, welche nun das Abhaspeln veranstaltet.

a) Um das Abhaspeln der Seide zu veranstalten, werden, je nachdem die Fäden der gehaspelten Seide dünner oder dicker werden sollen, die einzelnen Fäden von 2, 5, 8 bis 20 einzelnen Cocons zusammengefaßt, ausgezogen, und zu einem einzigen Faden vereinigt.

b) Die kürzern nicht abgehaspelten Fasern werden wie Wolle gekämmt und wie Flachs versponnen. Sie bilden die Floretseide, wovon man 2 Arten, die bessere und die schlechtere (Krätze und Wattseide) unterscheidet.

c) Eine speciellere Erörterung dieser Operation in den Vorlesungen.

d) Von den verschiedenen Sorten der außer-europäischen und

der europäischen im Handel vorkommenden Seide, gleichfalls in den Vorlesungen.

e) Die von den Cocons abgehaspelte Seide wird rohe Seide, Rohseide, Grezseide (grèze, *raw silk*) genannt, und in feine und grobe unterschieden, je nachdem die Fäden von mehr oder weniger Cocons beim Abhaspeln mit einander vereinigt worden sind.

Das Doubliren, Zwirnen, Filiren oder Mouliniren (moulinage, *throwing*) der Seide.

(Tramseide. Organsinseide.)

§. 101.

Die Seide wird entweder weiß verarbeitet, oder sie wird vorher gefärbt. Die letztere wird beim Abhaspeln etwas gedreht, damit die Fasern mehr Rundung erlangen und die Einwirkung einer siedenden Flüssigkeit aushalten, ohne sich in die einzelnen Coconfäden zu spalten. Nach der Zahl der einzelnen Fäden, die mit einander verbunden sind, so wie nachdem diese schwächer oder stärker zusammengedreht (gezwirnt) worden sind, wird sie in Tramseide und in Organsinseide unterschieden.

a) Die Tramseide, Trama, Einschlagseide (trame, *trame*), welche zum Einschuß bestimmt ist, besteht aus 2 oder auch mehreren Fäden, denen mittelst der Doublirmaschine etwas Draht gegeben worden ist. Die Zahl der einzelnen Fäden richtet sich nach der Beschaffenheit der seidenen Stoffe, die damit gewebt werden, ob solche leichter oder schwerer Art sind.

b) Die Organsinseide, Kettenseide (organsin, *organzine*), welche zur Kette bestimmt ist, wird aus mehreren schon gedrehten Fäden, durch die Doublirmaschine abermals zusammengedreht (gezwirnt), um einen dichtern Faden daraus zu bilden.

c) Um die Organsinseide darzustellen, werden sechs verschiedene Operationen erfordert: 1) das Aufwinden der Strehnen vom Windehaspel auf Spulen (bobinage, *winding*); 2) das Sortiren der Fäden; 3) das Verspinnen oder Zwirnen, wobei der Draht von der rechten zur linken Seite nochmals mehr oder weniger gedreht wird; 4) das Doubliren (zweite Zwirnen), wobei abermals 2 oder mehrere der gesponnenen Fäden zusammengedreht werden.

d) Von der Seiden-Zwirnmühle (machine à organsiner, *spinning mill*), in den Vorlesungen.

e) Die beste Tramseide, welche im Handel vorkommt, ist die aus Piemont, Bergamo, Bologna und Mailand.

f) Die beste Organsinseide, welche im Handel vorkommt, ist die Bologneser, die St. Lucier und die Messinaer.

g) Die Maraboutseide, zu besonderen Zwecken der Seidenweberei bestimmt, wird aus 3 weißen Rohseidenfäden nach Art der Tramseide gezwirnt; sie besitzt eine eigenthümliche peitschenschnur-ähnliche Härte.

h) Die Pelseide (poil, *single*), ein einziger Rohseidenfaden aus 8, 10 oder mehr geringsten Coconfädchen gedreht, dient als Grundlage zu den Gold- und Silbergespinnsten, indem der Seidenfaden mit geplättetem Draht (Lahn) umwickelt wird.

i) Die Nähseide (soie à coudre, *sewing silk*) wird aus 3 — 30 Fäden gedreht und nach Nummern sortirt; die Strickseide enthält weniger Fäden als die Nähseide. Custrino ist eine Art für die Spitzenfabrikation bestimmte Nähseide.

Das Bleichen und Entschälen der Seide.

§. 102.

So wie die Seide in den Handel kommt, ist sie entweder von Natur weiß, oder sie ist gelb. Sie ist mit einer eigenthümlichen Substanz durchdrungen, die ihr Farbe und Steifigkeit ertheilt. Sie wird entweder zu Gazen (Floren) verarbeitet, und dann behält sie ihre Steifigkeit; oder sie wird zu seidnen Zeugen verarbeitet, und dann muß sie entschält oder degummirt (ihrer Steifigkeit beraubt) werden.

a) Die firnißartige Substanz, welche durch das Entschälen entfernt werden soll, ist keineswegs Gummi, sondern ein Körper, der sich seinen Eigenschaften nach mehr dem Bienenwachs anschließt.. Seine Menge beträgt in der Rohseide 23—24 Procent.

b) Um die rohe gelbe Seide zu bleichen, ohne ihr die Steifigkeit zu rauben, wie es bei der zu Blonden un Gaze bestimmten Seide geschieht, wird sie mit einem Gemenge von 1 Theil Salzsäure und 12 Theilen Weingeist behandelt.

c) Das Entschälen (décreusage, *scouring*) der Seide zerfällt in drei Operationen; die erste, das Degummiren, wird mit einer siedend heißen Lösung von 1 Th. Seife in 3 Th. Flußwasser, deren Hitze man durch zugegossenes kaltes Wasser mäßigt, bewirkt. Der Firniß löst sich in dem heißen Seifenbade auf, worauf die Seide in ihrer Weiße und zarten Biegsamkeit zum Vorschein kommt. Die zweite Operation ist das Kochen; man kocht die Seide in einem verdünnteren Seifenbade 1 — 1½ Stunden lang. (Durch diese beiden Operationen verliert die Seide bis zu 25 Procent).

d) Die letzte Operation bezweckt, der Seide eine ganz schwache Färbung und somit ein angenehmeres Ansehn zu geben. Man unterscheidet Silberweiß, Azurweiß, blanc de Chine; letztere Nüance erzeugt man, indem man die weiße Seide durch erhitztes schwaches Seifenwasser, zu dem man etwas Orleans gesetzt hat, zieht. Den bläulichen Schimmer erhält man durch etwas Indiglösung.

e) Zu dem Degummiren wendet man auch anstatt der Seife eine Lösung von Borax an.

Verarbeitung der Seide zu Geweben.
(Der Seiden-Webstuhl.)

§. 103.

Der Seidenwebstuhl (Seidenwirkerstuhl) ist entweder ein einfacher oder ein zusammengesetzter; je nachdem einfache oder gemusterte Gewebe darauf dargestellt werden sollen.

a) Zu glatten oder geköperten seidnen Zeugen bedient man sich des ältern einfachen Seidenwebstuhls. Zu gemusterten Zeugen wird gegenwärtig allgemein der Jacquard'sche Webstuhl angewendet.

b) Von der Construktion des einfachen, so wie des Jacquard'schen Seiden-Webstuhls, der Arbeit auf demselben, und den Vorzügen des Letztern, in den Vorlesungen.

c) Kraftstühle werden an einigen Orten zum Weben der Seide gebraucht, aber in keiner bemerkenswerthen Ausdehnung, weil die Zartheit der Faser große Aufmerksamkeit erfordert.

Verschiedene Arten der seidenen Zeuge.

§. 104.

Die seidenen Zeuge (étoffes de soie, *silks*) zerfallen in: 1) glatte; 2) geköperte; 3) gemusterte Stoffe; 4) Gaze oder Flore; 5) Sammt.

a) Zu den glatten seidenen Geweben gehören: 1) der Tafft; 2) der gestreifte Tafft; 3) der Gros de Tours (Gros de Neapel, Gros de Berlin ꝛc.).

b) Zu den geköperten Geweben gehören: 1) die verschiedenen Sergen (Croisé, Levantin, Drap de Soie, Bombasin); 2) der Atlas oder Satin (wovon einfacher, doppelter, halber und Sergen-Atlas bekannt sind). Bei dem Atlas liegt die Kette, ohne einen Köper zu bilden, oben auf; das Eigenthümliche des Atlas ist der schöne Glanz, welcher durch Anwendung der feinsten Seide zur Kette hervorgebracht wird.

c) Zur gemusterten Arbeit gehören alle figurirte, gewürfelte und geblümte seidene Gewebe (Droguet, Chagrin, Satinet, Rips, Seidendamast, Brillantstoff, Pequin).

d) Zur geschnittenen Arbeit gehören: 1) der ächte Sammt; 2) der seidene Plüsch ꝛc.; sie werden mit der Poilnadel gearbeitet.

e) Zu den Gazen oder Flören gehören: 1) der Marle; 2) Seidenstramin (canevas); 3) Krepp (crêpe, *crape*) als Kleiderstoff und zu Flören, auch Flor genannt; 4) Beutelgaze, zu Mühlbeuteln und zum Beschlagen der Siebcylinder an Mehlmaschinen; 5) Barège, leichter, durchsichtiger Kleiderstoff; Kette feine Rohseide, Schuß Kammgarn.

f) Von der Einrichtung der dazu bestimmten Stühle; der Zahl der Kettfäden, der Arbeit ꝛc., in den Vorlesungen.

Halbseidene oder gemischte Gewebe.

§. 105.

Die halbseidenen oder gemischten Gewebe zerfallen: 1) in die aus Seide und Wolle; 2) in die aus Seide und Baumwolle; 3) in die aus Seide und Leinen. Hierher gehören auch die gemischten Gewebe mit Floretseidenkette; die aus den Abgängen der Cocons durch

Spinnen gewonnene Seide (*spun silk*) hat zwar nicht den Glanz der ächten Seide, ist jedoch billiger als diese, und besitzt noch immer ein seidenartiges Ansehn und einen höheren Glanz als Baumwollgespinnst. Diese Eigenschaften machen die gesponnene Seide vorzugsweise zur Darstellung fester Gewebe, in denen der Farbeneffect der Kette glänzender hervortreten soll, geeignet. Mit Kammgarn durchschossen, werden Kleider- und Westenstoffe, so wie Möbeldamaste, Vorhänge und Decken dargestellt.

a) Ueber die gemischten Gewebe vergleiche S. Weigert, Amtl. Ber. d. Lond. Industrie-Ausstellung vom J. 1851; Bd. I. S. 211.

Appretur der seidenen und halbseidenen Gewebe.

§. 106.

Um die seidenen und halbseidenen Gewebe, so wie solche vom Webstuhl kommen, als Gegenstand des Handels brauchbar zu machen, erfordern dieselben noch eine besondere Bearbeitung, welche die Appretur derselben genannt wird. Sie besteht: 1) im Pflücken; 2) im Cylindriren; 3) im Steifen derselben.

a) Das Pflücken geschieht mittelst Pflückmaschinen, um sie dadurch von allen Fasern und andern Unreinigkeiten zu befreien, und sie zur anderweitigen Appretur vorzubereiten.

b) Das Cylindriren ist dazu bestimmt, die Zeuge zu ebnen und zu glätten. Dasselbe geschieht, indem sie mittelst der dazu bestimmten Cylindermaschine, zwischen metallenen und steinernen Walzen, unter einem verhältnißmäßigen Druck hindurchgeleitet werden.

c) Das Steifen geschieht mit verschiedenen Materialien, als: Hausenblase, Tragantschleim, arabischem Gummi, Schleim von Flohsamen; auch wohl Rindsgalle.

d) Um diese Appretur zu veranstalten, werden die Zeuge ausgespannt, auf der rechten Fläche erwärmt, auf der linken hingegen mit jenen verschiedenen Materialien, mittelst eines Schwammes dergestalt überstrichen, daß die rechte Seite nicht davon durchdrungen wird.

e) Auf solche Weise werden, von den ganz seidenen Geweben, leichter Atlas, Damast, Batavia, Sammt appretirt.

Halbbaumwollene und leinene Gewebe werden von dem Färber bloß gerollt. Halbwollene Gewebe werden caraiet oder cylindrirt.

f) Die meisten Seidenzeuge sind indessen, so wie sie vom Webstuhl kommen, fertige Handelswaare und werden nur zusammengelegt und glattgepreßt. Die natürliche Schönheit der Seide und die Vollkommenheit der Weberei macht ihre Zierde aus.

Sechster Abschnitt.

Die Fabrikation der Spitzen, Kanten oder Blonden.

§. 107.

Die Namen Spitzen, Kanten oder Blonden (dentelles, passements, points) werden gebraucht, um einerlei Produkte damit zu bezeichnen: nämlich aus Zwirn, oder auch aus Seide entweder geklöppelte, oder genähte, oder auch gewebte schmale oder auch breitere Fabrikate, die zur Verzierung der Kleidung, zu Schleiern, ganzen Kleidern, Shawls, Mantillen, Hauben, Kragen, Pellerinen rc. dienen.

a) Die feinsten geklöppelten Spitzen werden Kanten (dentelles au fuseau), wenn sie sehr breit sind, Blonden genannt.

b) Zu den feinsten Kanten dient der feinste leinene Zwirn, oder auch der Nesselzwirn. Am schönsten werden sie in Belgien (Brabanter oder Brüsseler Spitzen) fabricirt; wo man aus einem Pfunde Flachs oft für 6—7000 Gulden Kanten herstellt. Sie steigen in der Breite von 3—4 Linien, bis zu 4 Zoll. Die Länge eines Stücks beträgt 10, 18—24 Brabanter Ellen.

Das Klöppeln der Kanten.

§. 108.

Das Klöppeln der Kanten geschieht auf dem Klöppelpulte (der Klöppellade), mittelst der Klöppelhölzer, auf welche der vorher gebleichte Zwirn aufgewickelt wird; durch das Verflechten der Fäden mit Fingern: eine Arbeit, die gewöhnlich von Mädchen (Klöpplerinnen) verrichtet wird.

a) Das Klöppelpult besteht in einem kleinen hölzernen oben gepolsterten, gemeiniglich grün überzogenen Pulte. Auf ihm befindet sich ein Streif Pergament, auf dem das zu producirende Muster ausgestochen ist, in der Mitte des Pultes, mittelst Stecknadeln, befestigt. Jenes Pult besitzt an der einen Seite eine Schublade, zum Aufnehmen der nach und nach fertigen Kanten.

b) Die Klöppelhölzer sind von Holz gedrechselt, 5 Zoll lang, und haben die Gestalt einer bis zur Hälfte dünn gedrehten Spille. Oben sind sie mit einer kleinen Scheibe versehen, unten sind sie rund und schwerer wie oben, um die Fäden zu spannen.

c) Eine speciellere Erörterung der Arbeit des Klöppelns, die im sächsischen Erzgebirge ihren Hauptsitz hat, in den Vorlesungen. Im Erzgebirge fertigt man ausschließlich geklöppelte Spitzen, zum Theil von sehr hoher Vollendung, und viele Klöppelschulen dienen zur Verbreitung von Fertigkeit und Geschmack. In Württemberg (Nürtingen) werden geklöppelte Hauben besonders schön gefertigt.

Die genähten Spitzen oder Kanten.

§. 109.

Die genähten oder gestickten Spitzen oder Kanten (points, dentelles à l'aiguille), bei den Italienern auch merletti, points de Venise und points d'Alençon genannt, setzen geklöppelte Kanten voraus, welche sodann ausgenäht werden.

Die gewebten Kanten.

§. 110.

Das Weben der Kanten (*bobbing-net, Buckinghamshire lace*) ist eine Erfindung neuerer Zeit, die England angehört. Die dazu bestimmte Maschine ist wie eine Art von Kraftstuhl für die Kantenweberei eingerichtet.

a) Das so hergestellte Fabrikat, Bobbinet oder englischer Tüll, das als Putz- und Kleiderstoff allgemein verbreitet ist, stellt eine Nachbildung des geklöppelten Spitzengrundes dar, hat alle Festigkeit und Regelmäßigkeit desselben, übertrifft ihn aber außerordentlich an Wohlfeilheit.

b) Von der Construktion der Bobbinetmaschine und der Arbeit mit derselben in den Vorlesungen. Siehe auch Technisches Wörterbuch von Karmarsch und Heeren Bd. I. S. 306.

c) Die gewebten Kanten werden, um sie von den hervorstehenden Fasern zu befreien, mittelst brennenden Leuchtgases, oder auch mittelst einer durch Asbestdochte unterhaltenen Weingeistflamme gesengt.

Spitzen oder Kanten aus Seide.

§. 111.

Die Spitzen oder Kanten aus Seide: 1) schwarze gummirte Spitzen; 2) Hüllen-Kanten; 3) Sammet-, Cordel-, Chenille- und Schmelzspitzen, werden jetzt immer noch von der niedern Volksklasse getragen.

a) Die Erstern (auch Marlyspitzen genannt), welche an der einen Seite angestickt sind, an der andern angewebte Blumen besitzen, werden vorzüglich zu Annaberg im sächsischen Erzgebirge fabricirt.

b) Die Zweiten (Hüllenkanten oder Mützenspitzen für Bauerweiber) werden vorzüglich in Hamburg fabricirt.

c) Die dritte Art werden vorzüglich fabricirt: in Harlem, in Paris, in Elberfeld, in Bremen, in Sachsen (Schneeberg, Schönheide, Eibenstock) und in Böhmen (Gottesgab und Platen).

Siebenter Abschnitt.

Die Band- und Bortenwirkerei.

(Das Bandmacher-Gewerbe, das Posamentier-Gewerbe.)

§. 112.

Band (ruban, *ribbon*) in der allgemeinern Bedeutung des Wortes, nennt man einen mehr oder weniger schmal gewebten Streif von willkührlicher Länge. Die Darstellung desselben heißt Bandfabrikation. Das Material dazu ist bald Leinen, bald Baumwolle, bald Wolle, bald Seide. Die Arbeiter des Bandes werden Bandmacher (Bandwirker); das Metier selbst wird das Bandmachergewerk auch Posamentiergewerk genannt; vorzüglich dort, wo Bänder aus Seide verfertigt werden.

a) Leinwandbänder (Leinenbänder) werden theils aus zweidrähtigem Zwirn (Zwirnbänder) einfach gewebt. Die geköpert gewebten Zwirnbänder der feinern Art werden Niederländische Bänder; die aus grobem Zwirn geköpert gewebten Bänder werden Strippen (Struppen) oder Strippenbänder genannt. Alles Leinenband ist schmal, von $\frac{1}{4}$ bis $\frac{3}{8}$ Zoll breit, und hat selten mehr als 8 — 10 Fäden in der Kette.

b) Die baumwollnen Bänder, welche theils weiß, theils mit farbigen Stoffen, theils mit Dessins gearbeitet werden, unterscheiden sich, nach der Feinheit des Garns in: 1) Perkalbänder; 2) in Organsinbänder, welche letztere auf dem gewöhnlichen Webstuhl wie Leinwand gewebt, und dann in Streifen geschnitten werden; sie sind dem Ausfasern unterworfen.

c) Die Wollenbänder (hin und wieder auch Harrasbänder genannt), sind entweder einfach glatt, oder geköpert glatt, oder gemustert gearbeitet.

d) Außerdem werden auch halbwollene Bänder gewebt, bei denen die Kette aus Zwirn, oder aus Leinen, oder aus Wolle, und der Einschuß stets von Wolle ist.

e) Von dem Bandmacherstuhl, in den Vorlesungen.

Der Bandmacherstuhl (métier à rubans, *ribbon-loom*). (Der Mühlenstuhl. Der Schubstuhl. Der Handstuhl.)

§. 113.

Das Weben der Bänder geschieht auf den Bandstühlen, davon 3 verschiedene Arten Anwendung finden: 1) der Mühlenstuhl; 2) der Schubstuhl; 3) der Handstuhl.

a) Der Mühlenstuhl (die Bandmühle, métier à la barre, *bar-loom*) ist ein selbstwebender Stuhl, und gewährt den Vortheil, daß nach Verschiedenheit seiner Breite, 30—40 Bänder mit einem Mal darauf gewebt werden können; von denen jedes einzelne Band ein Lauf oder ein Gang genannt wird. Er macht den Uebergang von den Handwebstühlen zu den Kraftmaschinen, indem die Bewegung zwar durch Menschenhand hervorgebracht wird, aber ohne unmittelbare Einwirkung auf die zu bewegenden Theile bleibt.

b) Der Schubstuhl (Bandmacherstuhl) unterscheidet sich vom Mühlenstuhl dadurch, daß dabei die Schäfte, die Lade und die Schützen vom Arbeiter unmittelbar, Erstere durch das Treten mit den Füßen, Letztere beide mit den Händen in Bewegung gesetzt werden. Auch auf diesem Stuhle können mehrere Bänder mit einem Male gewebt werden; von sehr breiten jedoch selten mehr als 2—3. Von den schmälern selten mehr als 14 Gänge oder Läufe.

c) Der Hand- oder Wellenstuhl (der Posamentier- oder Bortenwirkerstuhl) wird außer zu Bändern auch zur Verfertigung von Gold- und Silberborten gebraucht. Auf diesem Stuhle, der nur eine Kette besitzt, kann auch nur ein Band mit einem Mal gearbeitet werden, so wie der Schütze frei mit der Hand geworfen werden muß. Er wird besonders zu figurirten sehr breiten Bändern gebraucht. Seine Stelle vertritt jetzt auch der Jacquard'sche Stuhl.

d) Die durch Wasser- oder Dampfkraft getriebenen Bandwebemaschinen stimmen in ihrer Einrichtung wesentlich mit den Mühlstühlen überein.

e) Eine speciellere Erörterung der verschiedenen Bandstühle, in den Vorlesungen.

Fabrikation der Seidenbänder.

§. 114.

Um die Fabrikation der seidenen Bänder (der gebräuchlichsten und wichtigsten aller Bänder) auszuführen, wird die vorher gefärbte Seide (mittelst der Spulmaschine) auf große Spulen gewickelt, und zwar die zur Kette bestimmte Organsinseide, so wie die zum Einschuß bestimmte Tramseide, jede für sich. Die Organsinseide wird hierauf zur Kette abgehaspelt, dann wieder auf die Kettspule gebracht; die Tramseide wird auf kleinere Spulen gebracht und nun das Weben veranstaltet.

a) Eine specielle Erklärung aller dieser Arbeiten, in den Vorlesungen.

Appretur der seidenen Bänder.
(Moiriren, Gastriren und Gummiren der Bänder.)

§. 115.

Viele Bänder, selbst der bessern Art, sind Handelswaare, so wie sie vom Stuhle kommen; andere erfordern noch eine Appretur: d. i. sie werden moirirt (gewässert), oder gastrirt (gauferirt) d. i. mit eingepreßten Dessins versehen.

a) Das Moiriren der seidenen Bänder geschieht, um ihnen ein wellenförmiges Ansehn zu ertheilen. Zu dem Behuf werden mehrere hundert Ellen mit Wasser benetzt, dann zusammengelegt, und in einer Schraubenpresse warm gepreßt; oder man läßt sie, 2 Bänder übereinander gelegt, durch ein Walzwerk von Metall gehen, in dem der eine Cylinder wellenförmig gravirt sein kann.

b) Durch das Gastriren sollen den Bändern erhabene Dessins ertheilt werden. Dies geschieht, indem man sie zwischen 2 Walzen hindurchgehen läßt, von denen die eine erhitzt von Metall und mit Mustern gravirt; die untere hingegen von Pappe angefertigt und geschliffen ist.

c) Atlasbänder werden gummirt (mit arabischem Gummi, mit Tragant, mit Hausenblase, mit dem Schleim von Flohsamen), und nach dem Trocknen auch cylindrirt.

d) Eine speciellere Erörterung dieser Arbeiten, in den Vorlesungen.

Verschiedene Gattungen der seidenen Bänder.

§. 116.

Zu den vorzüglichsten im Handel vorkommenden seidenen Bändern gehören: 1) couleurtes Franzband; 2) Holländisches Doppelband; 3) Lothband; 4) Floret- oder Frisoletband; 5) die Gros de Toursbänder; 6) die Atlasbänder; 7) die Sammtbänder; 8) die Kreppbänder; 9) die Ordensbänder (die schwersten aller Bänder).

a) Im Handel unterscheidet man die Bänder nach der Breite unter den Nummern 1, 2, 3 rc. bis 30; ein Unterschied, der sich auf die Breite nach Linien, so wie auf die Zahl der Fäden in der Kette eines jeden Bandes bezieht.

Fabrikation der Tressen, Borten und Gallonen.
(Das Posamentier-Gewerbe.)

§. 117.

Die Fabrikation der Tressen, Borten (Borden), Gallonen (wohin auch die der Crepinen, der Cordons, der Trodbeln, der Schnüre rc. gehört) (galons, *borders*), aus Gold- und Silbergespinnst, aber auch aus Seide und Wolle, ist, nächst der Fabrikation der seidnen Bänder, Gegenstand des Posamentierers oder Bortenwirkers (passementier).

a) Nach der Beschaffenheit des Materials, welches verarbeitet wird, werden Gold- und Silberborten, so wie seidene und wollene Borten unterschieden.

b) Von der Einrichtung des Posamentier- oder Bortenwirkerstuhls, und der Arbeit auf demselben, in den Vorlesungen.

§. 118.

Das Gold und das Silber, welches in der Bortenwirkerei verarbeitet werden soll, wird vorher zu feinem Draht ausgezogen, und derselbe, beim Golde mit gelber, beim Silber mit weißer Seide durchsetzt, versponnen.

Zum Aufzug wird oft Gold- und Silberlahn (breit gewalzter Draht, lame, *linsel*); zur Verzierung auch Cantille (spiralförmig gewundener Lahn) verarbeitet.

a) Von dem Drahtziehen, desgleichen der Gold- und Silberspinnerei; so wie die Vorzeigung solcher Gespinnste, in den Vorlesungen.

Verschiedenheit der Fabrikate der Bortenwirkerei.

§. 119.

Von den Fabrikaten der Bortenwirkerei werden unterschieden: 1) Goldborten; 2) Silberborten; 3) seidene Borten; 4) wollene Borten.

a) Bei den Gold- und Silberborten ist das Hauptmaterial Gold- und Silbergespinnst: d. i. Seide, die mit Gold- oder Silberdraht umwunden ist.

b) Man verarbeitet: 1) ganz ächtes; 2) plattirtes; 3) vergoldetes oder versilbertes, und unächtes Gespinnst.

c) Was man ächtes Goldgespinnst nennt, besteht aus mit Gold plattirtem ächten Silber. Aechtes Silbergespinnst wird aus ganz reinem Silber angefertigt. Goldplattirtes Gespinnst besteht aus mit ächtem Golde plattirtem Kupfer. Plattirtes Silbergespinnst aus mit ächtem Silber plattirtem Kupfer. Vergoldetes oder versilbertes Gespinnst ist bloß aus vergoldetem oder versilbertem Kupfer bereitet. Aus mit Zink cementirtem goldgelben Kupfer wird der leonische oder lyonische Draht dargestellt, der zur Bereitung des Gespinnstes „Lyoner Gold" genannt, dient.

d) Von der Darstellung jener Materialien, in den Vorlesungen.

Anfertigung der Gold- und Silberborten.

§. 120.

Die Gold- und Silberborten zerfallen in 1) Atlasborten; 2) in Tressen oder Tressenborten; 3) Band- oder Halbborten; 4) in Lahn- oder Plaschborten.

a) Die Atlasborten wie das Atlasband werden mit dem Unterschiede, daß dazu statt der Seide das Gold- oder Silbergespinnst verwendet wird, angefertigt. Sie sind nur auf der einen Seite rechts, nämlich derjenigen, auf der die Kette grösstentheils frei liegt. Wird zur Kette ganz oder auch theilweise Lahn verwendet, so erhält das Gewebe dadurch in einzelnen Stoffen starken Glanz. Oft brochirt man in den Atlasborten Figuren mit Krausgespinnst (frisé), Lahn oder Cantille.

b) Die Tressen oder Tressenborten (das schönste und kostbarste dieser Fabrikate) zeichnen sich dadurch aus, daß sie auf beiden Seitenflächen, auf keine merkbare Weise, die Kette wahrnehmen lassen. Die Kette ist gewöhnlich von Seide, oft auch von Baumwoll- oder Leingespinnst. Die Fäden der Kette sind bald einfach, bald mehrfach, je nach der Beschaffenheit der Tressen. Der Einschuß besteht ganz aus Gold- oder Silbergespinnst. Beim Weben laufen immer 2 Fäden des Einschusses dergestalt durch die Kette, daß er den größten Theil der Oberfläche bedeckt. Die 2 nächsten Fäden kommen so zu liegen, daß der größte Theil derselben auf die untere Seite zu liegen kommt, und oben wenig davon zu sehen ist. Die Kettfäden stehen weit auseinander, und der Einschuß wird stark zusammengeschlagen; wodurch ein Gewebe entsteht, das auf beiden Seitenflächen rechts erscheint. Zuweilen werden sie auch brochirt gearbeitet. Sie werden in 2löthige ($1\frac{1}{2}$ Zoll breite), 3löthige ($2\frac{1}{4}$—$2\frac{1}{2}$ Zoll breite) unterschieden, wenn nämlich eine Elle derselben so viel wiegt.

c) Von den Tressen unterscheiden sich die Stickertressen dadurch, daß bei diesen der Einschuß aus Gold- oder Silbergespinnst und Seide gemengt ist. Sie werden mit 2 Schützen gewebt, indem man regelmäßig zweimal Gold- oder Silbergespinnst und zweimal Seide anschießt. Der Einschuß von Seide besteht in einem 8 bis 10fachen Faden. Er läuft solchergestalt zwischen den Fäden der Kette hindurch, daß sie auf der untern Fläche das Dessin bildet, während auf der obern das Gold oder Silber erscheint; folglich enthält die rechte Seite ein Dessin von Gold oder Silber, auf seidenem Grunde.

d) Die Band- oder Halbborten werden wie figurirte seidene Bänder gewebt. Sie haben einen glatten leinwandartigen Grund. Das Muster wird auf der einen Seite durch die Kette, auf der andern durch den Einschuß gebildet. Die Kette besteht aus einfachen Seidenfäden. Der Einschuß ist, wie bei den Stickertressen, aus Metallgespinnst und

Seide gemengt. Das Gold oder Silber ist nur auf der rechten Seite sichtbar.

e) Die Lahnborten haben eine Kette von Seide, der Einschuß besteht aus Gold- oder Silbergespinnst, oder aus Gold- oder Silberlahn. Beim Weben werden abwechselnd 2 Fäden vom Gespinnst und ein Faden Lahn eingeschossen.

Anfertigung der Seiden- und Wollenborten.

§. 121.

Die seidenen und wollenen Borten werden, nach der Bestimmung, wozu sie verwendet werden sollen, unterschieden in: 1) Militairborten; 2) Gurte und Leitseile für Reit- und Wagenpferde; 3) Borduren- oder Tapezierborten; 4) Nahtschnüre; 5) Wagen- oder Livree-Borten.

a) Die Militairborten sind wie die Tressen gewebt, auf beiden Seiten rechts. Die Kette besteht bei den seidenen Borten aus einfachen, aus doppelten, aus 5 bis 6fachen Fäden. Der Einschuß ist ein doppelter, ja oft ein 5 bis 6facher Faden. Bei den wollenen Borten ist das derselbe Fall. Das Material, aus welchem die wollenen Borten gewebt werden, ist Wolle (Kammgarn), auch Gespinnst aus Kameelhaar.

b) Gurten und Leitseile für Reit- und Wagenpferde werden ebenfalls aus Seide, so wie aus Wolle, oftmals stellenweise mit Gold- und Silbergespinnst, verfertigt. In diesen Fabrikaten ist die Kette größtentheils sichtbar und bildet das Dessin. Der Einschuß besteht aus mehrfädigem Leinenzwirn. Beide Seiten sind rechts; weil von 2 und 2 nebeneinander befindlichen mehrfachen Kettfäden stets der eine oben, und der andere unten die Figur bildet. Dergleichen Arbeiten führen auch den Namen Gegenkorten. Zuweilen sind die Leitseile auch tressenartig gewebt. In diesem Fall besteht die Kette aus Bindfaden, und die Figur entsteht, auf beiden Seiten, durch den seidenen oder wollenen Einschuß.

c) Die Borduren oder Tapezierborten werden (zum Besetzen der Meubel-Ueberzüge, der seidenen Wandtapeten 2c.) wie Bänder gewebt, gewöhnlich leinwandartig, mit farbigen Mustern, die durch die Fäden einer eigenen, von der Grundkette verschiedenen Kette gebildet werden. Die Materialien, welche hierzu verarbeitet werden, sind Wolle oder Baumwolle. Die Kette besteht aus einfachen, wenn sie Seide ist, aber aus doppelten oder dreifachen Fäden.

d) Die Nahtschnüre, welche zum Besetzen der Nähte an der innern Bekleidung der Kutschwagen rc. bestimmt sind, bestehen in schmalen aus Seide oder aus Wolle gewebten Borten.

e) Die Wagen- und Livreeborten, auch Sammt- oder Noppenborten genannt, unterscheiden sich von den vorigen dadurch, daß sie auf der Oberfläche mit einem Flor von kleinen starken Ringeln oder Maschen bedeckt sind. Bei einigen sind bloß die zum Muster bestimmten Stellen sammtartig, bei andern ist es die ganze Fläche der rechten Seite. Im ersten Fall ist der glatte Grund atlasartig; im zweiten erzeugen die Farbenunterschiede die Sammtmaschen (die Noppe) das Muster. Das Material zu denselben besteht aus Seide (wenn das Grundgewebe stellenweise sichtbar ist). Häufiger besteht die Grundkette, und eben so der Einschuß, aus Leinen; der Flor hingegen aus Seide oder Wolle.

f) Von der Bearbeitung vorgedachter Fabrikate, in den Vorlesungen.

Anfertigung der Gurten.

§. 122.

Die Gurten sind bandförmige Gewebe zu verschiedenem Gebrauche. Man unterscheidet: 1) Tragbänder und Tapeziergurten; 2) Grundgurten und Wagengurten; 3) Stallgürten; 4) Sattelgurten, Hosenträger und Halftern.

a) Die Tragbänder und Tapeziergurten sind aus grobem Hanf- oder Werggarne leinwandartig gewebt. Damit sie sich nicht nach der Breite zusammenrollen, besteht die Kette aus verschiedenartig gesponnenen Fäden, indem man abwechselnd je 10 — 15 Fäden von rechts- und eben so viele von links gedrehtem Gespinnste nimmt.

b) Die Grundgurten und Wagengurten sind aus Hanfgarn, Hanf- oder Leinenzwirn oder zweidrähtigem Bindfaden gefertigt und sind theils glatt, theils geköpert.

c) Bei den Stallgurten ist die Kette zweidrähtiger Hanfzwirn, der Einschuß drei- oder vierdrähtiger Hanf- oder Wergzwirn.

d) Die Sattelgurten, Hosenträger und Halftern bestehen ganz aus Kammgarn und sind immer geköpert, zuweilen auch mit einfachen und kleinen Mustern durchwebt.

Achter Abschnitt.

Die Fabrikation der Strumpf- oder Tricotwaaren.

(Die Strumpfwirkerei.)

§. 123.

Die Strumpfwirkerei oder das Strumpfwirken (bonneterie, *hosiery*) ist aus der Kunst des Strumpfstrickens und diese aus der Kunst des Filet-Strickens hervorgegangen.

a) Das Filetstricken war schon in den ältesten Zeiten bekannt. Es geschieht bloß mit 2 dicken Nadeln, die eine zum Aufnehmen, die zweite zum Verknüpfen der Maschen.

b) Das Strumpfstricken setzt die Anwendung von 2, 3, 4, 5 und mehrern Nadeln (Stiften oder Stöcken) voraus. Der Faden wird dabei in Schlingen oder Maschen, auf eine oder mehrere Nadeln gereihet, dann mit einer andern Nadel abgenommen, und durch das Verschlingen mit dem Garn, auf diesen eine neue Reihe Maschen gebildet, so daß sie mit den vorigen verbunden werden. Der Arbeiter oder die Arbeiterin werden Strumpfstricker oder Strumpfstrickerin genannt.

c) Die Kunst Strümpfe mit Hülfe von Stricknadeln zu stricken, scheint im Anfange des 16. Jahrhunderts erfunden worden zu sein. In Deutschland nannte man anfangs die Strumpfstricker Hosenstricker, da nach alter Sitte Hosen und Strümpfe ein Ganzes bildeten.

Das Strumpfwirken (tissage à mailles).
(Der Strumpfwebstuhl.)

§. 124.

Aus der Kunst Strümpfe zu stricken, ist die Kunst des Strumpfwirkens oder Strumpfwebens hervorgegangen. Das dazu erforderliche Werkzeug wird Strumpfwirkerstuhl (métier à tricoter) genannt, und ist von dem Engländer William Lee zu Cambridge, im Jahre 1589 erfunden worden. Die Verfertiger der Strumpf- oder Tricotwaaren (tissus à mailles) überhaupt werden Strumpfwirker, so wie die Arbeit das Strumpfwirken genannt. Der Unterschied zwischen Weberei und Wirkerei liegt darin, daß das Gewebe bei der Wirkerei nicht durch Verflechtung verschiedener Fädensysteme, sondern durch Verschlingung (durch Maschenbildung)*) aus einem einzigen fortlaufenden Faden gebildet wird.

a) Nach der verschiedenen Bestimmung der mittelst solcher zu producirenden Tricotarbeiten, werden verschiedene Eintheilungen der Strumpfwirkerstühle unterschieden. Dahin gehören 1) der Stützen- oder Stelzenstuhl, welcher der gewöhnlichste ist; 2) der Festgitterstuhl; 3) der Losgitterstuhl; 4) der Köpelstuhl; 5) der Walzenstuhl; 6) der Kettenstuhl.

b) Außer den oben genannten Strumpfwirkerstühlen werden noch unterschieden: 1) der Kettenstuhl mit einer Maschine; 2) der Kettenstuhl mit 2 Maschinen; 3) die Preßmaschine; 4) die Links- und Rechtsmaschine; 5) die Riegelmaschine; 6) die Wurf- oder Patentmaschine; 7) die Kulirkettenmaschine; 8) die Petinetmaschine; 9) die Sammtmaschine.

c) Die früher übliche Art, dem zu wirkenden Gegenstande im Wirken sofort die erforderliche Form zu geben, ist jetzt fast überall aufgegeben, und man wirkt gleichmäßig breite und bedeutend lange Stücke, aus welchen sodann die verlangten Kleidungsstücke (wie Kleider aus Leinwand oder Tuch) zugeschnitten und durch die

*) Anmerk. Eine Masche nennt man jeden zu einer Schlinge verknüpften Faden.

Nähterin zugenäht werden. Da die Stücke aufgeschnitten werden müssen, so hat die Nähterin beim Zusammennähen sorgfältig darauf zu sehen, daß die aufgeschnittenen Maschen vernähet werden.

d) Um sehr breite Gewebe in kleinem Raume darstellen zu können, bedient man sich neuerlich des Circularstuhles (Rundstrickstuhl), bei welchem die Maschenbildung durch eine Kreisbewegung geschieht, welche den verschiedenen Theilen des Stuhles durch ein Zahnrad mitgetheilt wird; ein solcher Stuhl ist daher geeignet, als Kraftstuhl zu wirken. Der Circularstuhl liefert ein rohr- oder schlauchförmiges Stück, welches schließlich der Länge nach aufgeschnitten und ausgebreitet wird. Ein ausgezeichneter Circularwirkstuhl ist der nach den Systemen Fouquet und Bertelot, welcher Corsetten u. s. w. ohne Naht liefert.

e) Eine speciellere Erörterung des Vorstehenden, in den Vorlesungen.

Materialien, welche in der Strumpfwirkerei verarbeitet werden.

§. 125.

In der Strumpfwirkerei werden Gespinnste von Seide, von Floretseide, von Flachs, von Baumwolle, von Schafwolle, von Kämelwolle, von Biberhaaren u. s. w. verarbeitet. Als Fabrikate werden daraus hergestellt: 1) Strümpfe; 2) Beinkleider; 3) Westenzeug; 4) Handschuhe; 5) Mützen; 6) Mäntel und mannichfache andere Gegenstände.

Appretur der Strumpfwaaren.

§. 126.

Die sämmtlichen Strumpfwaaren (bonneterie, *stockings, hose*) erfordern, wenn sie vom Stuhle kommen, um Handelswaare zu werden, noch eine angemessene Appretur. Diese besteht, je nach ihrer verschiedenen Beschaffenheit, im Sengen, im Waschen, im Schwefeln, im Walken, im Scheeren und im Bleichen.

a) Tricotwaaren von Seide und von Floretseide werden, um ihnen eine glatte Oberfläche zu geben, über der Weingeist- oder Gasflamme gesengt, dann abgerieben, hierauf gewaschen, dann geschwefelt, endlich geplättet oder gemangelt.

b) Die feineren Tricotwaaren aus Baumwolle und Leinen werden eben so bearbeitet wie die seidenen, zuletzt gebleicht.
c) Die feinern glatten wollenen Tricotwaaren werden eben so behandelt wie die seidenen.
d) Die dickern werden gewalkt, dann geschoren, wenn sie weiß bleiben sollen, geschwefelt, endlich gepreßt.
e) Eine speciellere Erörterung dieser Arbeiten, in den Vorlesungen.

Neunter Abschnitt.

Die Wollen- Seiden- Baumwollen- und Leinenfärberei.

(Die Färberei, art de teinture, *dyeing*).

§. 127.

Die Kunst, Wolle, Seide, Baumwolle, Flachs, Haare, Federn, so wie die aus jenen Materialien verfertigten Garne und Gewebe mit Farbstoffen (Pigmenten) dergestalt zu imprägniren, daß diese weder durch Waschen, noch auch den Gebrauch, den die Wolle, Seide u. s. w. im gewöhnlichen Leben bei ihrer Anwendung zu Kleidungsstücken, Möbeln, Vorhängen u. s. w. unterliegen, sich wieder ablösen, wird Färbekunst; der Künstler, der sie ausübt, wird ein Färber, und die Anstalt, in welcher die Färberei betrieben wird, wird das Färbehaus oder die Färberei genannt. Die Arbeit selbst, wird das Färben genannt.

a) Die Färberei ist eine der ältesten Künste und wurde schon von den alten Aegyptiern in vieler Hinsicht rationell betrieben. Vorzüglich war es Tyrus, wo die Färberei und der Handel mit gefärbten Stoffen in großer Ausdehnung betrieben wurde. Wahrscheinlich wurde auch der Purpur, der in jenen Tagen ein Symbol fürstlicher und priesterlicher Würde war, in Tyrus erfunden, welches der Purpurfärberei einen Theil seiner Reichthümer und seiner Größe verdankt.

b) Die Färberei unterscheidet sich vom Malen und Anstreichen wesentlich, obgleich häufig gleiche Farbstoffe zur Anwendung kommen. Beim Anstreichen und Malen überzieht man die Oberfläche eines Körpers mit dem schon fertig gebildeten Farbstoffe und die Farbe haftet nur durch Adhäsion.

c) In der Färberei aber erhält der Farbstoff erst auf der zu färbenden Gespinnstfaser (der Wolle, Seide, Baumwolle) die geeignete Beschaffenheit; er wird nämlich im aufgelösten Zustande applicirt und erst auf und in der Faser in den unlöslichen Zustand übergeführt. Der Farbstoff muß endlich zur thierischen Faser (Wolle, Seide) und zur vegetabilischen (Flachs, Baumwolle) Verwandtschaft besitzen.

d) Die Färberei beruht auf chemischen Grundsätzen, die Verbindung der Faser mit den Farbstoffen scheint aber in vielen Fällen eine mechanische zu seyn.

e) Einige Farbstoffe wie z. B. die des Indigs, Krapps u. s. w. verbinden sich so fest mit der zu färbenden Substanz, daß sie davon kaum wieder zu trennen sind, während andere wie z. B. das Violett der Orseille, bis jetzt wenigstens, in keine dauernde Verbindung zu bringen sind. Einige Farbstoffe widerstehen der bleichenden Einwirkung von Luft und Licht, andere nicht. Die Ausdrücke ächt und unächt beziehen sich daher auf die Haltbarkeit der Farbstoffe gegen Luft, Licht, Wasser, Seifenwasser, schwache Laugen und schwache Säuren. Letztere werden durch diese Agentien verändert, erstere nicht.

f) Die Befestigung der Farbstoffe findet auf zweierlei Weise statt, entweder sie treten allein für sich mit dem Zeuge in Verbindung, und heißen substantive Farben, oder sie bedürfen hiezu eines Zwischenmittels (Beitze, mordant).

g) Zu den substantiven Farben gehören Eisenoxydhydrat, Indig, Katechu; zu den adjectiven Farben Krapp, Gelbholz, Cochenille, Rothholz u. s. w.

h) Die Beitzen sind sehr verschiedenartig, sie sind Erd- oder Metallsalze (Alaun, essigsaures Eisen, Zinnsalz), auch vegetabilischer Natur (z. B. der Gerbstoff, gewisse Oele, der Käsestoff).

i) Das Färben mit den meisten (adjectiven) Farbstoffen zerfällt 1) in das Ansieden (bouillon), 2) in das Ausfärben.

k) Das Ansieden oder Anbeitzen der Garne und Zeuge geschieht mit einer Auflösung der Beitzen (mordans) in Flußwasser; nach

Beendigung wird nicht sogleich ausgefärbt, sondern erst eine Reinigung angestellt, die meist in Ausringen, Ausbreiten an der Luft, Trocknen, Spülen in Flußwasser besteht.

l) Das Ausfärben geschieht in der Färbeflotte (Flotte, bain de teintnre, *dyer's bath*), einer Abkochung oder einem Aufguß der Färbestoffe. Nach dem Ausfärben werden die Gespinnste und Gewebe ausgerungen und gespült und getrocknet.

m) Von der Eintheilung der Färberei in die Woll-, die Seiden-, die Baumwoll- und die Leinenfärberei; und dem Unterschiede zwischen Schön- und Schwarzfärberei; und

n) Die Theorie der Färberei ausführlich in den Vorlesungen.

Die Wollfärberei (Schönfärberei).

§. 128.

In der Wollfärberei färbt man Wolle in Flocken, Wollgarn und Wollgewebe. Die Wolle muß erst vom Schweiß durch Behandeln mit faulem Harn (vergl. Seite 16) befreit werden. Wollgarne, die behufs der Spinnerei mit Oel getränkt sind, werden vor dem Färben von dem Oel durch grüne Seife und Pottasche befreit. Wollgewebe werden durch Walken und darauf folgendes Waschen von allem Fett befreit und dann im Stück gefärbt.

Die Beitzen und Farbstoffe für Wolle.

§. 129.

Zum Anbeitzen der Wolle wird fast zu allen Farben Alaun und Weinstein (also weinsaure Thonerde); Kupfer- und Eisenvitriol nebst Weinstein zu Grau und Schwarz; Zinnsalze mit Weinstein zur Rothfärberei mit Cochenille und Lac-Dye, benutzt. Von den Farbmaterialien braucht man in der Wollfärberei:

a) Für blaue Farben: 1) den Indig; 2) das Campeche- oder Blauholz; 3) das rothe blausaure Kali (Kaliumeisencyanid, Ferridcyankalium), 4) den Waid.

b) Für rothe Farben: 1) die Cochenille; 2) den Lac-Dye; 3) den Krapp; 4) den Persio; 5) das Brasilien-, das Fernambuk- und das St. Martins- oder Rothholz.

c) Für gelbe Farben: 1) den Wau; 2) das Gelbholz; 3) die Quercitronrinde; 4) die Scharte; 5) das Fisetholz.

d) Für schwarze Farben: 1) Galläpfel; 2) Schmack; 3) Knoppern; 4) das Campeche- oder Blauholz.

e) Die grünen Farben werden aus Blau und Gelb; die violetten Farben werden aus Blau und Roth; die Aurorafarben werden aus Roth und Gelb; die braunen Farben aus Roth, Gelb und Schwarz; die graue aus Schwarz und Gelb zusammengesetzt.

f) Eine speciellere Erörterung der Beitzen und Farbstoffe der Wollfärberei, in den Vorlesungen.

Operationen in der Wollfärberei.

§. 130.

Die Wollfärberei läßt sich auf 5 verschiedene Operationen zurückführen; nämlich: 1) die Bereitung der Farbebäder oder Flotten; 2) das Ansieden der zu färbenden Gegenstände mit den erforderlichen Beitzen; 3) das Ausfärben der Zeuge; 4) das Spülen derselben; 5) das Schönen derselben.

a) Farbeflotten oder Bäder werden nur aus solchen Farbstoffen bereitet, deren Pigment im Wasser löslich ist, und durch Temperatur des siedenden Wassers keine Veränderung erleidet. Es gehören dahin: Wau, Brasilienholz, Campeche- oder Blauholz, Gelbholz; ebenso die Cochenille.

b) Das Ansieden (Beitzen) geschieht je nach der Farbe, die erzeugt werden soll, mit Alaun und Weinstein; mit Weinstein und salzsaurem Zinn; mit Eisenvitriol und Weinstein.

c) Das Ausfärben der angesottenen Zeuge in den Farbebädern geschieht bei nach und nach erfolgter Erwärmung bis zum Sieden der Flüssigkeit. Beim Ausfärben im Krapp und in der Quercitronrinde werden jene Materialien dem Wasser kalt zugegeben, und die Hitze nur bis zu 30, 40 bis 60 Grad Reaum. erhoben; weil sonst die Farbe stumpf wird.

d) Das Spülen der gefärbten Zeuge muß in Flußwasser geschehen.

e) Das Schönen (Schauen) derselben dient, um den Lüster der Farbe hervor zu heben. Es wird bald mit Alkalien, bald mit Säuren bewirkt.

Blaue Farben auf Wolle.

§. 131.

Blaue Farben auf Wolle erzeugt man am schönsten und dauerhaftesten mit Indig; für Merino und ähnliche Stoffe wendet man Berlinerblau (aus rothem Blutlaugensalz erzeugt); für ordinäre Stoffe Holzblau (unächtes Blau) an. Das Indigblau ist entweder Küpenblau oder Sächsischblau.

a) Das Küpenblau wird erzeugt, indem man die Wolle in eine alkalische Lösung von weißem Indig (Indigweiß, $C_{16} H_6 N O_2$) bringt und dann der Luft aussetzt, deren Sauerstoff den Uebergang des Indigweiß in Indigblau ($C_{16} H_5 N O_2$) bewirkt. Das Gefäß, in welchem man den Indig löst, heißt die Küpe. Dieser Name ist auch auf das Verfahren der Färberei übergegangen, so daß unter Indigküpe die in der Färberei übliche Methode, den Indig aufzulösen, verstanden wird. Man benutzt die Waidküpe oder Pottaschenküpe.

b) In der Waidküpe wird Waid (Isatis tinctoria), Krapp, Wau und Alaun gekocht, erwärmt, bis die Gährung eintritt, sodann Kalk und fein geriebener Indig zugesetzt, welcher durch die Gährung Wasserstoff aufnimmt, in Indigweiß übergeht und als solches in dem Kalk sich löst.

c) Zur Darstellung der Pottaschenküpe (indischen Küpe) läßt man eine Mischung von Indig, Krapp, Kleie, Pottasche mit Wasser gähren. Sie färbt schneller als die Waidküpe. Man benutzt sie zu Elbeuf und Louviers in Frankreich zum Färben der Tuche. Neuerdings wendet man anstatt der Pottaschenküpe häufig Sodaküpe auf gleiche Weise, nur mit Anwendung von kohlensaurem Natron oder Soda anstatt der Pottasche dargestellt, an.

d) Das sächsische Blau besteht in einer Auflösung von 1 Theil Indig in 5—6 Theilen rauchender Schwefelsäure, im mit Wasser verdünnten Zustande; dann dem daraus abgezogenen Blau. Die Gegenstände werden dazu mit Alaun und Weinstein vorher angesotten. Die wirksame Substanz des sächsischen Blaues ist die Indigblauschwefelsäure. Diese Farbe wird nur noch selten zum Blaufärben, häufiger mit gelben Farbstoffen zu Grün benutzt.

e) Zum Berlinerblau werden die Gegenstände vorher mit essigsaurem Eisenoxyd angesotten, nach dem Trocknen gespült, hierauf in einer mit wenig Schwefelsäure versetzten Lösung von blausaurem Kali (Ferrocyankalium, gelbem Blutlaugensalz, Kaliumeisencyanür) gefärbt, nochmals gespült und getrocknet.

Nach einem anderen Verfahren taucht man die Gegenstände in eine Auflösung von gelbem Blutlaugensalz und Alaun, zu der man etwas Schwefelsäure gesetzt hat, und setzt sie nachher der Luft aus; es bildet sich hierbei Ferrocyanwasserstoffsäure, die sich an der Luft in entweichende Blausäure und auf der Faser zurückbleibendes Berlinerblau zersetzt.

Nach einer dritten Methode erhitzt man die Wolle mit einer Auflösung von rothem Blutlaugensalz (rothem blausaurem Kali, Ferridcyankalium, Kaliumeisencyanid), Zinnchlorid, Weinsäure und Oxalsäure.

f) Zum unächten Blau oder Holzblau werden die Zeuge mit Alaun, mit Weinstein und mit Kupfervitriol angesotten, dann in einer Flotte von Campecheholz ausgefärbt, zuletzt in einem Bad von Campecheholz, Zinnchlorür, Weinstein und Alaun geschönt.

g) Eine speciellere Erörterung dieser Gegenstände, in den Vorlesungen.

Rothe Farben auf Wolle.

§. 132.

Die rothen Farben auf Wolle zerfallen in ächte und in unächte. Zu den ächten gehören: 1) das Scharlachroth; 2) das Krapproth. Zu den unächten gehören: 1) das Carmoisin; 2) die rothen Holzfarben.

a) Zum Scharlach werden die Zeuge mit Zinncomposition, Weinstein und einem Zusatz von Fisetholz angesotten, hierauf in einer Abkochung von Cochenille, oder einer mit Salzsäure gemachten und mit Wasser stark verdünnten Auflösung von Lac-Dye ausgefärbt, hierauf gespült.

b) Zu Krapproth (Kirschroth, Krebsroth) wird mit Alaun und Weinstein angesotten, dann langsam in einem Krappbade ausgefärbt, hierauf gespült.

c) Carmoisin wird mit Alaun angesotten, dann mit Cochenille ausgefärbt, und zuletzt mit sehr wenig Pottasche geschönt.

d) Zu rothen Holzfarben wird mit Alaun und Weinstein, besser mit Weinstein und Zinnsalz angesotten, hierauf in einem Bade von Brasilienholz (auch Fernambuk-, Roth- oder

St. Martinsholz) ausgefärbt, dann gespült und mit Pottasche geschönt.

e) Eine speciellere Erörterung dieser Arbeiten, in den Vorlesungen.

Gelbe Farben auf Wolle.

§. 133.

Die gelben Farben auf Wolle sind entweder Hellgelb oder Orangegelb. Die Hellgelben sind einfache Farben; die orangegelbe Farbe auf Wolle wird aus Hellgelb und Roth zusammengesetzt. Die vorzüglichsten Materialien zu gelben Farben sind: 1) der Wau; 2) die Quercitronrinde; 3) das Gelbholz.

a) Um gelbe Farben (Citronengelb, Zeisiggelb) mit Wau zu färben, werden die Gegenstände mit Alaun und Weinstein angesotten, dann in einem starken Waubade ausgefärbt. Durch Schönen mit Pottasche kann die Farbe nüancirt werden.

b) Zu den sattesten goldgelben Farben werden die Zeuge mit Weinstein und schwefelsaurem Zinnoxyd angesotten, dann in einem mit Milch oder mit Tischlerleim versetzten Bade von Quercitronrinde ausgefärbt.

c) Eben so (wie in b) operirt man mit dem Gelbholz.

d) Orangegelb auf Wolle wird erzeugt, wenn die vorher hellgelb gefärbten Zeuge mit Alaun und Weinstein angesotten, dann aber in Krapp oder auch in einem Bade von Cochenille ausgefärbt werden; auch können sie mit Alaun und Weinstein angesotten, hierauf in einer Vermengung von Krapp und Quercitronrinde ausgefärbt werden.

e) Goldgelb auf Wolle erzeugt man, wenn man die Wolle einige Tage in Salpetersäure, die mit 5 Th. Wasser verdünnt ist, liegen läßt und sie sodann in verdünnte Pottaschenlösung bringt. Das färbende Princip ist die durch die Einwirkung der Salpetersäure auf die Wolle entstehende Pikrinsäure (Pikrinsalpetersäure).

Zusammengesetzte Farben.

(Grün, Violet, Braun, Grau.)

§. 134.

Oben genannte Farben auf Wolle sind als zusammengesetzte zu betrachten, sie müssen daher durch die Verbindung zweier verschiedener Farben erzeugt werden.

a) Vom Grün unterscheidet man Küpengrün und sächsisches Grün. Jenes ist ächter, letzteres ist schöner. Zum Küpengrün werden die Zeuge erst in der Waidküpe blau gefärbt, hierauf mit Alaun und Weinstein angesotten, dann aber in einem Bade von Wau oder auch von Quercitronrinde ausgefärbt. Zum sächsischen Grün werden die vorher sächsisch Blau gefärbten Zeuge in einem Bade von Wau oder Gelbholz oder von Quercitronrinde ausgefärbt.

b) Zum ächten Violet werden die in der Waidküpe blau gefärbten Zeuge mit Alaun und Weinstein angesotten, hierauf in einem Bade von Cochenille ausgefärbt. Ein unächtes Violet gewinnt man, wenn mit Wasser und Zinncomposition angesotten, und dann in einem Bade von Campecheholz ausgefärbt wird.

c) Zu Braun werden die Zeuge in einem Bade von Alaun, Weinstein und wenig Eisenvitriol angesotten, hierauf in einem Bade von Campecheholz ausgefärbt.

d) Zu Grau wird mit Alaun, Weinstein und wenig Eisenvitriol angesotten, dann aber in einem Bade von Galläpfeln und Sumach ausgefärbt.

Schwarze Farben auf Wolle.

§. 135.

Aechte und schöne schwarze Farben darzustellen, ist schwieriger als man glauben sollte. Die Materialien zum Ansieden sind: Eisenvitriol, Kupfervitriol, Grünspan und Weinstein. Zum Ausfärben werden erfordert: Galläpfel, oder an deren Stelle Sumach oder Knoppern, in Verbindung mit Campecheholz.

a) Zu ächtem Schwarz (Sedanschwarz) giebt man den Zeugen in der Waidküpe einen blauen Grund, siedet sie sodann in einem Bade von Sumach mit Campecheholz an, und färbt sie hierauf in einem Bade von Eisen-, Kupfervitriol, Grünspan und Weinstein aus. Man bringt sie wechselseitig in das eine und in das andere Bad, lüftet sie beim Herausnehmen, und setzt die Arbeit so lange fort, bis die Farbe heran gekommen ist.

b) Zu weniger ächtem Schwarz giebt man den Zeugen einen Grund mit Berlinerblau und färbt sie hierauf wie vorher genannt aus.

c) Mit Campecheholz erhält man das Bedarieuxschwarz, das Tourssschwarz und das Genferschwarz; als Basis dieser Farben nimmt man Campecheholz, Sumach mit etwas Gelbholz und färbt mit Eisen- und Kupfervitriol aus.

d) Das Chromschwarz giebt Campecheholz mit zweifach chromsaurem Kali (bichromàte de potasse): Man fiedet mit einem Bade von zweifach chromsaurem Kali und Weinstein an, und färbt mit Campecheholz aus.

Die Seidenfärberei.

§. 136.

Die Seidenfärberei ist zwar nur ein einzelner Theil der allgemeinen Färberei: in der Ausübung so wie in den Materialien weicht sie aber doch sehr davon ab.

a) Außer den in der Wollfärberei angewendeten Farbematerialien und Beitzen, werden von den ersteren noch: 1) Saflor; 2) Orlean; 3) Orseille; und von den Beitzen: 1) Seife; 2) Weinsteinsäure; 3) Citronensäure; 4) Chloreisen, salpetersaures Eisen und essigsaures Eisen; 5) Salpetersäure erfordert.

b) Die Seide wird entweder als Rohseide oder im entschälten Zustande erfordert. Das Entschälen (vergl. Seite 58) wird mit 15, 18, 20 bis 30 Procent Seife veranstaltet, je nachdem dunklere oder hellere Nüancen gefärbt werden sollen.

Blaue Farben auf Seide.

§. 137.

Die blauen Farben auf Seide werden auf vierfache Weise dargestellt: 1) mittelst der Küpe; 2) mittelst schwefelsaurer Indigauflösung; 3) mittelst Berlinerblau; 4) mittelst Campecheholz.

a) Die Indigküpe für Seide wird aus Indig, Pottasche, Krapp und Kleie, ohne Waid und ohne Kalk dargestellt. (Pottaschenküpe, vergl. Seite 83).

b) Das Färben der Seide in der schwefelsauren Indigauflösung geschieht wie das der Wolle (vergl. Seite 83).

c) Das Färben mit Berlinerblau geschieht auf folgende Weise: Man taucht den zu färbenden Gegenstand zuerst in ein Gemenge von Wasser, Eisenvitriol, Salpetersäure und Zinnsalz, wäscht ihn mit Wasser aus und zieht ihn durch eine siedend heiße Seifenlösung. Nach dem Ausspülen taucht man ihn in eine mit Salzsäure versetzte Lösung von gelbem Blutlaugensalz. Man nennt dieses Blau Raymond-Blau (bleu-Raymond).

d) Um mit Campecheholz unächt Blau zu färben, wird die Seide mit Alaun und Kupfervitriol, in Wasser gelöst, angebeizt, dann in Campecheholz ausgefärbt, und endlich mit Pottasche geschönt.

e) Eine speciellere Erörterung dieser Färbemethoden, in den Vorlesungen.

Rothe Farben auf Seide.

§. 138.

Zur Produktion der rothen Farben auf Seide werden Cochenille, Saflor und Brasilienholz angewendet.

a) Um ächt Carmoisin und Ponceau zu färben, wird die Seide vorher gealaunt, dann in einem Bade von Galläpfeln und Cochenille, versetzt mit wenig Weinstein, ausgefärbt.

b) Rosaroth wird mit Saflor kalt gefärbt. Derselbe wird vorher mit reinem Wasser ausgeknetet, dann mit kohlensaurem Natron, in Wasser gelöst, extrahirt; hierauf die Flüssigkeit mit Citronensaft oder Weinsteinsäure bis zur Neutralität versetzt, und dann kalt darin ausgefärbt.

c) Unächtes Carmoisin wird erhalten, wenn die Seide mit Zinncomposition angebeizt, dann in einem Bade von Brasilienholz ausgefärbt wird.

d) Eine speciellere Erörterung dieser Operationen und der Nüancen jener Farben, in den Vorlesungen.

Gelbe Farben auf Seide.

§. 139.

Zur Produktion der gelben Farben auf Seide dienen als Materialien: 1) der Wau; 2) die Quercitronrinde; 3) der Orlean; 4) das Chromgelb; 5) die Salpetersäure.

a) Hellgelbe Farben gewinnt man, wenn die Seide gealaunt, und dann in einem satten Bade von Wau, dem man gegen das Ende etwas Pottasche oder Soda zusetzt, ausgefärbt wird; oder

b) Wenn die mit Zinnlösung angebeizte Seide in einer mit Leim versetzten Abkochung von Quercitron ausgefärbt wird.
c) Orange wird erhalten, wenn die Seide in einer mittelst Pottasche und Orlean gemachten und mit Citronensaft, Weinsäure oder Essig versetzten Lösung ausgefärbt wird. Mit Galläpfeln giebt der Orlean Nankingfarbe und hellbraungelbe Töne.
d) Orange erhält man ferner mit Chromgelb, indem man die mit Bleizucker oder Bleiessig gebeizte Seide auswindet, und sie dann in eine Lösung von zweifach chromsaurem Kali bringt.
e) Salpetersäure färbt die Seide, ebenso wie die Wolle gelb, indem sich Pikrinsäure (vergl. Seite 85) bildet.
f) Eine speciellere Erörterung dieser Arbeiten, in den Vorlesungen.

Schwarze Farben auf Seide.

§. 140.

Schwarz erzeugt man auf Seide, indem man dieselbe gallirt, d. h. durch ein gerbstoffhaltiges Bad zieht und dann mit holzessigsaurem oder salzsaurem Eisen ausfärbt.

a) Damit die aus diesen Materialien entstehende schwarze Farbe eindringt und die damit gefärbte Seide ins Gewicht fällt, färbt man 3—4 mal, indem man die Seide abwechselnd durch drei bis vier Gerbstoffbäder und eben so viele Bäder von holzessigsaurem Eisen bringt, dazwischen aber jedesmal trocknet und lüftet.
b) Als gerbstoffhaltige Substanz wendet man gewöhnlich Knoppernextract (schwarzen Seidengrund) an.
c) Auf 100 Pfund rohe Seide muß der Färber je nach Begehr 160, 180, selbst 200 Pfund schwerschwarzgefärbte Seide abliefern.
d) Auch die Färbung mittelst chromsauren Kali und Campecheholz läßt sich auf Seide anwenden.

Zusammengesetzte Farben auf Seide.

§. 141.

Die zusammengesetzten Farben auf Seide werden wie die bei der Wolle (§. 134.) durch Vereinigung der einfachen Farben erzeugt.

a) Zu ächtem Grün wird die Seide vorher in der Indigküpe blau gefärbt, hierauf gealaunt, dann im Waubade ausgefärbt, bis die verlangte Nüance erschienen ist.

b) Zu hellgrünen Farben wird sie gealaunt, dann in einem mit schwefelsaurer Indiglösung versetzten Waubade ausgefärbt.

c) Zu ächt Violet wird sie gealaunt oder gallirt, in einem Bade von Cochenille erst roth, und dann in einer Auflösung von schwefelsaurem Indig so lange ausgefärbt, bis die verNüance erschienen ist.

d) Unächt Violet wird mit in Wasser gelöster Orseille gefärbt; oder die mit Zinnchlorid (Physikbad) gebeizte Seide wird in einer Abkochung von Campecheholz ausgefärbt. In neuerer Zeit benutzt man auch die aus Italien kommenden zerquetschten Früchte von Solanum guinense in der Seidenfärberei.

e) Braune Farben werden durch Alaunen und Ausfärben in Campeche- und Brasilienholz hervorgebracht.

f) Graue Farben werden aus Schwarz und Gelb zusammengesetzt.

g) Olivenfarben (auch Bronce) werden mit Eisen angebeizt und in Wau ausgefärbt.

h) Eine speciellere Erörterung dieser Gegenstände, in den Vorlesungen.

Farben auf Baumwolle und Leinen.

§. 142.

Die zum Färben bestimmten Gegenstände aus Baumwolle und Leinen müssen vorher mit alkalischer Lauge gut ausgekocht und gebleicht worden sein. Zum Färben derselben werden dieselben Materialien wie die zur Wolle, auch einige von denen zur Seide erforderlichen, angewendet. Die Baumwolle ist weit schwieriger ächt zu färben als Wolle und braucht eine viel kräftigere Beize. Man färbt sie meist als Garn, seltener als Zeug. Das Färben der leinenen Gegenstände geschieht ähnlich wie das der Baumwolle, doch ist in Folge der Beschaffenheit der Leinfaser die Verwandtschaft derselben zu Farbstoffen weit geringer als die der Baumwollfaser.

Blaue Farben auf Baumwolle und Leinen.

§. 143.

Zu blauen Farben auf Baumwolle und Leinen werden: 1) kalte Indigküpe; 2) Berlinerblau; 3) Campecheholz angewendet.

a) Die kalte Indigküpe oder Vitriolküpe wird aus 1 Theil Indig, 5 Theilen gebranntem Kalk und 3 Theilen Eisenvitriol, und 500 Theilen Wasser zusammengesetzt. Um damit ächt Blau zu färben, werden die Zeuge in der Küpe eingetaucht, nach 15 Minuten gelüftet, wobei sie vergrünen, dann wieder eingetaucht, und diese Arbeiten wechselweise so oft wiederholt, bis die verlangte Nüance von Blau hervor gekommen ist.

b) Um mit Berlinerblau (Chemischblau) zu färben, werden die Zeuge erst mit Zinnsalz angebeitzt, sodann in eine Lösung von salpetersaurem Eisenoxyd gebracht, hierauf in einer Lösung von Blutlaugensalz ausgefärbt, schließlich mit salpetersaurem Eisenoxyd und Blutlaugensalz abwechselnd behandelt, bis der gewünschte Farbenton erzielt ist.

c) Um unächt Blau auf Baumwolle und Leinen zu erzeugen, werden die Gegenstände mit schwefelsaurem Eisen und schwefelsaurem Kupfer angebeitzt, hierauf in einem Bade von Campecheholz ausgefärbt, zuletzt mit Pottasche geschönt.

d) Kupferoxyd-Ammoniak giebt beim Trocknen ein schönes Hellblau.

e) Eine speciellere Erörterung dieser Arbeiten, in den Vorlesungen.

Rothe Farben auf Baumwolle und Leinen.

§. 144.

Um rothe Farben auf Baumwolle und Leinen zu erzeugen, werden an Materialien erfordert: 1) Saflor; 2) Cochenille; 3) Krapp; 4) Fernambukholz.

a) Um schöne rosarothe Farben mittelst des Saflor zu produciren, wird eben so operirt, wie beim Färben der Seide (vergl. Seite 88) angeführt worden ist.

b) Vermittelst Fernambukholz färbt man Baumwolle roth, indem man mit Alaun beitzt, dann gallirt, das Zeug durch Zinnlösung nimmt und zuletzt im Fernambukbade ausfärbt.

c) Um Amaranthroth zu erhalten, beizt man mit essigsaurer Thonerde, trocknet, zieht dann durch ein Kreidebad und färbt in einem Bade von Cochenille, Galläpfeln und Kleie aus.

Krappfärberei auf Baumwolle.

§. 145.

In der Färberei mit der Krappwurzel (garance, *madder*) unterscheidet man Ordinärroth und Türkischroth. Ersteres wird auf ungeöltem Grunde, letzteres auf Garne oder Gewebe gefärbt, die vorher mit Oelbeizen behandelt worden sind.

a) Der Krapp ist die Wurzel der Färberröthe (Rubia tinctorum). Die beste Sorte des Krapp ist die aus der Levante, die den Namen Alizari oder Lizari führt.

b) Die Garancine oder die Krappkohle ist ein häufig angewendetes Präparat aus Krapp, das die Farbstoffe in geeigneterer Form enthält und durch Behandeln des Krapps mit Schwefelsäure dargestellt wird.

c) Der Garanceux ist ein Präparat aus dem bereits zum Färben benutzten Krapp dargestellt; es steht dem Krapp und der Garancine an Färbevermögen nach.

d) Das Colorin ist ein weingeistiges und zur Trockne verdunstetes Extract der Garancine.

e) Von dem Krapp und den darin enthaltenen Farbstoffen, in den Vorlesungen.

Ordinär=Roth vermittelst Krapp auf Baumwolle.

§. 146.

Um Baumwolle mit Krapp Ordinär=Roth zu färben, werden die Gegenstände zuerst gallirt, dann mit essigsaurer Thonerde angebeizt, getrocknet, darauf im Kuhkothbade gereinigt, gespült und bei langsam steigender Wärme bis zu 95° in einer mit Kreide versetzten Krappflotte ausgefärbt. Das Schönen oder Aviviren der Waare geschieht durch Seife und Kleie.

a) Man färbt die Zeuge mit Krapp theils *uni*, theils druckt man die nöthigen Beizen auf und färbt in der Krappflotte aus.

Türkischrothfärberei.

§. 147.

Die Türkischroth- oder Adrianopelrothfärberei (rouge turc, *turkey red*) bezweckt die Herstellung der durch Schönheit und Dauer hervorragenden hochrothen Krappfarbe auf Baumwollgarn. Es ist dieser Zweig der Färberei, der ursprünglich aus Indien nach Persien, Armenien, Syrien und Griechenland gelangt ist, erst seit der Mitte des vorigen Jahrhunderts in Frankreich, namentlich im Elsaß und Rouen einheimisch geworden, eben so in Deutschland, so zu Elberfeld und Barmen.

Die Türkischrothfärberei unterscheidet sich von der gewöhnlichen Krappfärberei durch die Operation, die sogleich auf das Entschlichten der Baumwollwaaren folgt, nämlich: 1) das Beitzen mit Oel; darauf folgt 2) das Galliren; 3) das Ausfärben; 4) das Schönen und Rosiren.

a) Das Beitzen mit Oel geschieht 1) in dem Mist- oder Kothbade; 2) in dem Weiß- oder Hauptölbade.

1) Das Mistbad (bain de fiente, *dung bath*) besteht in einem Gemisch von eigenthümlichem sauren Olivenöl (Tournantöl, huile tournante), Pottasche, Schaffoth und Wasser;

2) das Weiß- oder Hauptölbad (bain blanc, bain d'huile, *white bath*) besteht aus 60 Th. Tournantöl, 1 Th. Pottasche und 150 Th. Wasser.

b) Die durch das Weißbad passirten Garne werden an der Luft liegen gelassen, wodurch sich ein Theil des von der Baumwolle aufgesogenen Oeles verändert und die Baumwolle beitzt oder mordancirt. Das ungebundene Oel entfernt man durch Pottaschelösung.

c) Das Galliren oder Schmacken (engallage, *galling*), welches ausgeführt wird, indem man die ölgebeitzten Garne durch eine mit Alaun versetzte Abkochung von Galläpfeln oder Schmack (Sumach) zieht, ist ohne Einfluß auf den Farbenton, giebt ihm aber Beständigkeit.

d) Das Ausfärben oder Krappen (garançage, *dyeing*) geschieht wie bei der Herstellung des Ordinär-Roth.

e) Das Schönen und Rosiren (rosage) bezweckt, dem gefärbten

Garne das Carmoisinrothe zu nehmen und dafür einen scharlachrothen Schein zu geben. Man erhitzt zu diesem Zwecke mit Seifenlösung, Zinnsalz und Salpetersäure.

f) Das Verfahren bei der Türkischrothfärberei im Stück ist dem bei der Garnfärberei fast gleich.

Gelbe Farben auf Baumwolle und Leinen.

§. 148.

Als Farbematerialien werden hierzu erfordert: 1) Wau; 2) Gelbholz; 3) Quercitronrinde; 4) Orlean; 5) essigsaures Eisenoxydul; 6) Chromgelb.

a) Zu hellgelben Farben werden die Zeuge mit Alaun angesotten, dann im Waubade ausgefärbt; für dunkle Nüancen schönt man mit Sodalösung, für lichte mit Seifenlösung.

b) Um mit Gelbholz oder mit Quercitronrinde zu färben, werden die Zeuge mit essigsaurer Thonerde angebeitzt, dann in jenen Materialien, in Versetzung mit Milch, ausgefärbt.

c) Orangegelbe Farben werden entweder mit durch Pottasche oder Soda in Wasser gelöstem Orlean erzeugt; oder die mit essigsaurer Thonerde angebeitzten Zeuge werden im Krapp, versetzt mit Quercitronrinde, ausgefärbt.

d) Rost- oder Eisengelb wird bloß durch essigsaures Eisen erzeugt, indem man die damit imprägnirten Stoffe der Luft aussetzt und sie dann durch ein Seifenbad nimmt. Die Farbe wird durch Eisenoxydhydrat hervorgebracht.

e) Chromgelb wird auf folgende Weise erzeugt: Man beitzt mit Bleizucker, passirt durch Kochsalzlösung und färbt mit doppelt chromsaurem Kali aus. Zu Chromorange färbt man Chromgelb und nimmt dieses durch Kalkwasser.

Zusammengesetzte Farben.

§. 149.

Diese werden, wie bei der Wolle und der Seide, durch Vereinigung der einfachen Farben hervorgebracht.

a) Grün wird erzeugt, indem die in der Vitriolküpe (vergl. Seite 91.) blau gefärbten Zeuge mit essigsaurer Thonerde angebeitzt, und dann in Wau oder in Quercitronrinde ausgefärbt werden. Man benutzt auch ein Gemenge von Indigblauschwefelsäure mit Pikrinsäure zum Grünfärben der Baumwolle.

b) Olivengrün oder Bronce wird producirt, indem die Zeuge mit essigsaurer Thonerde und essigsaurem Eisenoxydul angebeitzt, dann in Wau oder Quercitronrinde ausgefärbt werden.

c) Violet wird aus Blau und Roth zusammengesetzt.

d) Braun wird erzeugt, indem die Zeuge mit essigsaurer Thonerde und essigsaurem Eisen angebeitzt, dann aber in Krapp und Quercitronrinde ausgefärbt werden. Unveränderliches und festes Braun entsteht auch durch Beitzen mit Manganvitriol (schwefelsaurem Manganoxydul), Behandeln mit Natronlauge und Aussetzen des Zeuges an die Luft; die braune Färbung wird durch Manganoxydhydrat hervorgerufen. Auch Catechu giebt dauerhafte braune Farben.

Schwarze Farben.

§. 150.

Um baumwollene und leinene Zeuge ächt schwarz zu färben, muß ihnen vorher in der Vitriolküpe ein blauer Grund ertheilt werden, worauf das Schwarz aufgesetzt wird.

a) Man erreicht diesen Zweck, indem man die gebläuten Zeuge mit essigsaurem Eisenoxydul anbeitzt, und dann in einem Bade von Galläpfeln, von Sumach oder von Knoppern versetzt mit Campecheholz, ausfärbt.

Zehnter Abschnitt.

Die Zeugdruckerei.

§. 151.

Die Zeugdruckerei (art d'impression des tissus, *calico-printing*) bezweckt, auf gewebten Zeugen durch Drucken gefärbte Figuren zu erzeugen und haltbar zu befestigen. Man unterscheidet bei gedruckten Waaren den Grund oder Boden und das darauf ausgeführte Muster oder Dessin. Nach der verschiedenen Natur der zu bedruckenden Zeuge, wird sie in die Wollen-, die Seiden, die Baumwollen- und die Leinen-Druckerei unterschieden.

Die Wollen-Zeugdruckerei.

§. 152.

Die Wollen-Zeugdruckerei zerfällt in 3 Abtheilungen: 1) die Golgasdruckerei; 2) die Berylldruckerei; 3) die topische Druckerei.

a) Mit dem Namen Golgas wird ein leichtes flanellartiges Gewebe bezeichnet. Solches wird vorher mit Alaun und Weinstein angesotten. Die Muster werden durch hölzerne Formen bestimmt. Die Farben werden nicht gedruckt, sondern warm eingegossen. Der Golgasdruck ist nicht mehr gebräuchlich. Mit diesem Druck hat viele Aehnlichkeit die Bandanosdruckerei, wobei auf türkischrothgefärbten Zeugen die Muster durch Wegätzen der Farbe hervorgebracht werden.

b) Die Berylldruckerei oder der erhabene Druck unterscheidet sich von der Golgasdruckerei dadurch, daß der Golgas (leichter Flanell) mit durch Stärke oder Eiweiß verdickter Farbenbrühe und mittelst tief gestochener messingner Formen heiß bedruckt wird, und das Verdickungsmittel mit der Farbe vereinigt bleibt. Das Zeug erhält so erhabene farbige Muster.

c) Der topische oder Tafeldruck wollener Gewebe geschieht durch Tafelfarben (couleurs d'application, *topical colours*), Gemenge von Basen und Farben, welche verdickt aufgedruckt werden; sie vertragen theils nach ihrer Befestigung das Wasser, theils werden sie durch Wasser hinweggenommen. Solche Tafel- oder Applicationsfarben, die zu ihrer Befestigung eine Behandlung mit Wasserdampf nöthig haben, nennt man Dampffarben.

d) Eine speciellere Erörterung jener Arten der Druckerei, in den Vorlesungen.

Die Baumwoll- und Leinendruckerei.

(Die Kattundruckerei.)

§. 153.

Die Baumwoll- und Leinendruckerei (oder Kattundruckerei) zerfällt in 2 Hauptabtheilungen: 1) die Darstellung der Kesselfarben, die durch Eintauchen der Zeuge in die Farbenbrühe hervorgebracht werden; 2) die Darstellung der Tafel-, Applications- oder topischen Farben. Zu den ersteren gehören Krapp, Cochenille, Blauholz, chromsaures Bleioxyd, Sumach rc.; zu den letzteren die Eisenfarben, Berlinerblau, Krapplack und Indig.

a) Die Druckformen (planches, *blocks*) sind von Birnbaum- auch wohl Buchsbaumholz geschnitten, theils sind auch metallene Stifte und Figuren in dem Holz der Form befestigt. Jetzt wendet man meist Clichés oder Abklatsche an.

b) Es giebt viererlei Arten die Zeuge zu bedrucken: a) man druckt die mit einem Verdickungsmittel und der Beitze vermischte Farbe auf das Zeug auf; b) man trägt nur die verdickte Beitze an diejenigen Stellen des Zeuges auf, die Farbe erhalten sollen und zieht darauf das Zeug durch die Farbebrühe; c) man färbt das ganze Zeug mit Ausnahme derjenigen Stellen, die eine andere Farbe erhalten sollen; diese Stellen bedeckt man mit einer Substanz, die zu dem Farbstoff der Flotte keine Verwandtschaft hat; man nennt solche Substanzen Reservagen; d) man färbt das ganze Zeug und nimmt dann an denjenigen Stellen, die anders gefärbt werden sollen, die Farbe durch Aetzbeitzen hinweg.

Beitzen oder Mordants, Reservagen und Aetzbeitzen.

§. 154.

Die Beitzen der Zeugdruckerei sind Salze, deren Säure sich von der Base leicht trennt, so daß letztere mit der Faser eine Verbindung eingehen kann. Man wendet meist an: essigsaure Thonerde, holzessigsaures Eisenoxydul, Bleizucker, chromsaures Kali, Kupfervitriol, arsenikfaures Kali; seltener benutzt man thonsaures Kali und Alaun.

a) Als Materialien zur Verdickung der Beitzen benutzt man: 1) arabisches Gummi; 2) Tragant; 3) weiße Stärke; 4) hellbraun geröstete Stärke (Stärkegummi); 5) Dextrin; 6) Salepwurzel; dazu kommen noch Leim und Pfeifenthon, die aber nur selten gebraucht werden.

b) Die Aetzmittel, Aetzpappen, Enlevagen sollen auf bereits gefärbten Zeugen weiße Stellen hervorbringen; dies kann geschehen entweder durch Auflösen der Beitzen oder durch Zerstören der Farben. Um das erstere zu erreichen, bedient man sich der Citronensäure, der Oxalsäure, der Weinsäure; eine Zerstörung der Farbe bewirkt man: 1) durch sauerstoffabgebende oder oxydirende Mittel wie durch Chlorkalk, zweifach chromsaures Kali, ein Gemenge von Kali mit rothem Blutlaugensalz; 3) durch sauerstoffaufnehmende oder reducirende Mittel wie durch Eisenvitriol, Zinnchlorür ꝛc.

c) Die Geräthe zum Auftragen der Basen oder Beitzen sind: 1) das Chassis; 2) die Streichpinsel; 3) der Drucktisch; 4) der hölzerne Schlägel.

d) Eine speciellere Erörterung dieser Gegenstände, in den Vorlesungen.

Vorbereitung und Drucken der Gewebe.

§. 155.

Bevor die verschiedenen Gewebe mit den Basen oder Beitzen bedruckt werden, erfordern sie eine zweckmäßige Vorbereitung. Diese besteht: 1) im Bleichen; 2) im Präpariren; 3) im Mangeln derselben.

a) Das Bleichen wird in dem Abschnitt über die Bleicherei weiter erörtert.

b) Um die gebleichten Gewebe zu präpariren, werden sie in einem Sauerwasser, aus 2 Theilen Schwefelsäure und 100 Theilen Wasser bestehend, eingeweicht.

c) Das Mangeln derselben geschieht, um ihnen eine gleichförmige Oberfläche zu ertheilen.

d) Das Drucken der Gewebe geschieht auf eine sehr verschiedene Weise.

Blauer Druck.

(Porzellandruck. Englischer Druck. Schilderblau.)

§. 156.

Um weiße Gewebe aus Baumwolle oder Leinen blau zu drucken, wendet man an: 1) den sogenannten Porzellandruck; 2) den englischen Druck; 3) den Schilderdruck; 4) den Druck mit Eisenblau.

a) Zum Porzellandruck, d. i. blauem Grunde mit weißen Figuren, werden die Figuren erst mit einem Papp (aus Thon, Grünspan, Talg, mit Stärke, Kleister oder Dextrin verdickt) aufgedruckt, dann in der kalten Küpe ausgefärbt; hierauf mit Sauerwasser gereinigt.

b) Zum englischen Druck wird eine Verbindung von 1 Theil Indig, 3 Theilen Eisenvitriol, mit Gummi oder Stärke verdickt, aufgedruckt; hierauf erst in Kalkmilch, dann in Eisenvitriol, hierauf wieder in Kalkmilch ausgefärbt; endlich gespült, und zuletzt im Sauerbade gereinigt.

c) Zum Schilderdruck wird Schilderblau (Kastenblau) (aus 1½ Theilen Indig, 1½ Theilen rothem Schwefelarsenik oder Operment, 4 Theilen Pottasche und 4 Theilen gebranntem Kalk bereitet), durch einen Flor aufgedruckt, dann im Sauerbade gereinigt.

d) Um mit Eisenblau zu drucken, wird das Berlinerblau mit Weinsteinsäure und Wasser abgerieben, aufgedruckt, und nach dem Trocknen im Sauerbade gereinigt.

Vom rothen Druck. (Kesselfarben.)

§. 157.

Um Roth von verschiedenen Nüancen zu drucken, wird essigsaure Thonerde, mit Stärke oder Dextrin verdickt, mittelst der Form aufgedruckt, hierauf im Mistbade gereinigt; dann in Krapp ausgefärbt, hierauf im Kleienbade abgezogen, dann gepanscht und zuletzt gebleicht.

a) Eine speciellere Erörterung dieser Arbeiten, in den Vorlesungen.

b) Soll die Farbe ins Carmoisin übergehen, so wird zum Ausfärben Cochenille oder Brasilienholz zugegeben.

c) Soll die Farbe sich ins Braunrothe hinneigen, so wird der essigsauren Thonerde etwas essigsaures Eisen zugesetzt.

Vom gelben Druck.

§. 158.

Zum gelben Druck werden dieselben Basen erfordert, wie zum rothen. Das Ausfärben geschieht mittelst Wau, mit Quercitronrinde, oder mit Gelbholz.

a) Das Ausfärben mit Quercitronrinde muß in Versetzung mit Milch und bei möglichst niederer Temperatur geschehen.

b) Soll das Gelb in Orange übergehen, so wird beim Ausfärben etwas Krapp zugegeben.

Zusammengesetzte Druckfarben.

§. 159.

Die zusammengesetzten Druckfarben werden auch hier durch Vereinigung der Einfachen erzeugt.

a) Zu Grün wird Blau vorgedruckt, sodann in Gelb ausgefärbt.

b) Zu Olivengrün wird essigsaure Thonerde und essigsaures Eisen vorgedruckt, dann in Quercitronrinde ausgefärbt.

c) Zu Violet wird Blau vorgedruckt, dann in Roth ausgefärbt.

d) Zu Braun wird essigsaures Eisen mit essigsaurer Thonerde vorgedruckt, dann in Krapp und Campecheholz ausgefärbt.

Schwarzer und grauer Druck.

§. 160.

Zu schwarzem und grauem Druck wird eine Basis von essigsaurem Eisen vorgedruckt, und dann in Galläpfeln, Schmack oder Knoppern, versetzt mit Campecheholz, ausgefärbt.

a) Zu Schwarz muß die concentrirteste, zu Grau die schwächste Eisenauflösung angewendet werden.

Tafeldruck, Tafelfarben. (Topische Farben.)

§. 161.

Diese Farben unterscheiden sich von den Erstern, welche Kesselfarben genannt werden, dadurch, daß man die schon fertige mit der Base versetzte Farbe aufdruckt und nach dem Trocknen reinigt.

a) Eine specielle Erörterung der Darstellung der Tafelfarben, in den Vorlesungen.

Metallfarben. Köperfarben.

§. 162.

Metall- oder Köperfarben werden diejenigen genannt, welche aus der Verbindung der Metalle, mit andern Metallen oder auch mit Metalloiden hervorgehen; oder auch der Metalloxyde mit Säuren.

a) So erzeugt man Chromgelb, indem chromsaures Kali vor-, und essigsaures Bleioxyd nachgedruckt wird.

b) So erzeugt man Grün, wenn schwefelsaures Kupferoxyd vor-, und arsenigsaures Kali nachgedruckt wird.

c) So erhält man ein sattes Orangegelb, wenn weinsteinsaures Antimonoxyd vorgedruckt, und dann in Schwefelwasserstoffwasser ausgefärbt wird.

d) Eine speciellere Erörterung dieser Farben, in den Vorlesungen.

Die Druckmaschine.

§. 163.

Zur Darstellung einfacher Muster, die bloß aus Streifen oder Würfeln bestehen, bedient man sich jetzt der Druckmaschinen, mittelst welcher schneller und regelmäßiger, als mit den Handformen gearbeitet wird. Eine sehr gebräuchliche Druckmaschine ist die Perrotine.

a) Die Druckmaschinen bestehen in Walzen von Kupfer, in welchen die Muster gravirt sind. Sie nehmen die verdickten Basen von einer mit Tuch überzogenen Walze an, welche zum Theil in die Farbe oder Beitze taucht, und tragen sie auf das Zeug über.

b) Das gedruckte Zeug bedarf nach der Befestigung und Reinigung der Farbe noch der Appretur, bei welcher dem Zeug durch Tränken mit Stärke (mit Seife, Stearin oder Wachs vermischt), durch Druck und Wärme eine glänzende und glatte Oberfläche gegeben werden soll, wodurch Farben und Zeichnung besser hervortreten. Zuletzt glättet man das getrocknete Zeug im Kalander oder in der Lüstermaschine.

Eilfter Abschnitt.

Das Bleichen der Baumwoll- und Leinenzeuge.

(Die Bleichkunst. Die Bleicherei, blanchiment, *bleaching*.)

§. 164.

Um den Baumwoll- und Leinengespinnsten, so wie den daraus dargestellten Geweben, den von Natur anhängenden firnißähnlichen Ueberzug (Pappus) zu entziehen, und die Garne und Zeuge möglichst farblos darzustellen, werden sie gebleicht: d. h. aller färbenden Substanzen entledigt. Man nimmt das Bleichen nicht nur bei denjenigen Garnen und Zeugen vor, die als Handelswaare verbraucht werden sollen, sondern auch als vorbereitende Operation zum Färben und zum Zeugdruck.

Entschlichten, Beuchen, Bleichen.

§. 165.

Das Bleichen der Baumwoll- und Leinen-Gespinnste und Gewebe, macht drei verschiedene Operationen nöthig. Solche sind: 1) das Entschlichten; 2) das Beuchen; 3) das eigentliche Bleichen derselben.

a) Das Entschlichten (macération, *steeping*) ist dazu bestimmt, die Unreinigkeiten, welche beim Verspinnen, z. B. die Schlichte, so wie beim Verweben des Gespinnstes in das Gewebe gekommen sind, zu entfernen. Dies geschieht durch Einweichen in lauwarmem Wasser und längeres Stehenlassen, wobei die Schlichte in Gährung übergeht, nachheriges Spülen und Walken in reinem Wasser.

b) Das Beuchen (Entschälen, Büken, Sechteln, coulage, *bucking*), hat den Zweck, den Pappus aufzulösen. Es geschieht durch Behandeln mit Pottaschen- oder Natronlauge in den Beuchtienen.

c) Das Bleichen, welches abwechselnd mit dem Beuchen verbunden wird, geschieht auf zweifache Weise; entweder: 1) durch die gemeine oder Rasenbleiche (die natürliche Bleiche); oder 2) durch die chemische oder Chlorbleiche.

d) Die Rasen- oder natürliche Bleiche wird veranstaltet, indem die gebeuchten Gegenstände, noch durchdrungen von der Lauge, über einen Rasenplatz (Bleichplan, *bleach field*) unter steter Feuchthaltung, der Sonne ausgesetzt, dadurch gebleicht, hierauf wieder gebeucht, dann wieder gebleicht, und diese Operation wechselsweise so oft wiederholt wird, bis die vollkommene Bleiche erfolgt ist. Zuletzt bringt man die gebleichten Gegenstände in das Sauerbad (eau sure, *sours*), aus 1 Th. Schwefelsäure und 70—80 Th. Wasser bestehend und läßt sie darin 12—18 Stunden lang liegen.

e) Die Chlorbleiche (auch chemische Bleiche, Fixbleiche oder Schnellbleiche genannt) führt in weit kürzerer Zeit zum Ziel als die Rasenbleiche. Sie wird ausgeführt, indem man die zu bleichenden Stoffe in Chlorwasser, oder in eine verdünnte Auflösung von Chlorkalk (chlorure de chaux, *bleaching powdre*), Chlorkali oder Chlornatron (unterchlorigsaures Natron, eau de Javelle, liqueur de Labarracque) bringt. Man läßt die Waare 24—30 Stunden in der Flüssigkeit, wäscht sie, bringt sie in das Sauerbad und wäscht sie von Neuem, um jede Spur Säure zu entfernen. Häufig legt man die Waare auch vor Anwendung des Sauerbades einige Tage auf die Bleichwiese.

f) Eine speciellere Erörterung dieser Operationen, in den Vorlesungen.

Zwölfter Abschnitt.

Die Fabrikation des Papiers.

§. 166.

Papier (papier, *paper*) wird ein aus leinenen, baumwollenen und hanfenen Lumpen dargestelltes Kunstproduct genannt. Das Papier bildet Blätter von verschiedener Dicke, die aus kleinen, unregelmäßig durch einander liegenden Fasern bestehen, welche durch Adhäsion zusammengehalten werden. Es wird wesentlich auf die Art erzeugt, daß man die Materialien zuerst durch mechanische Mittel zu einer Masse solcher Fasern (zum Papierzeug) zerkleinert, diese Masse im breiartigen Zustande ausbreitet und aus den dünnen gleichförmigen Schichten das Wasser entfernt. Letzteres geschieht durch Filtration, durch mechanischen Druck und endlich auch durch Verdunstung. Nur die dünneren Blätter nennt man Papier, die dickeren Pappe (carton, *board*).

a) Geschichte der Papierfabrikation von den Aegyptiern an, und Abstammung seines Namens, Alter der Papierfabriken und allmälige Verbesserungen derselben, in den Vorlesungen.

b) Die Erfindung, Papier aus leinenen Lumpen zu fabriciren, scheint im 13. Jahrhundert gemacht worden zu sein. Im Jahr 1347 ward in München eine Papiermühle errichtet, die älteste in Deutschland, eine zweite wurde im Jahr 1390 durch den Rathsherrn Ullmann Strommer in Nürnberg ins Leben gerufen.

Operationen in der Papierfabrikation.

§. 167.

Die Fabrikation des Papiers zerfällt in vier verschiedene Hauptarbeiten, nämlich 1) in die Vorbereitung der Lumpen; 2) in das stufenweise Zerkleinern der Lumpen; 3) in die Bildung der Papierbögen aus der Papiermasse; 4) in das Vollenden der Bögen. Die einzelnen Operationen sind, wie sie auf einander folgen, folgende: 1) das Sortiren und Vertheilen der Lumpen; 2) das Waschen derselben; 3) das Zerkleinern derselben; 4) das Maceriren; 5) deren Verarbeitung zu Halbzeug; 6) das Bleichen desselben; 7) die Bereitung des Ganzzeugs; 8) das Bläuen desselben; 9) das Schöpfen der Papiermasse aus der Bütte zu Bogen; 10) das Auspressen der Bogen; 11) das Trocknen der Bogen; 12) das Leimen des Papiers; 13) das Pressen und Glätten desselben.

a) Vor dem Sortiren der Lumpen (Hadern, chiffons, *rags*) müssen alle Näthe aufgetrennt und die Fäden besonders aber die Knoten ausgezogen werden: eine Arbeit, die durch Frauenzimmer und Kinder, auf dem Haderboden verrichtet wird. Man unterscheidet, nach den verschiedenen Arten des Papiers wozu die Lumpen bestimmt sind, verschiedene Sorten derselben, so die Posthadern, Kanzleihadern, Packhadern, blaue Hadern 2c. Zur Bereitung von Löschpapier und Pappe dienen wollene und halbwollene Lumpen.

b) Das Waschen geschieht mit alkalischer Lauge und mit Seife. Zu weißem Papier werden die Lumpen nach dem Waschen gebleicht; meist zieht man jedoch vor, das Bleichen bis nach der Zerkleinerung zu Halbzeug aufzusparen.

c) Das Zerkleinern derselben wird mittelst des Lumpenschneiders (Haderschneider, dérompoir, coupe-chiffons, *rag-cutting machine*), der in seiner Construction einer Taback- oder Häckerling-Schneidlade gleicht, ausgeführt. Die zerkleinerten Lumpen werden gesiebt, um sie von Staubtheilen zu befreien.

d) Das Maceriren (Faulen, pourrissage, *rotting, fermenting*) derselben wird in hölzernen Geräthen, indem sie mit Wasser übergossen werden, veranstaltet, um sie mürbe zu machen. Besser verrichtet man solches durch Maceriren mit verdünnter Schwefelsäure oder mit Salzsäure.

e) Die Bereitung des Halbzeugs (demi-pâte, *half stuff*) wird mittelst des Geschirrs (den Papierstampfen oder Hämmern) im Löcherbaum oder auch mittelst des holländischen Geschirrs (Halbzeug-Holländer) ausgeführt.

f) Das Bleichen der zu weißem Papier bestimmten Masse geschieht stets mit dem Halbzeug. Man bleicht entweder mit Chlorwasser, oder mit Chlorkalk und Chlornatron (vergl. S. 103). Um das überschüssige Chlor, welches die Festigkeit des Papiers beeinträchtigen würde, aus der Masse zu entfernen, setzt man zu der Masse Antichlor, d. i. gewöhnlich eine Lösung von schwefligsaurem oder unterschwefligsaurem Natron.

g) Die Umwandelung des Halbzeuges in Ganzzeug (Feinzeug) geschieht durch den Ganzzeug-Holländer (cylindre affineur, *beater*).

h) Das Bläuen (azurer, *blueing*) des Ganzzeuges wird bei weißen Papieren vorgenommen, um den trotz des Bleichens noch vorhandenen gelblichen Schein zu verdecken. Früher benutzte man zum Bläuen Indig, Berlinerblau, Smalte, jetzt wendet man allgemein Ultramarin an.

i) Häufig wird das Ganzzeug, ehe es zu Bogen verarbeitet wird, noch von Knoten u. dergl., die das Papier verunstalten würden, durch die Knotenfänger (Zeugsichter, machine à boutons, *pulp strainer*) gesichtet.

k) Eine specielle Erklärung aller dieser Arbeiten und der dazu erforderlichen Instrumente und Maschinen, in den Vorlesungen.

Das Schöpfen des Ganzzeugs zu Papierbogen.

§. 168.

Wenn die Papiermasse als Ganzzeug ihre gehörige Feinheit erreicht hat, so wird dieselbe zu Bogen verarbeitet. Solches geschieht durch das Schöpfen (plonger, *dipping*) aus der Bütte, mittelst der Papierformen (moules, *moulds*), siebartiger Geflechte oder Gewebe aus Messingdraht, welche die Fasern des Ganzzeugs auf ihrer Oberfläche zurückhalten, hingegen den größten Theil des Wassers durch ihre Oeffnungen hindurchlassen.

a) Eine Erklärung der Schöpfbütte, der Papierformen, der Filze, des Pressens und der Kunst des Schöpfens, in den Vorlesungen.

Das Trocknen, Pressen und das Verpacken des Papiers.

§. 169.

Wenn die geschöpften, über zwischen Filze (feutres, *felts*) gelagerten Bogen, durch das Auspressen von dem größten Theil des Wassers befreit worden sind, werden sie auf dem Trockenboden über Schnüren (aus Hanf, Pferdehaar oder Cocosnußbast) zum Trocknen aufgehängt, dann gefalzt, hierauf geputzt und ausgelesen, gezählt und zusammengelegt, gepreßt und verpackt. Bei ungeleimtem Papier bilden 25, bei geleimtem 24 Bogen ein Buch (main, *quire*), 20 Buch ein Rieß (rame, *ream*), in welchem 500 oder 480 Bogen; 10 Rieß einen Ballen (balle).

a) Eine speciellere Erläuterung dieser Operationen, in den Vorlesungen.

Das Leimen und Glätten des Papiers.

§. 170.

Durch die vorstehend erörterten Arbeiten gewinnt man aus leinen Lumpen das Druckpapier, aus wollenen Lumpen das Fließ- oder Makulaturpapier. Durch das Leimen, Pressen und Glätten des Druckpapiers entsteht Schreib- und Zeichenpapier, so wie überhaupt alle Papiere, die Steifigkeit, Festigkeit und Wasserdichtigkeit besitzen müssen. Das Leimen bezweckt eine Aufhebung der Capillarität des Druckpapiers; es wird ausgeführt dadurch, daß man die Poren des Papiers mit Leim ausfüllt, und die Fasern desselben zusammenklebt. Bei dem geschöpften oder Handpapier leimt man meist die fertigen Bogen, seltener das Ganzzeug in der Bütte vor dem Schöpfen zu Bogen.

a) Zum Leimen des Papiers wird klarer Tischlerleim (den man aus Schaf- und Hammelbeinen kocht), in Verbindung mit 8 — 9 Pfund Alaun für 40 — 50 Rieß, angewendet. Der Zusatz des Alauns zum Leim bewirkt, daß letzterer, einmal eingetrocknet, durch kaltes Wasser nicht wieder gelöst wird.

Maschinenpapier. Papier ohne Ende.

§. 171.

Im Gegensatze zu dem mit Handformen geschöpften Hand- oder Büttenpapier unterscheidet man das Maschinenpapier oder Papier ohne Ende (papier à la mécanique, papier sans fin ou continu), dessen Fabrikation durch die Papiermaschinen (machine à papier, *paper machine*) eine solche Ausdehnung gewonnen hat, daß etwa $\frac{2}{3}$ alles in Europa fabricirten Papiers Maschinenpapier sind. Bei allen diesen Papiermaschinen ist die Form ein Drahtsieb ohne Ende, welches sich in ununterbrochener circulirender Bewegung befindet, während auf seiner Oberfläche das flüssige Zeug ausgebreitet wird. Man unterscheidet Schüttelmaschinen und Cylindermaschinen.

a) Bei den Schüttelmaschinen (*shaking machines*) ist die Form ein sehr langes endloses Stück Drahtgewebe, welches über horizontale parallele Walzen so gelegt und ausgespannt ist, daß sein oberer Theil eine völlig ebene Horizontalfläche bildet. An der einen schmalen Seite der Fläche fließt das Zeug auf dieselbe; zugleich macht die Form eine langsame, stetig fortschreitende Bewegung in der Richtung ihrer Länge, von der schmalen Seite nach der gegenüberstehenden, wo durch Vorrichtungen das aus dem Zeug entstandene Papierblatt abgenommen und der weiteren Bearbeitung überliefert wird. Das Abfließen des Wassers aus dem Zeuge auf dem Drahtgewebe und die gleichförmige Vertheilung des Zeuges auf demselben wird durch schüttelnde Bewegung der Form befördert.

b) Die Cylindermaschinen unterscheiden sich dadurch, daß die Form ein hohler mit Drahtsieb überzogener, horizontal liegender Cylinder ist, der sich um seine Axe dreht, während an einer Stelle seines Umkreises das Zeug aufgebracht, an einer andern Stelle das hieraus entstandene Papierblatt abgenommen und weiter befördert wird.

c) Geleimtes Maschinenpapier wird allgemein auf die Weise verfertigt, daß man schon das Zeug vor seiner Verarbeitung mit Wachs- oder Harzseife und Alaun vermischt.

d) Das Papier wird durch die Papiermaschine selbst, nachdem es durch Walzen ausgepreßt und verdichtet ist, durch die Berührung mit dampfgeheizten glatten eisernen Hohlcylindern getrocknet und geglättet.

e) Das Maschinenpapier wird entweder in langen zusammengerollten Blättern (*webs*) in den Handel gebracht, oder zu Bogen zerschnitten.

Chinesisches Papier. Strohpapier. Farbige Papiere.

§. 172.

Außer den leinen Lumpen, deren man sich zum Druck- und Schreibepapier in Europa vorzugsweise bedient, werden in China auch der Bast des Papiermaulbeerbaums (wahrscheinlich auch junge Schößlinge des Bambusrohrs, Zweige der Baumwollstaude ꝛc.), so wie in England das Weizenstroh, als Papiermaterialien angewendet.

a) Aus dem Baste des Papiermaulbeerbaums (Morus papyrifera. Broussonetia papyrifera) bereitet man das gelbliche sogenannte chinesische Papier.

b) Zum Strohpapier wird das Stroh mit Kalkmilch, der etwas Pottasche zugesetzt worden ist, ausgelaugt, von allen Knoten befreit, und mit Chlorkalk gebleicht.

c) Zu den farbigen Papieren wird die Papiermasse in der Bütte gefärbt, und schon farbig geschöpft.

d) Packpapier wird aus der Faser der abgenutzten Taue und Stricke fabricirt.

Fabrikation der Pappe.

§. 173.

Die Pappe ist ihrer Natur nach nichts anders, als ein dickes geschöpftes, oder aus mehreren einzelnen fertigen Papierbogen zusammengeleimtes Papier. Daher wird die Pappe in geschöpfte oder geformte (carton de moulage, *mill-board*) und in geleimte Pappe (carton de collage, *paste-board*) unterschieden; sie wird aus leinenem so wie aus wollenem Material bereitet.

a) Eine speciellere Erörterung der Pappfabrikation, nebst Vorzeigung der verschiedenen Arten Pappe, in den Vorlesungen.

b) Das Papier-maché ist Papierzeug, das in die Form von Puppenköpfen, Dosen, Rahmen rc. gebracht worden ist.

c) Die Steinpappe (carton-pierre), aus der man Relief-Ornamente herstellt, besteht aus aufgeweichtem und zerkleinertem Papier, das mit Leimwasser angemacht und mit Thon und Kreide versetzt worden ist.

Dreizehnter Abschnitt.
Die Fabrikation der Filzhüte.

(Die Hutmacherkunst, fabrication des chapeaux, *hat manufacture.*)

§. 174.

Die Eigenschaft der Thierhaare, sich unter Einwirkung von Wärme, Feuchtigkeit und Druck durch Krümmen und Ineinandergreifen der Einzelhaare zu einer festen, zusammenhängenden, formbildenden Substanz zu vereinigen, macht die Haare zur Herstellung der Hüte, Kappen, Mützen, Filtrirtrichter, Sohlen, Socken 2c. geeignet. Der Ausdruck Hutmacherkunst bezieht sich fast ausschließend auf die Verfertigung der Filzhüte.

a) Die Kunst, Thierhaare zu filzen und Filzkappen daraus zu verfertigen, war in Deutschland bereits gegen Ausgang des 14. Jahrhunderts bekannt. Der Arbeiter wurde früher Filzkappenmacher, erst späterhin Hutmacher genannt.

Materialien zur Hutmacherei.

§. 175.

Die Hauptmaterialien, welche in der Hutmacherei erfordert werden, bestehen in den Haaren verschiedener Thiere, namentlich: 1) Lammwolle; 2) Biber- oder Kastorhaare; 3) Hasenhaare; 4) Kaninchenhaare; 5) Seiden-Hasenhaare; 6) Otterhaare; 7) Vigognewolle; 8) den Haaren der Bisamratte; 9) dem Affenhaar; 10) dem Llamahaar; 11) dem zarten Haar des canadischen Büffels; 12) dem Kämelhaar.

a) Eine speciellere Erklärung bezüglich der Abstammung dieser verschiedenen Thierhaare und Vorzeigung derselben, in den Vorlesungen.

b) Das Hauptmaterial für die gröberen Hüte liefern meistens

Lämmer; für die feineren die Haare der Hasen und Kaninchen; für die feinsten die Haare der Otter und des Bibers. Die aus letzterem Material dargestellten Hüte nennt man Kastorhüte (*beaver hats*).

Vorbereitung der Thierhaare zum Filzen.

§. 176.

Die verschiedenen Arten der Wolle und die an sich gekräuselten Thierhaare werden so verarbeitet, wie sie die Natur liefert; die nicht von Hause aus gekräuselten Haare hingegen (z. B. die Hasenhaare), erfordern vorher eine Zubereitung mittelst der sogenannten Secretage.

a) Secretage (oder das Geheimniß) nennt man eine Auflösung von 3 bis 4 Loth Quecksilber, in einem Pfunde Salpetersäure, die mit dem dritten Theile ihres Gewichts Wasser verdünnt ist. Man bereitet auch die Secretage, indem man 4 Loth Quecksilber, 1—2 Loth arsenige Säure, 1—1½ Loth Quecksilberchlorid in 1 Pfund Salpetersäure auflöst und die Lösung mit 1½ Maaß Wasser verdünnt.

b) Nachdem die hervorstehenden gröbern Spitzen der Haare mit einer Scheere abgeschnitten worden sind, werden mit dieser Secretage die getrockneten und über einem Tische ausgebreiteten Felle, mittelst einer runden Bürste, auf der Haarseite überstrichen, dann mit der Haarseite zusammengelegt, und wieder getrocknet.

c) Nach dem Trocknen werden nun die gebeizten Haare mittelst des Schneideeisens abgemeiselt, und dabei gleich die Rücken-, Seiten- oder Bauchhaare getrennt. Die enthaarten Felle werden zur Leimsiederei verwendet. Von der Enthaarung mittelst der Pelz-Scheermaschine, so wie:

d) Von der Wirkung der Secretage, von ihrer Gefahr für die Gesundheit ꝛc., in den Vorlesungen.

Das Fachen der Haare mittelst des Fachbogens.

§. 177.

Nur allein die Hasen-, die Seidenhasen- und Kaninchenhaare werden mit der Secretage gebeizt, die übrigen werden unmittelbar gefacht. Das dazu bestimmte Instrument heißt der Fachbogen; das Fachen der Haare geschieht über dem mit kleinen Löchern durchbohrten Fachtische. Das Fachen bezweckt, die Haare feiner zu zertheilen, sie aus ihrer parallelen Lage zu bringen, wodurch ein loses Haufwerk einzelner, nach allen Richtungen hin liegender Fasern entsteht. Es ist demnach das Fachen eine Vorbereitung zum Filzen.

a) Von der Einrichtung des Fachbogens, der Arbeit des Fachens, dem Zusammendrücken der gefachten Haare, der Darstellung der Hutfache, von welcher 4 Stück zu einem Hute gehören; so wie von dem Büßen der Fache, in den Vorlesungen.

Filzen der gefachten Haare.

§. 178.

Während des Fachens greifen die Spitzen der Haarfasern dergestalt in einander ein, daß sie sich zu einer zusammenhängenden Masse vereinigen, worauf jedem einzelnen Fache die erforderliche dreikantige Form gegeben, sodann zwischen 2 Fachen der Filzkern gelegt wird. Durch Umschlagen der Kanten des einen Faches auf die Haare des Zweiten, werden die Fache mit einander vereinigt, dann in befeuchteter Leinwand eingeschlagen, und auf der erhitzten Filzplatte dem Filzen unterworfen. Soll der Hut mit einem andern feinern Haar (z. B. Biberhaar) plattirt werden, so wird das Fach sogleich bei dessen Darstellung damit bedeckt.

a) Eine speciellere Erklärung aller dieser Arbeiten in den Vorlesungen.

Walken der Filzhüte.

§. 179.

Um dem Filz größeren Zusammenhang und Festigkeit zu ertheilen, wird derselbe gewalkt. Das Walken geschieht auf dem geneigten hölzernen Borde des Walkkessels, in der im letztern befindlichen Walkbeitze, mit Hülfe des Rollstocks. Nach dem Walken wird der Hut nun geformt, dann ausgefaustet.

a) Der Walkkessel ist aus Kupfer, meistens rund, mit einem breiten geneigten hölzernen Borde (der Walktafel) versehen.
b) Zur Walkbrühe (Walkbeitze) wird ein Gemenge von Weinhefe, von Weinstein, von Branntweinspülig und Wasser angewendet, das bis auf 60 bis 70 Grad R. erhitzt worden ist.
c) Das Walken wird eine halbe Stunde lang und länger fortgesetzt. Nach dem Walken wird der Filz geebnet, um zum Aufschließen (dem Bußen) an den dünnen Stellen geschickt zu sein (er wird gleich gerichtet), und ist nun zum Ausfausten fertig.
d) Eine speciellere Erklärung dieser Operationen, in den Vorlesungen.

Ausstoßen und Ausfausten.

§. 180.

Hat die Filzkappe durch das Walken die erforderliche Festigkeit erhalten, so wird sie über die Hutform geschlagen und nun mit dem Ausfauster oder dem Ausstoßer so lange ausgefaustet, bis der Hut die gehörige Gestalt und die Krempe erhalten hat.

a) Die Hutform ist eine kurze Walze, oder ein abgestumpfter Kegel, aus mehreren einzelnen Stücken Holz zusammengesetzt.
b) Eine speciellere Erklärung des Ausstoßens oder Ausfaustens und des Plattstampfens, in den Vorlesungen.

Abreiben und Färben des Huts.

§. 181.

Wenn der Hut trocken ist, wird er mit Fischhaut oder Bimsstein außerhalb abgerieben, dann in dem Farbekessel gefärbt, nach dem Färben gebürstet, dann geglättet, und zuletzt völlig getrocknet.

a) Die Farbenbrühe wird aus 12 Theilen Campecheholz, 6 Theilen Schmack, 10 Theilen Galläpfeln, 1 Theil Weinstein, ½ Theil Grünspan, 6 Theilen Eisenvitriol und der nöthigen Masse Wasser durch das Kochen bereitet.
b) Nach dem Färben und Trocknen werden die Hüte geleimt.

Leimen und Appretiren der Hüte.

§. 182.

Um den gefärbten Hüten die erforderliche Steifigkeit zu ertheilen, werden sie geleimt, dann, um den Leim eindringend zu machen, der Einwirkung der Dämpfe von siedendem Wasser ausgesetzt, hierauf gestrichen und endlich staffirt.

a) Der dazu bestimmte Leim wird aus gleichen Theilen Gummi und Tischlerleim, nebst ¾ Rindsgalle, in Wasser gelöst, zusammengesetzt.

b) Der Leim wird mittelst eines Pinsels auf der innern Fläche der Hüte aufgestrichen, dann werden die Hüte, mit der Kopföffnung über einem Kessel mit siedendem Wasser placirt, dessen Oeffnung mit einem siebartig durchstochenen Deckel bedeckt ist. Die Krempen werden auf beiden Flächen geleimt.

c) Unter dem Staffiren versteht man die gänzliche Vollendung der Hüte durch Einfassen des Randes mit Bändern, Anbringen des Futters rc.

d) Eine speciellere Erörterung dieser Arbeiten, so wie der Fabrikation der Seidenhüte, und den Verbesserungen in der Hutfabrikation, in den Vorlesungen.

e) Ueber die Hutfabrikation Englands siehe Bayer. Kunst- und Gewerbeblatt; 1854. S. 244.

Vierzehnter Abschnitt.

Die Fabrikation des Leders oder die Gerberei.

§. 183.

Die Ledergerberei (tannage, *tanning*) bezweckt die rohen, durch kochendes Wasser auflöslichen Häute oder Felle von Thieren so zu bereiten, daß sie der Fäulniß nicht unterworfen sind, dem Einflusse der Witterung widerstehen und dabei hinlängliche Geschmeidigkeit und Festigkeit besitzen, die sie in den Stand setzen, den Zwecken, zu denen sie später angewendet werden sollen, zu entsprechen. Das durch diese Zubereitung gebildete Fabrikat wird Leder (cuir, *leather*), der Arbeiter, der das Leder fabricirt, wird Gerber genannt.

a) Eine specielle Erörterung des Wortes Gerben in der allgemeinern Bedeutung des Wortes; so wie die Bedeutung frische oder grüne Häute, in den Vorlesungen.

b) Einen vollständigen Ueberblick über den gegenwärtigen Zustand der Lederfabrikation findet man in der Abhandlung von K. Deninger im Amtl. Bericht der Londn. Industrie-Ausstellung des Jahres 1851; Bd. II. p. 247.

Verschiedene Arten der Gerberei.

§. 184.

Das Gerben der Häute oder die Umwandlung derselben in Leder, geschieht auf eine dreifache Weise: 1) mit gerbstoffhaltigen Vegetabilien; 2) mittelst Alaun und überhaupt Thonerdesalzen; 3) mittelst Fett. Hiernach zerfällt die gesammte Gerberei in 3 verschiedene Abtheilungen: 1) die Loh- oder Rothgerberei; 2) die Weiß- oder Alaungerberei; 3) die Sämischgerberei.

Die Loh- oder Rothgerberei.

§. 185.

Die Zahl der in der Lohgerberei anwendbaren Pflanzen und Pflanzentheile ist eine ziemlich große. Das wichtigste Gerbematerial ist die Eichenrinde, d. h. die innere, zwischen der äußeren Rinde und dem Splinte befindliche Rinde mehrerer Eichenarten (z. B. Quercus Robur, Q. pedunculata). Außerdem benutzt man Eichenholzspäne, Galläpfel, Knoppern oder Ackerdoppen, Weiden-, Kastanien-, Erlenrinde, chinesische Galläpfel, Sumach, Kino, Catechu, Dividivi (die Schoten von Caesalpinia coriaria), Valonia (die Eicheln von Quercus aegilops), Bablah (die Schoten mehrerer Acacienarten) u. s. w.

Die Eichenrinde, besonders die zerkleinerte, führt den Namen Lohe (tan), obgleich man damit auch häufig jedes Gerbematerial bezeichnet.

a) In allen diesen Gerbematerialien ist das Wirksame Gerbsäure oder Gerbstoff (tannin, acide tannique), die sich durch zusammenziehenden Geschmack, die Eigenschaft, Haut in Leder zu verwandeln, und Eisensalze schwarzblau oder schwarzgrün zu färben, auszeichnet.

b) Weidenrinde enthält 2 Proz. Gerbstoff; Eichenrinde 15—16 Proz.; Galläpfel 26 Proz.; Sumach 16 Proz.; Catechu 50 Proz.; chinesische Galläpfel enthalten gegen 70 Proz. Gerbstoff.

c) Ueber die Methode, das Dasein des Gerbstoffes in den Vegetabilien zu erkennen, und seine Quantität zu bestimmen, in den Vorlesungen.

d) Die gesammte Lohgerberei zerfällt in 5 Abtheilungen: 1) die gemeine Lohgerberei; 2) die Juftengerberei; 3) die Dänischledergerberei; 4) die Corduangerberei; 5) die Safiangerberei.

Vorarbeiten zur Lohgerberei überhaupt.

§. 186.

Die Vorarbeiten zu jeder Art der Lohgerberei zerfallen in: 1) das Reinigen der Häute; 2) das Enthaaren derselben; 3) das Schwellen; 4) das Färben derselben.

a) Die Felle der Thiere werden entweder roh, so wie sie abgezogen sind (rohe, frische, grüne Häute) oder im vorher mit Kochsalz eingeriebenen und an der Sonne getrockneten Zustande (trockene Felle), verarbeitet. Nachdem sie von einheimischen oder von in der Wildniß lebenden Thieren (Büffelhäute) gewonnen worden sind, werden sie in zahme und Wildhäute unterschieden.

b) Die erste Vorarbeit ist das Reinigen derselben in fließendem Wasser oder durch Einlegen in Kufen, dann das Ausstreichen derselben auf dem Streichbaum, hierauf das Schaben auf der Fleischseite oder auch der Narbenseite auf dem Schabebaum.

Das Enthaaren der Häute.

§. 187.

Das Enthaaren (dépilage, *unhairing*) ausgestrichener Häute kann auf verschiedene Weise geschehen; bei den zu

Sohlleder bestimmten Häuten geschieht es durch Schwitzen; bei den zu Oberleder bestimmten durch Behandlung in Kalkmilch; hierauf werden die Haare mit dem Schabeeisen abgepält, hierauf in Wasser gespült, endlich mit dem Putzmesser nachgeschoren.

a) Das Schwitzen der zu Sohlleder bestimmten Häute wird auf folgende Weise ausgeführt: Die Häute werden auf der Fleischseite (Aasseite) mit Kochsalz eingerieben, um einer fortschreitenden Fäulniß vorzubeugen, mehreremals zusammengeschlagen, die Haar- oder Narbenseite auswendig, auf Haufen übereinander gelegt, die öfters umgeschlagen werden müssen. Das Schwitzen wird zweckmäßig in Schwitzkammern vorgenommen, die auf eine mittlere Temperatur erhitzt worden sind. Das Schwitzen bewirkt, daß die Häute sich erwärmen, die Poren der Oberhaut sich öffnen, die Haarwurzeln locker und die Haare leicht ausziehbar werden.

b) Die Bearbeitung in Kalkmilch (in dem Kalkäscher, der Kälke) zerstört die Haarwurzeln und bereitet die Häute zur Enthaarung vor. Anstatt des Kalkes benutzt man auch ein Gemenge von Kalk mit Pottasche, oder Gaskalk (Calciumsulfhydrat).

c) Zuweilen benutzt man auch zum Enthaaren verdünnte Schwefelsäure oder gegohrne Gerstenschrotmaische (wesentlich Milchsäure), welche letztere den Namen Stinkbottich führt.

d) Eine speciellere Erörterung dieser Arbeiten, in den Vorlesungen.

Die gemeine Loh- und Rothgerberei.

§. 188.

In diesem Zweige der Ledergerberei werden Ochsen-, Kuh-, Roß-, Kalb- und Schaaffelle lohgar gemacht. Die Arbeit zerfällt in vier verschiedene Operationen, diese sind: 1) das Schwellen der abgepälten Felle (der Blößen); 2) das Färben derselben in der Treibfarbe; 3) das Gerben und 4) das Zurichten derselben.

a) Das Schwellen oder Treiben (gonflement, *swelling*) bezweckt, den in den Blößen enthaltenen Kalk, der das Leder hart und brüchig machen würde, zu entfernen, und das fasrige Gewebe der Häute aufzulockern, damit der Gerbebrühe der Eintritt in die Poren der Haut erleichtert werde. Das Schwellen wird verrichtet, indem die Blößen in einem Sauerwasser (aus Gerstenmalzschrot, Sauerteig und Wasser bereitet), oder auch in ausgegerbter Lohbrühe, so lange eingelegt werden, bis sie schwammig aufgetrieben sind.

b) Zur Farbe (der Farbenbrühe oder Treibfarbe) wird ein aus gemahlener Eichenrinde mit Wasser gemachter Auszug angewendet, um den Häuten die Lederfarbe zu ertheilen. Man läßt die Häute in der Farbe 1—2 Tage lang liegen.

c) Das Gerben dicker Ochsen- und Kuhhäute geschieht in den Lohgruben, viereckigen, 8—10 Fuß tiefen, ausgemauerten Gruben. Man streut in die Grube eine Schicht Lohe und breitet darauf eine Schicht Häute, mit der Haarseite nach unten gekehrt. Ueber die erste Schicht Häute kommt abermals Lohe, darauf Häute u. s. f., bis die Lohgrube fast angefüllt ist. Die Grube wird mit Wasser gefüllt und mit Brettern bedeckt. Nach 2—3 Monaten öffnet man die Grube, nimmt die Häute heraus, spült sie ab und bringt sie von Neuem in die Grube mit dem Unterschiede, daß jetzt die Aasseite nach unten gerichtet ist; dieselbe Operation wird nach einigen Monaten 2—3 mal wiederholt, bis die Häute gar sind.

d) Dünne Häute (Kalb- und Schaaffelle) werden in mit vielem Wasser versetzter Lohe, worin sie schwimmen, gegerbt. Die Gare erfolgt schon in 2—3 Monaten. Kuhhäute, zu leichten Sommersohlen bestimmt, führen den Namen Vacheleder (nicht Waschleder) und sind verschieden von den Vachettes, die zu Chaisendecken u. s. w. Anwendung finden.

e) Eine speciellere Erörterung dieser Arbeiten, in den Vorlesungen.

Gerben des Schmal- oder Fahlleders.

§. 189.

Zur Darstellung des Schmal- oder Fahlleders werden Kuh- und Roßhäute angewendet. Die Blößen werden gefärbt, dann in der Lohgrube oder in der Lohbrühe gegerbt; nach dem Gerben zugerichtet (gespaltet und mit Fett getränkt), hierauf gefalzt, dann mit dem Krispelholz gekrispelt und endlich mittelst des Schlichtmondes geschlichtet.

a) Eine speciellere Erklärung jener verschiedenen Arbeiten, so wie der Werkzeuge dazu, in den Vorlesungen.

Gerben der Kalb- und Schaaffelle.

§. 190.

Kalb- und Schaaffelle, welche zu Oberleder für Schuhe und Stiefeln, oder, wie das Schaafleder, auch zu mancherlei anderem Behufe bestimmt sind, werden nach dem Abpälen in der Treibfarbe gefärbt, dann gleich dem Schmalleder zugerichtet. Sollen sie schwarz werden, so werden sie vor dem Einfetten, mit in Wasser gelöstem Eisenvitriol oder auch essigsaurem Eisenoxydul überstrichen, wodurch die schwarze Farbe hervorgebracht wird.

a) Die Enthaarung der Kalbfelle geschieht durch die Behandlung im Kalkäscher.

b) Die Schaaffelle werden angeschwödet (d. i. auf der Fleischseite mit Kalk bestrichen); wodurch die Haare auf der Haarseite sich lösen, ohne daß die Wolle (Gerbewolle) dadurch verdorben wird.

c) Die Zurichtung der Kalbfelle und der Schaffelle geschieht in derselben Art, wie die des Schmalleders.

d) Eine speciellere Erörterung dieser Arbeiten, in den Vorlesungen.

Die Schnellgerberei.

§. 191.

Die Schnellgerberei (Séguin'sche Gerberei) setzt dieselbe Vorbereitung der Thierhäute voraus, wie die gemeine Lohgerberei. Sie unterscheidet sich aber dadurch von der letzteren, daß das Gerben der vorbereiteten Häute nicht durch Schichtung der Häute mit Lohe in den Lohgruben, sondern in einem wässrigen Auszuge der Lohe geschieht, in der die Blößen eingelegt oder eingehängt werden. Die Vortheile der Schnellgerberei sind: Zeit- und Kostenersparniß; Ersparniß an Leder; größere Gewichtszunahme der Häute; Darstellung eines schöneren Leders.

a) Durch die Séguin'sche Methode können dicke Ochsenhäute in Zeit von 4 Monaten; Kuh- und Roßhäute in Zeit von 6 Wochen, Kalbfelle in Zeit von 14 Tagen und Schaffelle in Zeit von 8 Tagen, lohgar gemacht werden.

b) Nach dem Verfahren von Séguin werden die Häute einfach in die Lohbrühe gelegt; um nun das Eindringen der Lohbrühe in die Poren der Häute zu befördern, hat man vorgeschlagen: 1) die Gerbebrühe in den Gerbekufen vermittelst Saug- und Druckpumpen circuliren zu lassen; 2) die Endosmose zu vermehren, indem man die Häute zu Säcken zusammennäht, sie mit Lohbrühe anfüllt und in einer mit Syrup versetzten Catechulösung untertaucht; 3) die eingelegten Blößen zu bewegen; 4) und 5) mechanischen und hydrostatischen Druck mitwirken zu lassen; 6) luftverdünnten Raum anzuwenden; 7) Punktation, d. h. künstliche Poren dadurch herzustellen, daß man eine der beiden Hautseiten vor dem Gerben mit Stahlspitzen durchsticht.

c) Erklärung der verschiedenen Methoden der Schnellgerberei; desgleichen der Verarbeitung der ausgegerbten Lohe zu Lohballen, in den Vorlesungen.

Die Justengerberei. (Das Justenleder.)

§. 192.

Zur Darstellung des Justen- oder Juchtenleders werden Kuhhäute, Roßhäute, Kalbfelle und Ziegenfelle verarbeitet. Sie werden gereinigt, durch Kalk enthaart, dann geschwellt, hierauf gegerbt und gefärbt, endlich appretirt.

a) Die Blößen werden mit Sauerwasser aus Hafermehl oder auch mit ausgegerbter Lohbrühe, oder auch mit Kaschka (mit Wasser abgeriebenem Hundekoth) geschwellt.

b) Zum Gerben werden die Rinde der Gerbeweide (Salix russeliana), so auch Birken- und Fichtenrinde angewendet. Die Dauer des Gerbens erstreckt sich höchstens auf 5 Wochen.

c) Um die Leder zu färben, werden sie, zu Schwarz bloß mit essigsaurem Eisen überstrichen; zu Roth werden sie vorher mit Alaun eingerieben, dann in einer Brühe von rothem Sandelholz, von Brasilienholz, von Salmiak und von Natron gefärbt. Hierbei werden 2 Häute mit der Narbenseite über einander gelegt, an den Kanten zusammengenäht, so daß ein Sack daraus entsteht, und die Farbenbrühe hineingegossen. Des Paarweise Zusammennähens wegen der Name Jufti (nicht Juchten), welcher ein Paar bedeutet.

d) Die gefärbten Häute werden mit Birkenöl (Döggut, Deggut, Dachert) getränkt, welches auf der Fleischseite eingerieben wird.

e) Zur Appretur werden sie, um sie geschmeidig zu machen, auf dem Reckbock gereckt, auf der Fleischseite mit dem Schlichtmond geschlichtet, endlich gekrispelt.

Die Dänisch-Ledergerberei. (Das dänische Leder.)

§. 193.

Zur Fabrikation des dänischen Leders werden Ziegen-, Lämmer- und Rennthierfelle verarbeitet. Das Enthaaren derselben geschieht mittelst Kalk. Das Gerben, mittelst der Rinde der Korbweide (Salix viminalis), so wie mittelst der Sal-, Werft- oder Palmweide (Salis caprea). Nach dem Gerben werden sie gefalzt, dann geschlichtet, endlich geglättet. Das dänische Leder zeichnet sich durch schöne helle Farbe und durch große Geschmeidigkeit aus.

a) Eine speciellere Erläuterung dieser Arbeiten, in den Vorlesungen.

Die Corduangerberei. (Das Corduan-Leder.)

§. 194.

Zur Fabrikation des Corduan-Leders (des Corduans) werden Bock- und Ziegenfelle angewendet. Die gereinigten Häute werden durch Kalk enthaart; dann mit Kaschka (Hundekoth) geschwellt, von da in ein Kleienbad gebracht, dann ausgepreßt, mit Salz eingerieben, in ein Bad von Wasser und Feigen gebracht, hierauf gefärbt, dann gegerbt, zuletzt mit Sesamöl eingerieben, geschlichtet und gekrispelt, oder auch glatt gelassen.

a) Zum Gerben werden Eichenrinde, so wie Galläpfel oder auch Schmack angewendet.

b) Je nachdem das Leder rauh oder narbig erscheinen soll, wird die Narbenseite vorher abgestoßen oder nicht.

c) Die schwarze Farbe wird, nach dem Gerben, mit essigsaurem Eisen gegeben. Die rothe Farbe vor dem Gerben. Hierzu werden die Häute mit Alaun vorbereitet, dann in der

Farbenbrühe (wie zum Saffian) auf der Narbenseite, einzeln gefärbt.

d) Vom Saffian unterscheidet sich der Corduan hauptsächlich dadurch, daß er nicht platirt, sondern nur gekrispelt wird, und deshalb stets die natürliche Farbe zeigt.

e) Der Name Corduan soll von der Stadt Cordova oder Corduba in Spanien herrühren; er kommt schon im 11. Jahrhundert vor, von ihm wurden die Schuhmacher Cordobanarii und Cordonniers genannt.

f) Eine specielle Erklärung des Vorstehenden, in den Vorlesungen.

Die Saffiangerberei. (Saffian. Maroquin.)

§. 195.

Zur Fabrikation des Saffian oder Maroquin (türk. Leder, Marokkoleder) werden gewöhnlich Bock- und Ziegenfelle, zuweilen auch Schaffelle und selbst Felle von wilden und von zahmen Schweinen angewendet. Die gereinigten Häute werden durch Kalk enthaart, mit Hundekoth geschwellt, dann in ein saures Bad (aus Sauerteig oder Kleie) gebracht, von da in ein Bad von Kochsälz und Feigen, dann werden sie gegerbt, hierauf gefärbt, endlich appretirt.

a) Das Gerben geschieht mit Galläpfeln oder auch mit Schmack.

b) Felle die schwarz oder gelb oder grün gefärbt werden sollen, werden vorher gegerbt, dann erst gefärbt. Zu Roth, Blau, Violet ꝛc. werden sie erst gefärbt, dann gegerbt.

c) Zu Gelb werden sie mit Alaun eingerieben, dann auf der Narbenseite mit einer Abkochung von Avignon- oder Kreuzbeeren (Rhamnus infectorius) gefärbt. Zu Grün werden die Häute mit Alaun vorbereitet, hierauf in einer Abkochung von Berberitzenwurzel, versetzt mit schwefelsaurer Indiglösung, auf der Narbenseite gefärbt.

d) Zu Roth werden die Häute vor dem Gerben mit einer aus Cochenille, Granatschalen, Gummi und Alaun bereiteten Farbenbrühe, auf der Narbenseite, milchwarm gefärbt: dann erst gegerbt.

e) Zu Blau werden die Häute vorher mit Alaun eingerieben, dann mit Indiglösung gefärbt.

f) Eine speciellere Erklärung dieser Arbeiten, in den Vorlesungen.

Appretur des Saffians.

§. 196.

Zur Appretur des Saffians, wodurch den Fellen der Lüstre ertheilt wird, werden sie nach dem Trocknen auf der Reckbank gereckt, auf der Fleischseite geschlichtet, dann gekrispelt, platirt (geglättet) und mit Sesamöl oder Olivenöl eingerieben.

a) Eine genauere Erörterung dieser Arbeiten, in den Vorlesungen.

Die Weiß- oder Alaungerberei.

§. 197.

Die Weißgerberei (megisserie, *tawing*) ist dadurch wesentlich von der Lohgerberei verschieden, daß als Gerbematerial keine Lohe, sondern Alaun und Kochsalz angewendet wird. Mit der Weißgerberei verbunden ist häufig auch die Sämisch- oder Fettgerberei. Man verarbeitet in der Weißgerberei Kalb-, Schaf-, Lamm- und Ziegenfelle, so wie auch leichte Ochsen-, Kuh- und Roßhäute.

§. 198.

Die Weißgerberei zerfällt in 3 Abtheilungen: 1) die gemeine Weißgerberei; 2) die ungarische Weißgerberei; 3) die französische Weißgerberei.

a) Die zur gemeinen Weißgerberei bestimmten Thierhäute und Felle erhalten dieselben Vorbereitungen wie zu andern Gerbungsarten. Die Blößen werden darauf gewalkt, und ausgestrichen, hierauf in der Kleienbeitze geschwellt, dann mit Alaun und Kochsalz gegerbt, endlich zugerichtet.

b) Das Gerben wird verrichtet, indem für ein Decher, zu 10 Stück Fellen, eine Beitze von 1¼ Pfund Alaun, ¼ Pfund Kochsalz und 12½ Pfund Wasser zubereitet wird, in welcher ein Fell nach dem andern getränkt wird. Die Felle werden hierauf zusammengeschlagen, mit den Händen geklatscht, dann in einer Brühe von Kleie und Wasser 24 bis 72 Stunden geschichtet, nach welcher Zeit sie die Gare erreicht haben. Da die Felle beim Trocknen etwas einschrumpfen, so werden sie gestollt, d. h. sie werden über die Kante eines halbrunden, nicht stumpfen Eisens gezogen; die gestollten Felle werden sodann über Stangen aufgehängt, wobei sie mit der Narbenseite nach innen zusammengeschlagen werden. Nach dem Trocknen werden sie zugerichtet.

c) Um sie zuzurichten, d. i. zu appretiren, werden die trocknen Häute mäßig angefeuchtet, auf der Narbenseite (wenn sie glatt sein soll) geschlichtet, dann gut ausgestrichen.

d) Soll die Narbenseite rauh erscheinen, so werden die Narben, gleich von den Blößen, abgestoßen.

e) In der ungarischen Weißgerberei oder der Bereitung des Alaunleders zu Riemer- und Sattlerarbeiten werden die Blößen nicht gekalkt; man enthaart sie mit einem scharfen Messer, ohne vorgängiges Schwitzen, und bringt sie dann in die Gerbebrühe von 50 Pfd. Alaun, eben so viel Kochsalz, und 400 Pfd. Wasser; sie werden in der Brühe gewalkt (mit den Füßen getreten) und bleiben darin etwa 8 Tage liegen. Sie werden hierauf abermals getreten, noch 24 Stunden geweicht, hierauf zum Trocknen aufgehängt, dann, bevor sie ganz trocken sind, gerichtet, hierauf zum völligen Trocknen aufgehängt. Die trocknen Häute werden hierauf gewalzt, dann gewalkt, endlich mit geschmolzenem Talg getränkt. Soll das alaungare Leder Braun erscheinen, so werden die Blößen vorher in einer Farbenbrühe aus Birkenrinde gefärbt, dann mit Alaun gegerbt.

f) In der französischen (auch Erlanger Weißgerberei genannt), wozu nur Ziegen- und Lämmerfelle zu Handschuhleder verarbeitet werden, werden die Blößen erst mit einer Beitze von Hundekoth, sodann in einer Schwellbeitze aus Kleie und Sauerteig bearbeitet, hierauf ausgestrichen, dann mit dem Gerbebrei gar gemacht.

g) Der Gerbebrei besteht, für 1 Decher Felle, aus 1 Pfund Alaun, 8 Loth Kochsalz, in Wasser gelöst und mit dem Dotter von 4 bis 6 Eiern und 8 Loth Olivenöl zusammengeschlagen und mit dem feinsten Weizenmehl zu einem Brei geknetet, mit welchem Brei die Blößen mit den Händen gewalkt, dann 48 Stunden oder so lange in der Brühe eingelegt werden, bis sie gar sind, worauf man sie trocknet.

h) Um sie zuzurichten, werden sie eben so bearbeitet, wie das gemeine weißgare Leder; zuletzt werden sie auf der Narbenseite mit einer Glaswalze geglänzt.

i) Wird das weißgare Leder gefärbt, so heißt es Brüßler-Leder.

k) Eine speciellere Erklärung aller dieser Operationen, in den Vorlesungen.

Theorie der Weißgerberei.

§. 199.

Die Theorie der Weißgerberei ist noch nicht gehörig ermittelt. Wenn Alaun (schwefelsaure Thonerde und schwefelsaures Kali) mit Kochsalz (Chlornatrium) in wässriger Lösung zusammenkommen, so bildet sich Chloraluminium (salzsaure Thonerde) und schwefelsaures Natron und Kali (das hier nicht in Betracht kommt). Die geschwellte Thierhaut besitzt nun die Eigenschaft, dem Chloraluminium die Thonerde zu entziehen, sich damit zu verbinden und dadurch in alaungares Leder überzugehen. Die ungarische und die französische Weißgerberei sind Combinationen der Alaungerberei mit der Fett- oder Sämischgerberei.

Die Sämischgerberei.

§. 200.

In der Sämischgerberei (chamoiserie) werden, wie in der Weiß- oder Alaungerberei, Häute von Gemsen, von Hirschen, von Rehen, von Böcken, von Ziegen, von Kälbern, zu Beinkleidern, Handschuhen, Hosenträgern, Beuteln, chirurgischen Binden und Bandagen ꝛc., aber auch Häute von Ochsen und Kühen, zu Sattlerarbeit verwendet. Das Material zum Gerben ist bloß Thran, mit welchem die vorbereiteten Häute getränkt, dann gewalkt, endlich degrasirt werden. Da die sämischgaren Leder zu Kleidungsstücken bestimmt sind, so müssen sie die lockere Weichheit und die wollige Beschaffenheit der Gewebe besitzen, und sich ohne Veränderung waschen lassen, was kein anderes Leder verträgt. Aus diesem Grunde wird das sämischgare Leder auch Waschleder (nicht zu verwechseln mit dem Bacheleder S. 118) genannt.

a) Um die Häute zur Sämischgerberei vorzubereiten, werden sie im Kalk enthaart, hierauf die Narben abgestoßen, dann noch zweimal im Kalk getrieben, auf der Fleischseite geschabt, hierauf zum dritten Mal in den Kalk gebracht, endlich in einer Kleienbeitze bearbeitet, ausgewunden, und gegerbt.

b) Um sie zu gerben, wird jedes Fell einzeln mit Thran benetzt, zusammengelegt, und in den Walkstock der dazu bestimmten Walkmühle eingelegt und so lange gewalkt, bis die Fettigkeit sich eingezogen hat. Zwischen dem Walken werden sie zuweilen im Rahmen ausgebreitet, um anzurauschen, dann an der Luft getrocknet.

c) Nach dem Trocknen werden sie in die Braut (die Brüte) gebracht, d. i. übereinander geschichtet und mit Leinwand bedeckt. Hier erzeugt man eine höhere Temperatur, damit sich der Thran oxydire und mit den Fasern der Häute innig verbinde. Das Fett dringt dabei vollends in die Haut ein und ertheilt ihr eine gelbe Farbe: daher diese Arbeit das Färben in der Braut genannt wird.

d) Um das mit den Häuten nicht verbundene Fett zu entfernen, werden sie zuerst geschlichtet und sodann degrasirt (entfettet); dies geschieht durch eine lauwarme Pottaschenlösung, welche sich dadurch in eine seifenähnliche Masse, die Weißbrühe verwandelt; zuletzt werden die Häute gewaschen, getrocknet, gestollt und geschlichtet.

e) Wird das Waschwasser (Weißbrühe) durch eine Säure zersetzt, so scheidet sich Fett aus, welches Degras genannt, und zum Zurichten des lohgaren Leders gebraucht wird.

f) Das Rauchleder oder rauchschwarze Leder, das zu manchen Schuhmacherarbeiten Anwendung findet, ist sämischgares, auf der Fleischseite schwarz gefärbtes Bock- oder Kalbfell.

g) Eine speciellere Erörterung dieser verschiedenen Arbeiten, so wie der Methode, deren sich die Baschkiren bedienen, um Thierhäute zur Fußbekleidung zu gerben, in den Vorlesungen.

Funfzehnter Abschnitt.

Die Fabrikation des Pergaments.

(Die Pergamentgerberei.)

§. 201.

Das Pergament oder Pergamen (parchemin, *parchment*) besteht aus besonders zubereiteten, weder mit Gerbstoff, noch mit Alaun, noch mit Gerbstoff verbundenen Thierhäuten, bestimmt zum Zeichnen und Malen, zum Einbinden von Büchern, zu Trommeln, Pauken, Sieben ꝛc. Der Arbeiter, welcher Pergament fabricirt, wird Pergamentmacher oder Pergamenter genannt.

a) Die Pergamentmacher (auch Pauken- und Trommelmacher genannt), gehören zum Gewerke der Weißgerber. In ältern Zeiten standen sie (gleich den Buchdruckern, den Buchhändlern und den Buchbindern) unter der Aufsicht der Universitäten.

§. 202.

Das Material, woraus Pergament verfertigt wird, besteht in Kalbfellen, Hammelfellen, Bockfellen, auch wohl Esels- und Schweinshäuten. Die Bearbeitung der Thierhäute zu Pergament setzt 7, und wenn Oelpergament dargestellt werden soll, 8 verschiedene Operationen voraus.

a) Jene verschiedenen Operationen sind: 1) das Einweichen; 2) das Kalken und Enthaaren; 3) das Kneisen mit dem Kneiseisen oder das Nachhaaren; 4) das Brunnen; 5) das Schnüren oder Ausspannen im Rahmen und Streichen; 6) das Klären; 7) das Schaben und Glätten; 8) das Oelen, wenn Oelpergament dargestellt werden soll.

b) Von dem Alter des Pergaments, so wie eine nähere Erklärung der oben genannten Operationen, in den Vorlesungen.

Verschiedene Sorten des Pergaments.

§. 203.

Man unterscheidet im Handel 7 verschiedene Sorten Pergament, zufolge des verschiedenen Gebrauchs desselben, als: 1) Schreibpergament; 2) Malerpergament; 3) Narbiges Pergament; 4) Halbnarbiges Pergament; 5) Sticker-Pergament; 6) Trommel-Pergament; 7) Oelpergament oder Rechenhäute.

a) Zum Schreibpergament (zum Schreiben und für Pastellmalerei, auch zum Drucken von Diplomen rc.) werden Kalbfelle verwendet. Seine Oberfläche ist etwas rauh; gegen das Licht gehalten, durchscheinend.

b) Das Malerpergament (für die Miniaturmalerei) ist gleichfalls aus Kalbfellen verfertigt, aber mit Pergamentleim getränkt, und erhält eine Decke von Bleiweiß oder Zinkweiß.

c) Das narbige (zum Einbinden von Büchern bestimmte) Pergament ist auf der Haarseite genarbt, die Fleischseite hingegen ist mit Kreide geklärt.

d) Das halbnarbige Pergament (am meisten zum Einbinden der Bücher bestimmt) unterscheidet sich vom vorigen dadurch: daß die Narben mit dem Schabeisen hinweg genommen sind, daß es mit Leim getränkt und geglänzt ist. Es ist bald weiß bald gelb. Das Gelbe erhält es durch eine Abkochung von Kreuzbeeren.

e) Das Sticker-Pergament ist bald ganz- bald halbnarbiges Pergament. Es ist bald farbenlos, bald grün gefärbt. Es wird von den Gold- und Silberstickern, zur Unterlage für die Gold- und Silberfäden gebraucht.

f) Das Trommel-Pergament (so genannt, weil es zum Beziehen der Trommeln und Pauken verwendet wird), wird für die ordinairen Trommeln aus Kalbfellen, für Pauken und Militair-Trommeln aus Eselshäuten; für Kindertrommeln aus Schaaffellen bereitet.

g) Das künstliche oder Leinwand-Pergament (zu Landkarten, zum Malen und zu Tapeten bestimmt), wird aus Leinwand, starkem Schreibpapier verfertigt, die einen Ueberzug aus Gyps, Bleiweiß oder Zinkweiß, zerfallenem Kalk und Pergamentleim erhalten, dann mit Bimsstein abgeschliffen und mit Oelfirniß getränkt werden.

b) Eine nähere Erörterung dieser Operationen, in den Vorlesungen.

Sechszehnter Abschnitt.

Die Fabrikation des orientalischen Chagrins, des Fischhautchagrins und des chagrinartig gepreßten Leders.

Der orientalische Chagrin.

§. 204.

Der orientalische Chagrin (von den Türken Sagri und von den Persern Sagre genannt), wird in der Türkei, in Persien, in Armenien, in der Moldau und in Astrachan, von den dort wohnenden Armeniern und Tartaren, fabricirt.

a) Das Material zum orientalischen Chagrin besteht in den Häuten von Pferden und von wilden Eseln; aber nicht die ganze Haut, sondern nur der hintere Streif auf dem Rücken, gleich über dem Schwanze, wird dazu verwendet, welcher in Form einer Sichel in der Länge von 45½ rheinl. Zollen und zwar nach der Quere über den Hüften des Thiers entlang, und etwa über 24 Zoll in der Richtung des Rückenwirbels, ausgeschnitten wird.

b) Die Häute werden so lange in Wasser eingeweicht bis die Epidermis und mit ihr die Haare sich lösen. Die Häute werden nun enthaart, dann bis zur Schwellung abermals in Wasser eingeweicht, hierauf über Bretter ausgespannt, und auf beiden Flächen die fleischigen Theile abgeschabt, bis die Haut nur noch feuchter Hausenblase ähnlich ist. Sie werden nun abermals mit der Haarseite nach oben in den Rahmen ausgespannt, mit Allabuta (dem Samen der wilden Melde, Chenopodium album) bestreut, und dieser mit den Füßen eingetreten, und eingepreßt, dann im Schatten getrocknet. Sie werden hierauf geglättet, indem man mit einem Messer die durch das Eindrücken der Körner entstandenen Erhöhungen hinwegnimmt, dann mit einem Auszuge von Galläpfeln gegerbt. Hierauf werden sie 5 Stunden lang in eine milchwarme Lösung von Soda, sodann 24 Stunden lang in eine Lösung von Kochsalz eingeweicht.

c) Im Handel findet man die Chagrinleder bald farblos, bald roth, bald gelb, bald grün, bald blau, bald schwarz. Um sie weiß zu erhalten, werden sie auf der Narbenseite mit in Wasser gelöstem Alaun angefeuchtet, hierauf mit einem Teige aus Maismehl überstrichen, getrocknet, und nach dem Trocknen mit Alaunwasser gewaschen. Die rothe und die gelbe Farbe wird eben so ertheilt, wie beim Saffian (§. 195. S. 122) gesagt worden. Die meergrüne Farbe ist die beliebteste; sie wird mit einer Lösung von Kupfer in Salmiak und Wasser gegeben. Die blaue Farbe mit einer Küpe von Indig, Soda, Honig und Wasser. Die schwarze Farbe mit Eisenvitriol.

d) Nach dem Färben werden die Häute mit geschmolzenem Hammeltalg getränkt, dann das überflüssige Talg mit einem Messer abgeschabt, hierauf an den Kanten beschnitten, und sie sind zum Gebrauche fertig.

Der Fischhaut-Chagrin.

§. 205.

Der Fischhaut-Chagrin besteht entweder in den bloß präparirten stachligen Häuten verschiedener Arten des Hayfisches, oder die Stacheln sind abgeschliffen und die Haut gefärbt.

a) Die bloß getrockneten, noch mit den hervorragenden Stacheln versehenen Fischhäute dienen: 1) für die Hutmacher so wie 2) für die Drechsler und Tischler zum Poliren. Sind die Stacheln mehr oder weniger abgeschliffen, dann dienen die Häute zur Darstellung des gepreßten Leders. 3) Werden die Stacheln abgeschliffen, und jene Häute verschieden gefärbt, dann dienen sie zu Etuis für Brillen, Fernröhre etc.

b) Um den geschliffenen und gefärbten Fischhaut-Chagrin darzustellen, werden die mit Wasser erweichten Häute mit der Fleischseite über ein Brett ausgespannt, langsam getrocknet, die Stacheln mit Sandstein abgerieben, dann die Haut gelb oder grün gefärbt, hierauf die Zwischenräume mit rothem oder schwarzem Siegellack übergossen, endlich mit einem mit Oel getränkten Lappen geglättet. Auch dieses Fabrikat dient zu Etuis.

Das gepreßte oder chagrinartige Leder.

§. 206.

Das chagrinartige Leder (Chagrinleder) wird vorzüglich zu Reitsatteln, zu Etuis und andern ähnlichen Gegenständen verarbeitet. Man unterscheidet davon zweierlei Arten: 1) das, welches durch heiße Kupferplatten; 2) das, welches durch die stachligen Fischhäute gepreßt worden ist.

a) Das Erstere wird aus Ziegenfellen bereitet, und nach dem Gerben zwischen heißen Kupferplatten gepreßt, die mit kleinen Convexitäten versehen sind.

b) Das Letztere wird aus Fahlleder zubereitet, welches auf der Narbenseite, im erweichten Zustande, über eine Fischhaut ausgebreitet, dann gepreßt, dann auf der Fleischseite mit einer Blank-Stoßkugel gestrichen wird.

Siebenzehnter Abschnitt.

Die Fabrikation des Leims.

(Die Leimsiederei.)

§. 207.

Leim (colle forte, *glue*), wie Tischlerleim, Pergamentleim, Fischleim, besteht aus der aus Hautabgängen, aus Knochen, aus Fischen oder aus Fischgräten, durch Kochen mit Wasser ausgezogenen und getrockneten Gallerte. Das Geschäft der Leimbereitung wird Leimsiederei genannt. Der trockene Leim erscheint gewöhnlich in länglich viereckigen Tafeln von durchscheinender Beschaffenheit; er ist hornartig spröde und mehr oder weniger gelb oder braun. Er muß sich leicht in Wasser lösen und stark bindende Kraft besitzen. Man unterscheidet im Handel: 1) Lederleim; 2) Knochenleim; 3) Fischleim.

Der Lederleim.

§. 208.

Der Lederleim wird aus den Hautabfällen der Gerbereien, Hasen- und Kaninchenfellen, Rindsfüßen, Pergamentabschnitzeln, Suronen (Häute, in denen gewisse Droguen wie z. B. der Indig, verpackt eingeführt werden) u. s. w. dargestellt. Damit diese Materialien, ohne zu faulen, aufbewahrt werden können, werden sie in Kalkmilch eingeweicht und hierauf getrocknet.

§. 209.

Das Auskochen des Leimgutes zerfällt in sechs verschiedene Operationen, diese sind: 1) das nochmalige Behandeln der Materialien mit Kalkmilch; 2) das Auskochen derselben mit Wasser; 3) das Durchgießen und Klären des flüssigen Leims; 4) das Ausgießen desselben in die Form; 5) das Zerschneiden des erstarrten Leims in Tafeln; 6) das Austrocknen des Letztern auf Netzen.

a) Das Auskochen mit Wasser geschieht meist in Kesseln mit durchlöchertem Einlegeboden versehen, über welchen Stroh gebreitet wird, damit das Leimgut nicht anbrenne. Nach einigen Stunden sind die Materialien völlig verschwunden. Man kocht so lange, bis eine Probe an der Luft schnell gallertartig erstarrt.

b) Man klärt die Leimbrühe durch Absetzenlassen, nachdem man sie durch einen mit Stroh belegten Korb gegossen.

c) Nachdem die Leimbrühe klar geworden, läßt man sie durch ein Sieb in die Form (viereckige hölzerne Kästen) laufen, in denen sie erstarrt.

d) Man zerschneidet den Leim vermittelst eines Drahtes in horizontale Tafeln, diese darauf senkrecht in kleinere Stücke, legt diese auf aus Bindfaden gefertigte Netze, die in Rahmen ausgespannt auf Trockenböden der Luft und der Sonne ausgesetzt werden.

Der Knochenleim.

§. 210.

Die Knochen bestehen im gereinigten und trocknen Zustande aus ⅔ Mineralbestandtheilen (phosphorsaurem und kohlensaurem Kalk) und ⅓ organischer Substanz (Knochenknorpel), welche die Eigenschaft besitzt, durch Kochen mit Wasser in Leim (Knochenleim) überzugehen. Das Material der Knochenleimsiederei sind besonders lockere, schwammige, für Beinarbeiter und Drechsler nicht geeignete Knochen, so wie Abfälle von der Bearbeitung der Knochen überhaupt. Man erhält den Leim aus den Knochen 1) durch Ausziehen der Mineralbestandtheile mit Salzsäure und Kochen des zurückbleibenden Knochenknorpels mit Wasser; 2) durch Behandeln der Knochen mit Wasserdämpfen.

a) Nach der ersten Methode behandelt man die gröblich zerkleinerten Knochen mit verdünnter Salzsäure, die ausgezogenen Knorpel werden in Kalkmilch eingeweicht und mit Wasser ausgewaschen. Das Versieden und Formen der Knorpel geschieht wie bei dem Lederleim. Die saure Flüssigkeit, welche phosphorsauren Kalk gelöst enthält, wird mit kohlensaurem Ammoniak neutralisirt und gewöhnlich auf Salmiak und Phosphor verarbeitet.

b) Nach der zweiten Methode werden die gewaschenen, aber ganzen Knochen in einem Gewebe aus Eisendraht, stark erhitzten Wasserdämpfen ausgesetzt; die sich bildende Leimlösung wird öfter abgelassen und wie die aus Hautabfällen behandelt. Der Rückstand wird verkohlt und liefert Thierkohle, Knochenkohle (charbon animal), die auch behufs ihrer Anwendung in den Zuckerraffinerien direct durch Verkohlen der Knochen dargestellt wird.

c) Der Knochenleim steht an Güte und Bindekraft dem besten Hautleim gleich.

Der Fischleim.

§. 211.

Der Fischleim wird durch Kochen der Membranen der Fischblasen mit Wasser erhalten. Die getrockneten Membranen kommen im Handel unter dem Namen Hausenblase (Ichthyocolla, colle de poisson, *isingluss*) vor. Der Fischleim ist farblos, besitzt aber weniger Bindekraft als der gewöhnliche Leim. Man benutzt ihn zum Klären von Wein u. s. w., zu Gallerten (gelées), zu Kitt von Glas und Porcellan, zur Herstellung des englischen Pflasters u. s. w.

§. 212.

Der Leim findet mannichfaltige Anwendung, so zum Leimen des Papiers, in der Buchbinderei, Pappfabrikation, Schreinerei, Hutmacherei u. s. w.; seine Anwendung gründet sich auf Adhäsion. Man benutzt ihn in der Weberei zur Schlichte, mit Syrup versetzt zur Anfertigung der Buchdruckerwalzen; den Pergamentleim beim Vergolden von Holz, als Zusatz zu Wasserfarben u. s. w.

Achtzehnter Abschnitt.

Die Fabrikation der fetten Oele.

(Die Oelschlägerei.)

§. 213.

Fette Oele (huiles gras, *fat oils*) sind flüssige Fettsubstanzen, die meistens nur in den Samen der Pflanzen enthalten sind; namentlich enthalten die Samen von Raps, Senf, Kohl, Hanf, Mohn, die Wallnüsse, die Mandeln u. s. w. viel Oel; bisweilen findet er sich auch in großer Menge in dem die Samen umgebenden Fleische wie bei den

Oliven, selten in Wurzeln wie z. B. der Erdeichel (Arachis hypogaea). Bei den Fischen und Amphibien findet sich gleichfalls flüssiges Fett (Thran).

a) Die fetten Oele sind von den ätherischen oder flüchtigen Oelen dadurch unterschieden, daß sie 1) im reinen Zustande farblos oder schwach gelblich gefärbt; 2) etwas dickflüssig; 3) völlig unlöslich in reinem Wasser; 4) schwer löslich in Weingeist, leicht löslich in Aether; 5) meist geschmack- und geruchlos; 6) nicht unzersetzt flüchtig; 7) verseifbar durch ätzende Alkalien sind.

b) Die fetten Oele (auch ausgepreßte Oele genannt, weil sie nicht durch die Destillation, sondern durch mechanisches Auspressen geschieden werden) sind Gemenge von Oleïn (Oelstoff), Palmitin (früher Margarin genannt) und Stearin (Talgstoff), in welchen das Oleïn (ölsaures Glycerin) den Hauptbestandtheil ausmacht.

Materialien zur Darstellung der fetten Oele aus denselben.

§. 214.

Die fetten Oele haben ihren Sitz vorzüglich in den Samen und in diesen in den Samenlappen.

a) Die wichtigen Oelsamen, welche zur Darstellung der fetten Oele benutzt werden, sind: 1) Rübsamen (von Brassica Napus); 2) Ackerkohlsamen oder Kohlsaat (von Brassica campestris); 3) der Same vom chinesischen Oelrettig (Raphanus chinensis oleifer.); 4) der Same der Leindotter (Myagrum sativum s. Camelina sativa); 5) der Same des gelben und schwarzen Senfs (Sinapis alba et nigra); 6) der weiße und der blaue Mohnsamen (von Papaver somniferum); 7) der Leinsamen (von Linum usitatissimum); 8) der Hanfsamen (von Cannabis sativa); 9) der Same von Madia sativa etc.

b) Die wichtigsten Fruchtkerne von Baum- und Strauchgewächsen, zur Darstellung fetter Oele sind: 1) die Bucheckern (von Fagus sylvatica); 2) der Kern der Wallnüsse (Juglans regia); 3) der Kern der Haselnüsse (Corylus Avellana).

c) Von den übrigen Oelmaterialien sei angeführt 1) die Olive (von Olea europaea); 2) die Erdnuß oder Erdeichel (von Arachis hypogaea).

Gewinnung der fetten Oele.

§. 215.

Die fetten Oele sind in den Pflanzen mit verschiedenen anderen Stoffen, wie mit Holzfaser, Stärkmehl, Pflanzeneiweiß, Schleim und Wasser, verbunden, von welchen Theilen sie getrennt werden müssen. Dies geschieht, indem man die Samen zerstampft, das Zerstampfte erwärmt und dann auspreßt.

a) Das Zerkleinern der ölhaltenden Samen geschieht in den Oelmühlen (tordoirs, *oil mills*) entweder durch Stampfmühlen, oder zwischen zwei sich senkrecht oder auch wagerecht über einander bewegenden Steinen. Die Bewegung der Oelmühlen geschieht durch Wasserkraft, durch Dampfkraft, durch Thierkraft oder durch Windkraft.

b) Das Erwärmen des zerkleinerten Samens geschah früher in kupfernen oder eisernen Kesseln, unmittelbar über dem Feuer; jetzt durch heiße Wasserdämpfe, wodurch die Güte des Oeles nicht beeinträchtigt wird.

c) Das Auspressen (Schlagen, Ausschlagen) des erhitzten und von der Feuchtigkeit befreiten Samens geschieht mittelst Keilpressen, mittelst Hebelpressen oder mittelst hydraulischer Pressen. Der zerkleinerte Same wird in Preßtücher von Pferdehaaren eingeschlagen. Was beim Pressen zuerst abfließt, ist das beste Oel.

d) Was nach dem einmaligen oder auch nach einem zweimaligen Auspressen zurückbleibt, ist der Oelkuchen, der als Viehfutter oder als Düngemittel benutzt wird.

Austrocknende und nicht austrocknende Oele.

§. 216.

Die fetten Oele werden unterschieden in trocknende (huiles siccatives, *drying oils*) und in nicht trocknende oder schmierige Oele. Jene absorbiren während des Trocknens Sauerstoffgas aus der Luft und verwandeln sich in eine zähe, nicht spröde Masse. Dieser Eigenschaft wegen benutzt man sie in der Malerei, zur Fabrikation der Druckerschwärze und der Oelfirnisse, ferner in den Seifensiedereien zur Darstellung der weichen, grünen oder schwarzen Seife. Die Letztern dienen vorzüglich zum Brennen in den Lampen, auch zu gewissen harten Seifen.

a) Die austrocknenden Oele sind reich an Oleïn, aber arm an Stearin. Sie können eine Kälte vertragen, die weit unter den Gefrierpunkt hinab sinkt, ohne zu erstarren. Es gehören dahin: das Mohnöl, das Leinsamenöl, das Nußöl, das Madiaöl und das Hanföl.

b) Die nicht trocknenden Oele gerinnen in der Kälte noch vor dem Gefrierpunkte des Wassers; sie nehmen an der Luft sehr bald eine ranzige Beschaffenheit an.

c) Die fetten Oele sind im reinen Zustande farblos, geschmacklos und geruchlos; wie sie gewöhnlich vorkommen, sind sie bald hellgelb, bald dunkelgelb, bald braun. Farbe, Geruch und Geschmack verdanken sie Harz- und ätherischen Oeltheilen, die beim Auspressen aus den Hülsen des Samens hinzugekommen sind.

Firnisse und Druckerschwärze.

§. 217.

Firnisse sind eigenthümlich zubereitete trocknende Oele, namentlich Leinöl, oder Lösungen von Harzen in Weingeist, Terpentinöl oder Leinöl, mit denen man die Oberfläche von Holz, Metall u. s. w. in dünner Schicht überzieht, um durch Austrocknen einen harten glänzenden Ueberzug zu erzielen, der den gefirnißten Gegenstand verziert und ihn zugleich vor den Einflüssen der Atmosphäre schützt. So erhält man durch Auflösen von Harzen in Weingeist und Terpentinöl die Weingeist- und Terpentinölfirnisse, durch Auflösen von Harzen in Leinöl die Lackfirnisse. Die trocknenden Oele allein ohne Harzzusatz führen den Namen Oelfirniß.

a) Durch Auflösen von Schellack in Weingeist unter Zusatz von Lavendelöl erhält man den Buchbinderlack, aus Schellack, Benzoëharz und Weingeist die Schreinerpolitur.

b) Von den Harzen, die man zu Lacken und Firnissen anwendet, sind hervorzuheben: Dammarharz, Sandarak, Mastix, Kopal, Bernstein, Asphalt.

c) Den Leinölfirniß (*vernis gras, boiled oil*) stellt man dar, indem man Leinöl in einem eisernen Kessel mehrere Stunden lang erhitzt und sodann Bleiglätte oder Braunstein hinzusetzt. Der Zweck dieser Behandlung ist, das Oel zu klären und namentlich durch Aufnahme von Sauerstoff zum schnelleren Trocknen geneigt zu machen.

d) Die Druckerschwärze oder der Buchdruckerfirniß (*encre, ink*) wird erhalten, indem man Leinöl bei hoher Temperatur so lange behandelt, bis es so dickflüssig geworden ist, daß es sich zwischen den Fingern zu Fäden ziehen läßt. In diesem Zustande trocknet der Firniß mit etwa 16 Proz. Kienruß abgerieben, leicht und schnell.

Das Läutern der fetten Oele.

(Die Oelraffinerie.)

§. 218.

So wie die fetten Oele durch Auspressen gewonnen werden, sind sie immer noch mit fremdartigen Substanzen, besonders Schleim, Eiweiß und Harztheilen gemengt, von welchen sie befreit werden müssen, da diesen Stoffen eine wesentliche Eigenschaft des Oeles, beim Brennen keinen Kohlenstoff zu hinterlassen, abgeht. Indem diese Körper beim Brennen Kohle am Docht absetzen, wird das Aufsteigen des Oeles im Docht verhindert und ein unvollständiges Verbrennen bedingt, wodurch die Helligkeit sich vermindert und eine rußende, übelriechende Flamme entsteht.

a) Um das Rüböl zu raffiniren, wird es mit 2 Proz. concentrirter Schwefelsäure untereinander gerührt, nach 24 Stunden mit dem dritten Theil seines Volumens reinem Wasser zusammen gearbeitet, und das über der Wasserfläche abgeschiedene Oel noch durch Wolle oder Baumwolle filtrirt.

b) Die Läuterung des Rüböles durch Schwefelsäure gründet sich auf deren Eigenschaft, organische Körper durch Verkohlung zu zerstören, die einen schneller, die anderen langsamer. Wendet man auf 100 Th. Rüböl 2 Th. Schwefelsäure an, so werden vorzugsweise die fremden beigemengten Stoffe verkohlt, das Oel selbst wird aber nicht angegriffen.

Neunzehnter Abschnitt.

Die Fabrikation der Seife.

(Die Seifensiederei.)

§. 219.

Die Seife (savon, *soap*) ist ein Produkt der Einwirkung des Kalis oder Natrons auf die Fette, in welchen diese Alkalien mit gewissen Bestandtheilen der Fette (den Fettsäuren) verbunden sind.

a) Bei den vorchristlichen Schriftstellern findet man keine bestimmte Erwähnung der Seife; in der lutherischen Uebersetzung des alten Testamentes kommt allerdings der Name Seife mehrmals vor, allein es ist nicht mit Sicherheit nachgewiesen, daß das hebräische Wort Borith und Nether (Jeremias 2. 22; Maleachi 3. 2) nur immer Alkali oder Laugensalz bedeutet.

b) Homer (Odyssee VI) schildert mit großer Ausführlichkeit eine Bade- und Waschscene aus dem Lande der Phäaken; die Art und Weise, wie die liebliche Nausikaa von ihrer Mutter ausgerüstet wurde, als sie zum Waschen am Flusse auszog, ist uns auf das Treueste überliefert. Sie erhielt Speise und Wein, auch Oel in goldener Flasche, um sich damit zu salben, allein Seife erhielt sie nicht, welche wohl zu Homers Zeiten noch unbekannt war.

c) Die erste bestimmte Nachricht über Seife findet sich bei Plinius (Histor. natur. XXVIII 12 (51)), welcher angiebt, daß sie aus Asche und Talg gemacht werde; sie sei eine gallische Erfindung, werde indessen auch besonders gut in Deutschland bereitet.

Materialien zur Seife.

§. 220.

Die Materialien, welche zur Fabrikation der Seife erfordert werden, sind: 1) Fettsubstanzen und 2) Alkalien. Die Fettsubstanzen sind entweder flüssig oder fest. Zu den flüssigen fetten Körpern (den Oelen) gehören:

Hanföl, Leinöl, Olivenöl, Thran, Rüböl; zu den festen Fetten: Rinds- und Hammeltalg, Palmöl, Cocosnußöl, so wie bisweilen Schweineschmalz und Galambutter. Die Alkalien, welche erfordert werden, sind: Pottasche oder Soda; als Hülfsmaterialien: gebrannter Kalk und Kochsalz.

a) Das Palmöl, ein in der neueren Zeit als Material für die Seifensiederei sehr wichtig gewordener Körper, ist ein Pflanzenfett einer Palmenart, das von der Westküste Afrikas nach Europa gelangt. Es ist ein rothgelbes Fett von der Consistenz der Butter und riecht veilchenähnlich.

b) Das Cocosnußöl (Cocostalg) ist ein weißes Fett, das aus den Kernen der Cocospalme gepreßt wird. Es besitzt die Consistenz des Schmalzes und zeigt einen unangenehmen Geruch.

c) Die Galambutter, ein aus dem Inneren von Afrika stammendes Fett, ist von gelber Farbe und dem Palmöl zum Verwechseln ähnlich.

Theorie der Seifensiederei.

§. 221.

Der Prozeß der Seifenbildung vermittelst Fettsubstanzen und Alkalien ist ein leicht zu verstehender. Zuerst verwandelt man die kohlensauren Alkalien (kohlensaures Kali oder Pottasche, kohlensaures Natron oder Soda) durch Behandeln mit gelöschtem Kalk in ätzende Alkalien, deren wässrige Lösung Lauge (lessive, *ley*) genannt wird. Darauf zersetzt man die Fette durch die Alkalien. Ein jedes Fett ist zu betrachten als ein Salz, bestehend aus der allen Fetten gemeinschaftlichen Base, dem Glycerin (Oelsüß) und mehreren fetten Säuren namentlich Oelsäure, Palmitinsäure (früher Margarinsäure genannt) und Stearinsäure. Durch die Einwirkung der Alkalien scheidet sich aus den Fetten das Glycerin ab, während die fetten Säuren sich mit dem Alkali zu Seife verbinden.

a) Die Seife ist daher ein Gemenge von ölsaurem, palmitinsaurem und stearinsaurem Kali oder Natron in veränderlichen Mischungsverhältnissen.

b) Die Natronseifen sind im Allgemeinen harte Seifen, die Kaliseifen weiche Seifen oder Schmierseifen.

Talgseife.

§. 222.

Die gewöhnliche harte Talg- oder Hausseife wird dargestellt 1) durch Bereitung der Seifensiederlauge aus Holzasche oder Pottasche und Kalk; 2) durch Sieden der Lauge mit Talg zu Seifenleim; 3) durch Aussalzen des Seifenleims; 4) durch Garsieden und Formen der Seife.

a) Bei der Herstellung der Seifensiederlauge aus Holzasche wird letztere mit Wasser angefeuchtet und mit gelöschtem Kalk gemengt in Fässer gebracht, deren Boden durchlöchert und mit Stroh bedeckt, und mit einem Hahn zum Ablassen der Flüssigkeit versehen ist. In diesen Fässern zieht man das Gemisch mit Wasser aus; zuerst läuft die stärkste Lauge, die Feuerlauge, sodann die Abrichtelauge und endlich schwache, zum Sieden der Seife nicht mehr brauchbare Lauge ab.

b) Das Sieden der Lauge (Feuerlauge) mit dem Fett zu Seifenleim geschieht in eisernen, mit hölzernem Sturze versehenen Kesseln. Der Seifenleim erscheint wie ein klarer Syrup, der beim Herausnehmen eine gallertartige Masse bildet. Er besteht aus einer unvollkommnen Kaliseife, die

c) durch das Aussalzen, d. h. durch Zusatz von Kochsalz, in Natronseife verwandelt wird; durch den Zusatz des Salzes trennt sich auch zugleich die Mutterlauge von der gewonnenen Seife.

d) Die Seife wird mit Abrichtelauge gargesotten; man läßt sie in den Kühlbütten erkalten und schneidet die Seife vermittelst Messingdraht in Tafeln oder viereckige Riegel.

e) Häufig siedet man die Talgseife auch sogleich ohne Pottasche mit Natronlauge (aus Soda und Kalk dargestellt) und erhält dadurch die Sodaseifen.

f) Eine specielle Erläuterung dieser Gegenstände in den Vorlesungen.

Baumölseife.

§. 223.

Die Baumölseife (marseiller oder venetianische Seife) wird in den Ländern des südlichen Europa's fabricirt. Man verwendet dazu Baum= oder Olivenöl, zu welchem man etwas Mohnöl gesetzt hat, und Natron. Die Operationen sind dieselben wie bei der Bereitung der Talgseife.

a) Das Marmoriren der Oelseife wird durch Zusatz von etwas Eisenvitriol zum Seifenleim und Umrühren der Masse nach einigem Erkalten hervorgebracht.

Cocosnußölseife. Palmölseife.

§. 224.

Die Cocosnußölseife wird gewöhnlich auf kaltem Wege (Schnellseifenfabrikation) aus Cocosnußöl und Talg mit starker Natronlauge dargestellt. Es fällt hierbei das Aussalzen hinweg, so daß die Lauge, das Glycerin u. s. w. in der Seife bleiben.

a) Diese eigenthümliche Bereitungsart der Cocosnußölseife gründet sich auf deren Eigenschaft, ihre Consistenz selbst bei einem Wassergehalt von fast 80 Proz. beizubehalten. Die Schnellseifenfabrikation liefert daher begreiflicherweise eine sehr wohlfeile, aber keineswegs wirksame Seife.

b) Das Palmöl wird mit Harz (Colophonium) gemengt vermittelst starker Natronlauge (zuweilen auch auf kaltem Wege) erzeugt.

c) Von der Harzseife (Harztalgseife) in den Vorlesungen, eben so von der Kieselseife, Bimssteinseife (savon ponce), Knochenseife, Toilettenseife u. s. w.

Schmierseife.

§. 225.

Die Schmierseifen oder weichen Seifen sind zum Unterschiede von den harten Seifen gallertartige Seifen, die an der Luft nicht austrocknen, sondern aus derselben Wasser anziehen. Sie sind stets Kaliseifen und bestehen wesentlich aus einer Auflösung von ölsaurem Kali in Lauge. Man verwendet zu ihrer Fabrikation Hanföl, Rüböl, Leinöl und Mohnöl. Häufig setzt man dem Oel Talg zu.

a) Man benutzt die Schmierseife hauptsächlich zum Waschen und Walken der Tuche, zum Reinigen der Wäsche und bei der Leinwandbleiche.

Zwanzigster Abschnitt.

Die Wachsbleicherei.

§. 226.

Das Wachs ist die bekannte fettähnliche Substanz, welche die Bienen liefern. Der von diesen Thieren eingesammelte Blütenstaub dient keineswegs, wie häufig angenommen wird, zur Bildung des Wachses; es ist vielmehr der Bienenkörper mit einem Organ versehen, durch welches die Nahrung der Bienen, der Honig sich in Form kleiner Wachsschuppen ausscheidet. Es findet sich außer dem Bienenwachse (cire des abeilles, *beeswax*) im Handel auch vegetabilisches oder Pflanzenwachs, so z. B. das Palmwachs (von Ceroxylon andicola), brasilianisches Wachs, Myricawachs (aus den Früchten mehrerer Myricaarten) ꝛc.

a) Nachdem die Bienen aus dem Stock vertrieben worden, scheidet man den Honig von den Waben, durch Auspressen und Ausschmelzen und bringt das Wachs in Gestalt von Scheiben in den Handel.

b) Das Wachs besteht nach neueren Untersuchungen zum größten Theile aus einer durch siedenden Alkohol ausziehbaren Säure, der Cerotinsäure und aus einem in Alkohol unlöslichen Körper, dem Myricin (palmitinsaurem Melissyloxyd).

Das Bleichen des Wachses.

§. 227.

Das Bleichen des Wachses bezweckt, die gelbe Farbe des Wachses zu zerstören und dasselbe im möglichst farblosen Zustande darzustellen. Dieß geschieht: 1) durch das Bändern; 2) das Bleichen auf dem Bleichplan durch Sonne und Feuchtigkeit; 3) das Schmelzen und zweite Bändern, und abermaliges Bleichen.

a) Ehe man das Wachs bändert, schmilzt man es unter Wasser,

zu welchem man etwas Weinstein gesetzt hat. Das darauf folgende Bändern hat zum Zweck die Oberfläche des Wachses zu vergrößern und dadurch den Bleichproceß zu beschleunigen. Das Bändern wird ausgeführt, indem man über sich drehende glatte hölzerne Walzen, die über Wasser befestigt sind, geschmolzenes Wachs gießt, das sich in dünne Wachsbänder verwandelt, die im Wasser erhärten und von der Walze abfallen.

b) Das Bleichen der Wachsbänder geschieht auf großen Rahmen, auf denen Segeltuch ausgespannt ist, auf sonnigen Plätzen. Hier bleiben sie der gleichzeitigen Einwirkung des Thaues und der Sonnenstrahlen ausgesetzt, bis der größte Theil der Farbe verschwunden ist. Durch Umschmelzen, abermaliges Bändern und Bleichen kann man es vollkommen weiß erhalten.

c) Es ist bis jetzt noch nicht gelungen, die Sonnenbleiche beim Bleichen des Wachses, durch künstliche Bleiche zu ersetzen. Chlor ist durchaus unanwendbar.

Einundzwanzigster Abschnitt.

Die Kerzenfabrikation.

§. 228.

Die Kerze (chandelle, bougie, *candle*) oder das Licht, deren man sich zur Beleuchtung bedient, besteht aus dem cylindrisch geformten Leuchtmaterial, in dessen Mitte sich der baumwollene Docht befindet. Je nach dem Leuchtmaterial unterscheidet man: 1) Wachskerzen; 2) Stearinkerzen; 3) Paraffinkerzen; 4) Wallrathkerzen; 5) Talgkerzen oder Talglichter, welche letztere man als gegossene oder gezogene unterscheidet.

a) Eine Hauptsache zu allen Arten von Kerzen ist die Anfertigung der dazu bestimmten Dochte. Sie werden aus fein gesponnenem Baumwollgarn angefertigt, das in einer bestimmten Anzahl Fäden neben einander, mittelst des Dochtschneiders zerschnitten wird, um jedem Docht die bestimmte Länge zu geben; vorher werden die Fäden geflochten und dann erst abgetheilt. Die geflochtenen Dochte, die man allgemein zu Stearin- und Paraffinkerzen anwendet, gewähren den Vorzug, daß sie beim Brennen des Lichts sich krümmen, aus der Flamme heraustreten, und sich vollkommen in Asche verwandeln: daher solche Lichte nie geputzt zu werden brauchen. Die zu Stearinkerzen bestimmten Dochte werden mit einer Lösung von Borsäure in sehr verdünnter Schwefelsäure getränkt, um sie leichter verbrennlich zu machen.

b) Einrichtung des Dochtschneiders, in den Vorlesungen.

Fabrikation der Wachskerzen.

§. 229.

Zur Fabrikation der Wachskerzen wird das dazu bestimmte gebleichte Wachs in einem zinnernen oder stark verzinnten eisernen Kessel, entweder für sich, oder in Versetzung mit Talg, bei gelinder Wärme geschmolzen. Ueber dem Kessel befindet sich ein Wagebalken mit einer hölzernen Scheibe, an welcher die Dochte, in der Peripherie eines Kreises, mittelst Haken oder Nägeln aufgehängt sind. Während die Scheibe umgedreht wird, werden nun die Dochte, jeder einzeln, vermittelst des Gießlöffels mit dem schmelzenden Wachs begossen, dann getröbelt, die Kerzen hierauf gerollt, dann gebleicht, und endlich zugerichtet (d. i. appretirt), zuletzt verpackt.

a) Eine speciellere Erklärung der Ausführung jener Operationen und der dazu nöthigen Vorrichtungen, in den Vorlesungen.

b) Die Altarkerzen oder Kirchenlichter werden nicht gegossen, sondern die Dochte werden mit erweichten Wachsplatten bedeckt, die Kerzen hierauf gerollt und geglättet.

Fabrikation des Wachsstocks.

§. 230.

Der Wachsstock (bougie filée) unterscheidet sich von den Wachskerzen dadurch, daß er dünner, länger und biegsamer ist; welche letztere Eigenschaft ihm durch einen kleinen Zusatz von Terpentin gegeben wird.

§. 231.

Die Anfertigung des Wachsstocks zerfällt in die Anfertigung der dazu bestimmten Dochte, das Tränken derselben mit dem schmelzenden Wachs; das Ziehen des Wachsstocks durch die Ziehscheibe und das Glätten desselben.

a) Die Werkzeuge, welche zur Fabrikation des Wachsstocks erfordert werden, bestehen: 1) im Werktisch; 2) der Ziehscheibe; 3) im Steg und 4) der Trommel zum Aufwinden. Eine speciellere Beschreibung derselben, in den Vorlesungen.

b) Von dem Ziehen des Wachsstocks von verschiedener Dicke, sowohl des cylinderförmigen als des geschweiften, in den Vorlesungen.

c) Man verfertigt weißen, gelben, grünen Wachsstock &c., je nachdem das dazu bestimmte Wachs gebleicht, oder roh, oder gefärbt verarbeitet wird.

d) Die Abtheilung der Fäden zur Anfertigung der Dochte, geschieht mittelst der Scheerlatte der Weber. Man bedient sich dazu des Baumwollgarns entweder rein oder mit Leinengarn gemischt. Zu dem dicksten Wachsstock werden bis 18, zu dem dünnsten nur 3 Fäden verwendet.

Fabrikation der Wallrathkerzen.

§. 232.

Die Wallrathkerzen (Spermaceti-Lichte) werden aus Wallrath verfertigt und in gläserne oder zinnerne Formen gegossen, auf ähnliche Weise, wie bei den nachfolgenden Stearin- und Talgkerzen.

a) Der Wallrath (Cetaceum. Sperma Ceti) ist ein eigenthümlicher zwischen Wachs und Talg das Mittel haltender Stoff, der sich in besonderen Höhlen im Kopfe des Physeter macrocepalus, des Delphins &c. findet; er ist weiß, krystallinisch, glänzend und durchscheinend; geschmack- und geruchlos.

b) Der Wallrath nimmt unter allen zur Kerzenfabrikation angewendeten Materialien den ersten Rang ein, weil derselbe blendend weiße, halbdurchsichtige Kerzen liefert, die ein vollkommen reines Licht erzeugen. Man verarbeitet ihn gewöhnlich mit 3 Procent Talg vermischt.

c) Das Anfertigen der Dochte zu den Wallrathkerzen geschieht eben so wie bei den Wachskerzen. Das Gießen der Kerzen geschieht eben so wie bei andern in Formen gegossenen Kerzen.

Paraffinkerzen.

§. 233.

Das Paraffin ist ein wachsähnlicher Körper, der bereits im Jahre 1830 von Reichenbach neben dem Kreosot in dem Holztheer aufgefunden worden, aber erst seit einigen Jahren im Großen dargestellt und zur Kerzenfabrikation verwendet wird. Man stellt es jetzt dar durch trockne Destillation der Steinkohlen und Braunkohlen, man gewinnt es aus dem Steinöl, aus dem Torf, aus gewissen Erdarten u. s. w. Seinen Namen hat es von *parum* wenig und *affinis* verwandt, um anzudeuten, daß es sich mit anderen Stoffen nicht verbindet; es zersetzt sich weder durch Alkalien, noch durch Säuren, noch durch Siedehitze.

a) Das Paraffin ist ein für die Kerzenfabrikation sehr schätzbares Material, dem eine große Zukunft bevorzustehen scheint, da die aus ihm gegossenen Kerzen den Wallrathkerzen an Schönheit wenig nachstehen, die leichte Darstellungsart des Paraffins den Preis der Kerzen ferner sehr niedrig zu stellen gestattet.

Fabrikation der Stearinkerzen.

§. 234.

Ein jedes Fett (z. B. Talg, Palmöl) besteht wesentlich aus drei verschiedenen Fetten, zwei harten Fetten, dem Stearin und dem Palmitin (früher Margarin genannt) und einem flüssigen Fette, dem Oleïn. Diese drei Fette sind Verbindungen von Glycerin (vergl. S. 140) mit drei fetten Säuren, der Stearin- und Palmitinsäure und der Oelsäure. Letztere ist flüssig, die beiden ersteren sind fest und wachsähnlich. Das Glycerin und die Oelsäure abzuscheiden, ist der Zweck der vorbereitenden Operationen der Stearinsäurekerzen- (oder auch Stearinkerzen-) Fabrikation, wobei man unter Stearin nicht reines Stearin (in dem oben angedeuteten Sinne), sondern ein Gemenge von Palmitinsäure mit Stearinsäure versteht. Als Material der Fabrikation wendet man allgemein Talg oder häufiger noch Palmöl (vergl. S. 140) an.

§. 235.

Die Stearinkerzenfabrikation wird entweder 1) durch Verseifung, oder 2) durch Destillation ausgeführt. Bei der Methode durch Verseifung wird das Fett (z. B. der Talg) geschmolzen und mit Kalkmilch verseift. Die entstandene Kalkseife ist in Wasser unlöslich und besteht aus palmitinsaurem, stearinsaurem und ölsaurem Kalk, während sich das Glycerin in dem Wasser löst. Die Kalkseife wird durch verdünnte Schwefelsäure zersetzt. Die abgeschiedenen fetten Säuren bilden eine gelbe, halbfeste Masse. Man bringt sie unter die hydraulische Presse zwischen erwärmte Platten, um die flüssige Oelsäure zu entfernen. Das Zurückbleibende ist nach dem Umschmelzen in heißem Wasser das zur Kerzenfabrikation geeignete Material.

§. 236.

Bei der Darstellung des Stearins vermittelst Destillation verseift man geringere Fette wie Abfälle von der Baumölgewinnung, Knochenfett ꝛc. mit concentrirter Schwefelsäure, indem man das Gemisch von Fett und Säure etwa 12 Stunden lang einer Temperatur von 86° aussetzt; nach beendigter Verseifung läßt man die Mischung erkalten und wäscht sie mit heißem Wasser aus; dadurch werden die Schwefelsäure und das Glycerin entfernt. Die zurückbleibenden fetten Säuren werden destillirt, die destillirten fetten Säuren nach dem Erkalten ausgepreßt.

a) Die Destillationsmethode liefert ein Product, welches dem durch Verseifung erhaltenen weit nachsteht; der Nutzen der Methode besteht aber darin, aus geringeren Fetten ein brauchbares Material zur Kerzenfabrikation zu erhalten.

Das Gießen der Stearinkerzen.

§. 237.

Beim Gießen der unter dem Namen Stearin angewendeten fetten Säuren zu Kerzen, schmilzt man dieselben zuerst mit 3—5 Procent Wachs, damit die Kerzen keinen krystallinischen Bruch zeigen und minder leicht zerbrechen. Darauf gießt man die geschmolzene Masse in die bis auf 36—38° erwärmten Kerzenformen, in denen die mit Borsäurelösung (vergl. S. 145) getränkten Dochte sich befinden. Nach dem Erkalten nimmt man die fertigen Kerzen aus den Formen und giebt denselben durch Reiben mit einem in Weingeist getauchten Lappen eine glänzende Oberfläche.

Fabrikation der Talglichter oder Talgkerzen.

§. 238.

Die Talglichter werden von den Seifensiedern, und zwar besonders im Winter angefertigt. Die Arbeiter werden Lichtzieher genannt, und bilden kein besonderes Gewerk; doch beschäftigen sich andere auch bloß mit der Fabrikation der Lichter, ohne Seife zu verfertigen.

§. 239.

Das Material zur Fabrikation der Talglichter ist Rindertalg oder Hammeltalg, im rein ausgeschmolzenen Zustande.

a) Gelb gewordener Talg kann weiß erhalten werden, wenn man ihn mit einem Wasserbade über Schwefelsäure haltigem Wasser, zu dem man etwas Oxalsäure (Kleesäure) gesetzt hat, schmilzt, und nach dem Absetzenlassen von der Flüssigkeit durch Ablassen trennt.

b) Auch giebt man dem Talg dadurch eine größere Härte, daß man jedes Pfund mit 2 Loth in Wasser gelöstem Alaun und 1 Loth schwefelsaurem Zinkoxyd (Zinkvitriol) so lange in der Wärme behandelt, bis alle Feuchtigkeit verschwunden ist.

Gießen und Ziehen der Talgkerzen.

§. 240.

Die dickern Talglichter werden in Formen von Zinn gegossen; die dünnern werden hingegen durch wiederholtes Eintauchen der Dochte in schmelzendes Talg gezogen.

a) Um die Talglichter zu gießen, werden die dazu bestimmten Dochte in die Formen, welche neben einander in einem durchlöcherten Brette oder dem Gießtische placirt sind, befestigt. Dies geschieht, indem man das untere Ende im untern Theile der Form so befestigt, daß ein Theil des Dochtes hervorragt. Am obern Theile der Form ist er über einem Draht aufgehängt und so gespannt, daß er mit der Axe des Lichts gleichlaufend ist.

b) So vorgerichtet wird nun der geschmolzene Talg mittelst einer Gießkelle in die Form eingegossen; nach dem Erkalten werden die Lichter herausgezogen, geputzt und in Papier verpackt.

c) Um Talglichter zu ziehen, werden die Dochte über einem Lichtspieß, in gehöriger Entfernung von einander, aufgereiht, dann in das geschmolzene, im Anfange des Gerinnens begriffene, Talg zu wiederholten Malen eingetaucht, herausgezogen und wieder eingetaucht, bis die Dochte hinreichend mit Talg umgeben sind; die Lichter werden zuletzt über einem Gerüste von Latten, zum völligen Erkalten aufgehängt, dann verpackt.

d) Eine speciellere Erklärung dieser Arbeiten, so wie Erörterung der mit Wachs plattirten Talglichter (der sogenannten Sparlichter) und der inwendig hohlen Wachslichter, in den Vorlesungen.

Zweiundzwanzigster Abschnitt.

Die Bierbrauerei.

§. 241.

Bier (bière, *beer*) ist ein unvollständig vergohrnes und noch in langsamer Gährung befindliches, geistiges Ge-

tränk, das aus Malz und Hopfen durch Gährung, aber ohne Destillation bereitet wird.

a) Die Erfindung des Biers ist unstreitig viel jünger als die des Weins. Indessen verstanden schon die alten Aegypter die Kunst aus Weizen und Gerste Bier zu brauen. Sie schrieben die Erfindung des Bieres dem Osiris zu. Auch den alten Römern war das Bier nicht unbekannt und sie bezeichneten es, als ein Geschenk der Ceres, mit dem Namen Cerevisia (von *Ceres* und *vis*, Kraft). Aus den Berichten der Historiographen läßt sich überhaupt schließen, daß bierartige Getränke schon bei den alten Galliern und Germanen und im Allgemeinen den Völkerstämmen Mitteleuropa's gebräuchlich waren und noch jetzt bildet das Bier in allen deutschen Ländern, in welchen der Weinbau nicht heimisch ist, das Nationalgetränk.

b) Gewöhnlich betrachtet man den alten König Brabants Gambrin als den Erfinder des Bieres.

Materialien der Bierbrauerei.

§. 242.

Die Materialien der Bierbrauerei sind: 1) Gerste, 2) Hopfen, 3) Hefe, 4) Wasser. In Bayern, dem Vaterlande der deutschen Bierbrauerei, wendet man nur die große zweizeilige Gerste (Hordeum distichon) an; in England cultivirt man vierzeilige Gerste (H. vulgare) und sechszeilige (H. hexastichon).

a) Eine Gerstenart ist um so tauglicher und besser zum Bierbrauen, je größer das Gewicht, der kubische Inhalt der Körner für sich und des Kerns im Verhältniß zur Hülse, je größer ferner die Gleichheit der Körner unter sich ist.

b) Man wählt nicht gern eine über zwei Jahre alte Gerste zum Malzen, weil durch das Alter die Gerste an Keimfähigkeit verliert.

Hopfen.

§. 243.

Das, was in der Brauerei den Namen Hopfen (houblon, *hop*, *hops*) führt, sind die weiblichen Blüthenkätzchen der Hopfenpfanze (Humulus lupulus). Zwischen den Schuppen der Kätzchen oder Zapfen findet sich ein gelbes Pulver, Lupulin oder Hopfenmehl, dem der Hopfen seine Hauptwirksamkeit verdankt. In dem Hopfen finden sich als wesentliche Bestandtheile Hopfenbitter, ein flüchtiges Oel, Hopfenöl, Harz und etwas Gerbstoff.

a) Gute Verpackung ist eine Hauptbedingung zur Conservation des Hopfens, da durch Luftzutritt die Qualität desselben beträchtlich verringert wird. Gute Trocknung auf geeigneten Darren, ferner Schwefeln des Hopfens machen bei guter Aufbewahrung den Hopfen auf mehrere Jahre haltbar.

b) Die besten Hopfensorten liefern in Deutschland Saatz, Falkenau und Auscha in Böhmen, Spalt, Lauf, Hersbruck, Langenzenn, Hochstädt in Bayern.

Wasser.

§. 244.

Was das zur Bierbrauerei geeignetste Wasser anlangt, so kann man annehmen, daß das reinste Wasser das beste sei, insofern dasselbe das größte Auflösungsvermögen für die Hopfen- und Malzbestandtheile besitzt.

a) Von der Hefe weiter unten.

Darstellung des Bieres.

§. 245.

Die Darstellung des Bieres zerfällt in vier Hauptabtheilungen, nämlich: 1) in das Malzen der Gerste; 2) in die Bereitung der Bierwürze; 3) in die Gährung; 4) in die Nachgährung und Aufbewahrung.

Malzen der Gerste.

§. 246.

Das Ueberführen der Gerste in Malz oder das Malzen (maltage, *malting*) bezweckt die Gerstenkörner zum Keimen zu bringen, die Keimung, sobald sie einen gewissen Grad erreicht hat, zu unterbrechen, und die gekeimten Körner zu trocknen (darren), wobei sie je nach der angewendeten

Temperatur heller oder durch beginnende Röstung dunkler ausfallen. Das Malzen zerfällt: 1) in das Quellen oder Einweichen; 2) in das Keimen; 3) in das Trocknen und Darren.

a) Das Quellen oder Einweichen (mouillage, *steeping*) der Gerste in Wasser geschieht in den Quellbottichen oder Weichen. Die Quellreife der Gerste erkennt man daran, daß das Korn, an einem Holze gestrichen, einen mehlartigen Strich zieht und die Spitze des Kornes sich auf dem Daumennagel leicht umbiegen läßt. Der Zweck des Quellens ist: 1) die Gerste von allen Unreinigkeiten und tauben Körnern zu befreien, die sich auf der Oberfläche des Wassers abscheiden, abgeschöpft und als Viehfutter verwendet werden; 2) die Körner zum Proceß des Keimens oder Wachsens vorzubereiten.

b) Das Keimen (germination) der quellreifen Gerste geschieht auf der Malztenne, auf welcher man die Gerste in Haufen von 15—18 Zoll Höhe sich selbst überläßt. Man schaufelt alle sechs, später alle acht Stunden um. Beim Abtrocknen der Haufen erscheint der Keim des Kornes als weißer Punkt. Ist das Keimen bei allen Körnern gleichmäßig eingetreten, so giebt man den Haufen Fußdicke und läßt sie längere Zeit, ohne zu schaufeln, liegen. Man beurtheilt die Beendigung des Keimens nach der Länge der Wurzelfasern, die bei hinreichend gekeimter Gerste die Länge des Korns um $\frac{1}{4}$ oder $\frac{1}{3}$ übertreffen. Die Keimdauer beträgt je nach der Lufttemperatur 10—20 Tage.

c) Die gekeimte Gerste wird getrocknet, d. h. durch schnelles Entziehen von Wärme und Wasser der Keim getödtet. Man breitet die gekeimte Gerste (Grünmalz) auf dem Trockenboden (Schwelkboden, Schwelche) aus und entfernt, nach dem Trocknen die Würzelchen. Das so erhaltene Malz heißt Luftmalz. Das Darren oder Dörren (séchage à touraille, *kiln drying*) geschieht auf der Malzdarre (touraille, *malt kiln*). Man steigert die Temperatur bis auf 50—100, ja selbst auf 120°, je nachdem man helleres oder dunkleres Darrmalz erzielen will.

d) Die Gerste erleidet durch das Malzen eine wesentliche Veränderung; zuerst verändert sich der Kleber der Gerste, der löslicher wird und die Fähigkeit erhält, Stärkmehl in Dextrin und Zucker überzuführen. Durch das Keimen wird selbst ein Theil des Stärkmehls in Dextrin und Zucker verwandelt. Das Trocknen und Darren tödtet den Keim, der sonst alles Stärkmehl, Dextrin und Zucker zu seiner Entwickelung brauchen würde; es verwandelt sich aber auch ein Theil des Stärkmehls durch das Darren in Dextrin, ein Theil des Zuckers in Caramel (gebrannten Zucker). Früher schrieb man die zuckerbildende Eigenschaft des Malzes einem eigenthümlichen Stoffe, der Diastase zu.

Bereitung der Bierwürze.

§. 247.

Unter Bierwürze (moût, *wort*) versteht man die aus Malz und Hopfen bereitete klare zuckerhaltige Flüssigkeit, welche sodann durch Gährung in Bier übergeht. Ihre Bereitung zerfällt: 1) in das Einteigen oder Einmaischen; 2) in das Würzekochen; 3) in das Kühlen der Würze.

a) Das Einteigen oder Einmaischen (brassage, *mashing*) des Malzschrotes (*grist*) bezweckt nicht nur, den in dem Malz enthaltenen Zucker und Dextrin aufzulösen, sondern auch wesentlich aus dem noch unveränderten Stärkmehl vermittelst des veränderten Klebers (sogenannte Diastase), Zucker und Dextrin zu bilden. Es geschieht in den Maischbottichen mit lauwarmem Wasser. Das ausgezogene Malz wird nochmals mit Wasser ausgezogen und die Flüssigkeit zu Nachbier (Heinzeln, Covent, Dünnbier) verarbeitet. Das erschöpfte Malz (drêche) dient als Viehfutter.

b) Das Würzekochen (décoction de la bière, *boiling the wort*) bezweckt, den zugesetzten Hopfen auszuziehen, die Würze zu concentriren und dieselbe durch Gewinnung von eiweißähnlichen Körpern u. s. w. zu klären. Man nimmt auf 100 Th. Malzschrot 1 — 1½ Th. Hopfen.

c) Das Kühlen (refroidissement du moût, *cooling*) der vom ausgezogenen Hopfen durch Durchseihen befreiten Würze geschieht in den Kühlschiffen, flachen hölzernen Gefäßen. Man läßt die Würze darin, bis sie auf 10 — 15° abgekühlt ist.

Gährung der Bierwürze.

§. 248.

Die gekühlte Bierwürze bringt man zur Gährung (fermentation) mit Hefe (levure, *barm*) versetzt in die Gährbottiche (guilloire, *gyletuns*). Die Hefe findet sich nach jedesmaliger Gährung in den Bottichen. Für die Fabrikation der Lagerbiere hält man eine Temperatur von 8 — 10° im Gährlokal für die geeignetste.

a) Die Hefe ist eine Pflanze auf der niedrigsten Stufe der Organisation und pflanzt sich durch Sporen (Unterhefe), oder durch Ausdehnung der Zellenwand (Oberhefe) fort.

b) Von der Untergährung und Obergährung, in den Vorlesungen; die bayerischen Biere sind auf Untergährung gebraute.

c) Die Gährung (Untergährung) dauert durchschnittlich 5 bis 10 Tage.

d) Die Gährung der Bierwürze bezweckt einen Theil des in der Würze enthaltenen Zuckers (Krümelzuckers) in Alkohol oder Weingeist und in Kohlensäure umzuwandeln, welche letztere während des Gährens zum größten Theile als Gas entweicht, zum Theil aber auch in dem Bier aufgelöst bleibt.

e) 1 Atom Krümelzucker $C_{12} H_{12} O_{12}$ zerfällt durch die Einwirkung der Hefe in 2 Atome Alkohol $2 C_4 H_6 O_2$ und 4 Atome Kohlensäure $4 CO_2$.

Nachgährung und Aufbewahrung des Bieres.

§. 249.

Das Bier enthält alle Bestandtheile der Bierwürze, welche nicht durch die Gährung verändert oder entfernt worden sind; es enthält daher Alkohol, Zucker, Dextrin, etwas Kleber, kleine Mengen von Hefe, Kohlensäure und die extrahirten Hopfenbestandtheile. Die darin enthaltenen Hefetheilchen veranlassen eine unmerkliche Gährung, die Nachgährung, welche die Hauptbedingung guten Bieres ist, indem sie den in den Fässern lagernden Bieren die zu ihrer Haltbarkeit und Brauchbarkeit nothwendige Kohlensäure liefert.

a) Nur so lange die Nachgährung dauert, ist das Bier trinkbar; so wie sie beendigt ist, verliert das Bier die Kohlensäure und wird schaal.

b) Die Haltbarkeit eines Bieres ist bedingt von der Fortdauer der Gährung, die eben so regulirt werden muß, daß sich nie mehr Kohlensäure erzeugt, als das Bier aufzulösen vermag. Die Leilung der Gährung wird durch die Größe der Fässer, so wie durch die möglichst kühlen Lagerkeller bedingt.

c) Gutes bayerisches Lagerbier enthält 3½ — 4 Procent Alkohol und 4 — 5 Procent Extract (Malz- und Hopfenbestandtheile).

d) Von der Untersuchung der Biere nach Fuchs, Steinheil, Balling u. A. in den Vorlesungen.

Dreiundzwanzigster Abschnitt.

Die Weinbereitung.

§. 250.

Wein (vin, *wine*) ist gegohrner Traubensaft; in weiterem Sinne versteht man darunter solche Flüssigkeiten, welche durch Gährung des Saftes süßer Früchte entstanden sind. Letztere nennt man Obst- oder Fruchtweine. Die Bereitung des Weines zerfällt 1) in das Ernten der Weintrauben (die Weinlese), 2) in das Zerquetschen und Keltern derselben; 3) in die Gährung des Mostes.

a) Schon im grauesten Alterthume ward aus den Beeren der Weintraube ein geistiges, berauschendes Getränk gewonnen. Die Bibel und Homer erwähnen desselben sehr oft. Die Mythe von den Bachuszügen wird mit der Verbreitung des Weinbaues von Asien nach Europa identificirt. Deutschland hatte schon am Ende des 3. Jahrh. v. Chr. Weinbau. Am Mittelrhein und an der Mosel ließ Kaiser Probus 281 n. Chr. die ersten Weingärten anlegen. Unter den Merovingern hob sich der norddeutsche Weinbau. Im Jahr 1074 wurden die rüdesheimer, 1131 die steinberger, gleichzeitig die johannisberger Weinberge angelegt. Im Mittelalter hob sich Anbau und Behandlung des Weines zuerst durch die Klöster.

b) Es giebt eine große Anzahl von Traubensorten, so z. B. Riesling, Traminer, Clevner, Burgunder ꝛc. Am Rhein werden aus dem Kleinriesling die feinsten Rheinweine, aus dem rothen Traminer der Forster, Deidesheimer, Ruppertsberger; aus dem blauen Clevner der Ingelheimer, Affenthaler, Asmannshäuser bereitet.

c) Bei dem Ernten des Weines (der Weinlese) ist darauf zu sehen, daß nur gleich reife Trauben zusammen gekeltert werden.

Zerquetschen und Keltern der Weintrauben.

§. 251.

Bei der Bereitung des Mostes werden die Trauben entweder vorher abgebeert oder ganz verwendet. Das Zerquetschen der Trauben geschieht bald durch Treten mit bloßen Füßen, bald mit großen Stiefeln, bald mit hölzernen Stampfen. Das Keltern, d. h. die Trennung des Mostes von den festen Theilen, geschieht entweder vor der Gährung, oder, wenn es sich um die Bereitung rother Weine handelt, bei welchen man den Most mit den Schaalen und Körnern gähren läßt, nach der Gährung.

a) Die Keltern sind gewöhnlich Schraubenpressen.

b) Der Most enthält Krümelzucker (10—28 Procent), einige Farb- und Riechstoffe, Pektin, eiweißähnliche Körper, Weinsäure und Citronensäure und mineralische Bestandtheile, besonders Kalisalze.

c) Bei nicht guten Jahrgängen, in welchen der Zuckergehalt des Mostes gering ist, hat man empfohlen, dem Moste Zucker (Traubenzucker, Krümelzucker) zuzusetzen, um ihn dann durch Gährung reicher an Weingeist zu machen. Dieses Verfahren ist früher von Chaptal, neuerdings von Gall empfohlen worden (daher auch die Ausdrücke chaptalisiren und gallisiren); es wird dasselbe indessen mit vollem Rechte zu den Weinverfälschungen gerechnet.

Gährung des Mostes.

§. 252.

Die Gährung des Mostes unterscheidet sich von der der Bierwürze (S. 154), da sie ohne Zusatz von Hefe vor sich geht. Die in dem Most enthaltenen eiweißähnlichen Körper dienen zur Bildung der Hefe. Die Gährung tritt am besten in großen Fässern bei einer Temperatur von 15 — 20°

an und ist bei den gewöhnlichen Weinen nach 3—8 Tagen beendigt. Sodann läßt man den Wein in kleineren Fässern nachgähren. Letzteres hat zum Zweck die Hefe und den Weinstein (unreines saures weinsaures Kali) abzuscheiden. Der nachgegohrne Wein wird abgestochen, d. h. auf Lagerfässer gefüllt.

a) Die rothen Weine verdanken ihre Farbe den Farbstoffen (Purprit und Rosit), die sich in den Schalen der blauen Trauben finden. Damit diese Farbstoffe sich lösen, läßt man den Traubensaft mit den Schalen gähren und preßt ihn erst nach der Gährung aus.

b) Um die Klärung des Weines auf den Lagerfässern zu beschleunigen, versetzt man den Wein mit Hausenblase, Leim oder Eiweiß, die sich mit den trüben Beimengungen zu Boden setzen.

c) Der Wein enthält Alkohol, unzersetzten Zucker, zweifach weinsaures Kali, äpfelsaure Salze (zuweilen freie Weinsäure und Aepfelsäure), gummiähnliche Körper, mineralische Bestandtheile, Gerbsäure, Farbstoff. Der eigenthümliche Geruch, der den Wein characterisirt, rührt von einer kleinen Menge eines Aethers, Oenanthäther oder Pelargonäther her. Nicht zu verwechseln damit ist die Blume des Weines (bouquet, *flower*), über deren Natur nichts gewisses bekannt ist.

d) Von den Obstweinen (Aepfelwein, cidre; Birnenwein, poirée) u. s. w. in den Vorlesungen.

Schaumweine.

§. 253.

Die Schaumweine, moussirenden Weine (Champagner) sind Weine, welche durch reichliche Gährung vermittelst Zuckerzusatz große Mengen von Kohlensäuregas comprimirt enthalten, die nach dem Entkorken der Flaschen unter Aufschäumen entweichen.

a) Die Eigenschaft des Aufschäumens oder Moussirens verdankt der Schaumwein der Kohlensäure, die durch Nachgährung in den Flaschen selbst sich erzeugt und in dem Wein sich aufzulösen gezwungen wird.

b) Von der Fabrikation der Schaumweine in den Vorlesungen.

Vierundzwanzigster Abschnitt.

Die Branntweinbrennerei.

§. 254.

Der Branntwein (aqua vitae, eau de vie) auch gebrannter Wein (esprit ardent, *ardent spirit*) genannt, ist ein Gemenge von Alkohol und Wasser; beträgt der Gehalt des Wassers nur etwa den dritten Theil gegen den Alkohol, so wird er, wenn er aus Getreide gewonnen ist, Getreidegeist (Spiritus frumenti), oder wenn er aus Wein gewonnen ist, Weingeist (Spiritus Vini) genannt. Alkohol ist wasserfreier Weingeist oder Spiritus. Wer den Branntwein fabricirt, wird Branntweinbrenner genannt.

a) Der älteste Nachweis der Branntweinbereitung findet sich in einer arabischen Schrift des 11. Jahrhunderts von Albukases. Die Kunst aus Wein und gegohrnen Flüssigkeiten den berauschenden Bestandtheil durch Destillation abzuscheiden, scheint bei den nördlichen Völkern aufgekommen, und später erst den südlichen Völkern bekannt worden zu sein.

b) Der Branntwein hat schon großes Unheil angestiftet und doch ist an eine Verdrängung durch andere Getränke kaum zu denken. Die Branntweinsteuer bildet in vielen Ländern eine bedeutende Staatseinnahme, so daß ernstliche Maßregeln gegen den Verbrauch des Branntweins kaum zu erwarten sind. Der Betrieb der Brennerei ist ferner für die Landwirthschaft zu einer Lebensfrage geworden und liefert zu wichtigen technischen Anwendungen ein unentbehrliches Material.

Arten des Branntweins.

§. 255.

Der Branntwein ist, gleich dem Bier und dem Wein, ein Produkt der geistigen oder Weingährung. Daher geben auch Bier und Wein, so wie jede andere die Weingährung überstandene Flüssigkeit bei der Destillation Branntwein.

a) Hauptbestandtheil des Branntweins ist der Alkohol. Der Alkohol besteht aus 4 Atomen Kohlenstoff, 6 Atomen Wasserstoff und 2 Atomen Sauerstoff = $C_4H_6O_2$. Man betrachtet ihn als das Oxydhydrat eines Kohlenwasserstoffes, des Aethyl C_4H_5, daher C_4H_5O, HO.

b) In den verschiedenen Arten des im Handel vorkommenden Branntweins, als: Arrack, Rum, Getreide- und Kartoffelbranntwein rc. ist der Alkohol immer derselbe. Die Reinheit und Feinheit in Geruch und Geschmack, so wie der Fuselgeruch und Geschmack im gewöhnlichen Branntwein sind von eigenthümlichen Verbindungen (Fuselölen) abhängig, die sich bei der Gährung neben dem Weingeist erzeugen.

Materialien zur Branntweinbrennerei.

§. 256.

Alle Pflanzenstoffe, welche wie gewisse Samen, Obst- und Beerenfrüchte, Knollenfrüchte, Wurzeln, Rüben rc. Zucker oder Stärkmehl, oder beide zugleich, unter ihren Gemengtheilen enthalten, können zur Fabrikation des Branntweins benutzt werden.

a) Zu diesen Materialien gehören in den Weinländern der Wein, die Weinhefe, die Weintrestern, so wie Aepfel und Birnen.

b) In nördlichen Gegenden, wo der Weinbau des Klimas wegen nicht einträglich ist, 1) die Getreidearten (Weizen, Roggen, Gerste und Hafer); 2) der Buchweizen; 3) die Kartoffeln; 4) die Hülsenfrüchte (Erbsen, Linsen, Bohnen, Wicken); außerdem auch, besonders in neuerer Zeit von Wichtigkeit, Runkelrüben, Abfälle aus Rübenzuckerfabriken, Moorrüben, das grüne Kraut von Mais, so wie Ebereschenbeeren, Kirschen und Pflaumen.

c) Die Getreidearten werden vorher, wenigstens ein Theil derselben gemalzt, dann geschrotet. Die Kartoffeln werden mit Dämpfen gekocht, dann zerquetscht; eben so die Runkelrüben und die Moorrüben. Die Obst- und Beerenfrüchte werden bloß zerquetscht, dann mit Wasser verdünnt, bevor sie der anderweitigen Behandlung unterworfen werden.

Theorie der Branntweinbrennerei.

§. 257.

Die Branntweinbrennerei zerfällt in zwei Hauptoperationen: 1) in die Darstellung der weingeisthaltigen Flüssigkeit; 2) in die Abscheidung des Alkohols durch Destillation. Enthält das auf Branntwein zu verarbeitende Material nur Zucker, so ist es leicht durch Gährung die weingeisthaltige Flüssigkeit darzustellen; in den meisten Fällen ist aber das Material nicht zuckerhaltig, sondern enthält nur Stärkmehl. In diesem Fall wird das Stärkmehl zuerst durch die Einwirkung von Malz in Zucker (vergl. S. 153) und letzterer sodann durch Hefe in Weingeist übergeführt, welcher durch Destillation von der gegohrnen Flüssigkeit getrennt wird.

Geräthschaften in einer Branntweinbrennerei.

§. 258.

Die in einer gut eingerichteten Branntweinbrennerei nothwendigen Geräthschaften bestehen: 1) im Maischbottich; 2) in dem Gährbottich; 3) in dem Destillirapparat mit den dazu gehörigen Maisch- oder Vorwärmern und der Kühlgeräthschaft.

a) Eine speciellere Erklärung dieser Geräthschaften nach der ältern, so wie nach der neuern Form, in den Vorlesungen.

Bereitung des Branntweins.

§. 259.

Die Bereitung des Branntweins aus Getreide und aus Kartoffeln, zerfällt: 1) in die Vorbereitung der Materialien; 2) das Einmaischen; 3) das Gähren; 4) das Destilliren derselben.

a) Die Getreidearten (im rohen so wie im vorher gemalzten Zustande) werden geschrotet oder auch zu Mehl gemahlen, wobei man gern verschiedene Getreidearten untereinander gemengt verarbeitet, da die Ausbeute an Branntwein oder Weingeist erfahrungsmäßig größer ist, wenn man zwei Getreidearten wie Roggen und Gerste, Weizen und Gerste u. dergl. brennt.

b) Die Kartoffeln, am besten die im Sandland erzeugten mehligen, werden vorher mit Wasser gewaschen, dann durch Dämpfe gar gekocht; hierauf in einem Quetschapparate zerkleinert.

c) Die saftreichen Substanzen, wie Obst und Beeren, werden bloß zerquetscht, das Zerquetschte mit dem doppelten oder vierfachen Gewicht Wasser verdünnt.

Das Einmaischen, Stellen und Gähren der Maische.

§. 260.

Wenn die Getreidearten geschrotet oder gemahlen, die Kartoffeln gekocht und zerquetscht sind, werden sie eingemaischt; hierauf die Maische mit kaltem Wasser gestellt, dann die Hefe zugegeben und zur Gährung hingestellt. Das Einmaischen hat den Zweck, durch zugesetztes Malz die Stärke des Getreides und der Kartoffeln in Zucker zu verwandeln.

a) Zum Einmaischen des Getreideschrotes rechnet man für 1 Gewichtstheil 7 bis 8 Theile Wasser, und auf 4 Th. Getreide $\frac{1}{4}$—$\frac{1}{3}$ Th. Gerstenluftmalz. Das Einmaischen geschieht mit $\frac{2}{3}$ des Wassers (im Sommer bei 58; im Herbst und Frühjahr bei 60; im Winter bei 62 Grad). Hat die Maische sich bis auf 38 Grad abgekühlt, so wird das dritte Dritttheil des Wassers zugegeben. Hat die kalt gestellte Maische sich bis auf 22 Grad abgekühlt, so wird die Hefe zugegeben, und dann 6 bis 8 Prozent derselben, vom Gewicht des Getreides berechnet.

b) Wird mit Kartoffeln gearbeitet, die im Durchschnitt 75 Proz. Wasser und nur 25 Proz. trockne Substanz enthalten, auch nach dem Kochen weder eine Zunahme noch eine Abnahme am Gewicht erleiden: so wird ihr Wassergehalt mit in Rechnung gestellt und so viel weniger beim Einmaischen oder Stellen angewendet.

c) Man wolle z. B. 100 Pfd. Kartoffeln (= 1 Berliner Scheffel) verarbeiten, so sind darin enthalten 25 Theile trockene Substanz und 75 Theile Wasser. 25 Theile trockene Substanz sollen eingemaischt und gestellt werden, mit dem 8fachen Gewicht Wasser; also mit 200 Pfund. Es werden also nur noch erfordert 200 — 75 = 125 Pfund Wasser. Die Kartoffeln erfordern aber einen Zusatz von 3¼ Pfund Gerstenmalzschrot, zu dessen Maischung also noch 25 Pfund Wasser berechnet werden müssen. Man bringt daher 100 Pfund (= 40 Quart), von 50 Grad Reaumur in den Maischbottich, rührt das Malzschrot hinein, trägt nun die schnell zerquetschten noch heißen Kartoffeln hinzu, rührt alles anhaltend untereinander, und läßt hierauf die Maische so lange stehen, bis sie sich auf 38 Grad abgekühlt hat, stellt sie nun mit 50 Pfund (= 25 Quart) kaltem Wasser, setzt, wenn die Flüssigkeit sich bis auf 22 Grad abgekühlt hat, 2½ Pfund Hefe hinzu, und wartet nun die Gährung ab.

d) Eben so wie mit den Kartoffeln wird auch mit den Runkelrüben operirt, nur mit dem Unterschiede, daß der ausgepreßte Saft ohne Malzzusatz zur Gährung hingestellt wird.

e) Von dem Verlauf der Gährung, deren Beendigung, und den Ursachen derselben, in den Vorlesungen.

Destillation der Maische.

§. 261.

Die Gährung ist mit Entwickelung von Wärme und von kohlensaurem Gas begleitet; sie tritt schon nach 3—4 Stunden ein und erreicht gewöhnlich nach 16 Stunden ihren Höhepunkt; auf der Oberfläche sammelt sich ein dicker Schaum von Bläschen. Nach und nach nimmt die Heftigkeit der Gährung ab und nach 66 Stunden ist die Quantität des erzeugten Alkohols die größte. Es ist deshalb am zweckmäßigsten, in diesem Zeitpunkte die Destillation vorzunehmen, deren Zweck nicht nur ist, den Weingeist von den nicht flüchtigen Stoffen zu trennen, sondern ihm auch zugleich einen Theil des beigemengten Wassers zu entziehen.

a) Die ältere Destillirvorrichtung bestand aus der Blase (cucurbite, *still*), dem Helm (alambic, chapiteau, *head*) und dem Kühlapparat (réfrigerant). In letzterem verdichteten sich die Alkoholdämpfe und wurden dann aufgefangen.

b) Die überdestillirende alkoholhaltige Flüssigkeit heißt Lutter (*low wine*). Der Rückstand in der Blase heißt Schlempe und dient als Viehfutter. Durch wiederholte Destillation des Lutters erhält man ein alkoholreiches Destillat, Vorlauf (*first short*), das spätere schwächere heißt Nachlauf (répasses, *faints*).

c) Bei den jetzigen Destillirvorrichtungen, bei welchen man den Alkohol sogleich durch einmalige Destillation von der erforderlichen Stärke erhält, wendet man Maischvorwärmer, Dephlegmatoren und Rectificatoren an.

d) Die Maischvorwärmer; bei diesen Apparaten wird der Dampf durch ein Schlangenrohr durch die Maische geführt, welche dadurch erwärmt wird. Die Maische wirkt demnach als Kühlapparat.

e) Die Dephlegmatoren sind Apparate, in welchen das Gemenge der Alkohol- und Wasserdämpfe so zerlegt wird, daß der alkoholreichere Theil dampfförmig bleibt, während die Wasserdämpfe sich verdichten.

f) Die Rectificatoren sind zwischen der Blase und dem Kühlapparat befindliche Gefäße, in welchen sich die einströmenden Dämpfe anfangs verdichten, später aber, wenn die Temperatur sich steigert, eine neue Destillation stattfindet, wobei die Dämpfe weit alkoholreicher sind, als bei der ersten Destillation.

g) Die jetzt häufig angewendeten Destillirapparate sind die von Pistorius, Falkmann-Peters, Gall u. s. w.

Entfuselung des Branntweins.

§. 262.

Der aus Kartoffeln und Getreide dargestellte Branntwein oder Weingeist enthält einen eigenthümlichen Stoff, Fuselöl genannt, welcher der Flüssigkeit den bekannten widrigen Fuselgeruch ertheilt. Diesen Stoff zu entfernen, ist der Zweck der Entfuselung, die darin besteht, daß man den rohen Branntwein oder Weingeist über frisch ausgeglühtem Kohlenpulver digerirt und dann destillirt.

a) Das Fuselöl ist ein Gemenge verschiedener Alkoholarten, des Amylalkohols $C_{10}H_{12}O_2$, Butylalkohols $C_8H_{10}O_2$ und Propylalkohols $C_6H_8O_2$, in welchem der Amylalkohol den Hauptbestandtheil ausmacht.

Anwendung des Alkohols (Spiritus).

§. 263.

Die Hauptbenutzung des Alkohols in mit Wasser verdünntem Zustande ist leider die als berauschendes Getränk, sei es als roher Branntwein, oder veredelt als Liqueur (Rosoglio), Crême, Ratafia, Rum, Arrack, Cognac (Franzbranntwein) 2c. Man benutzt den Alkohol ferner zur Darstellung von Parfümerien (eau de cologne, eau de melisse, Ananasöl, *pine apple-oil*, Birnenöl, *pear-oil*), zum Auflösen von Harzen behufs der Lack- und Firniß-bereitung, zur Schnellessigfabrikation, als Brenn-material, zum Sengen von Baumwollwaaren, zur Darstellung vieler chemischen und pharmaceutischen Präparate (Aether, Chloroform, Tincturen, Essenzen 2c.) u. s. w.

a) Von den Methoden, den Alkoholgehalt des Branntweins oder irgend einer alkoholhaltigen Flüssigkeit zu ermitteln, vermittelst der Araeometer, Alkoholometer oder Senkwagen, in den Vorlesungen.

Fünfundzwanzigster Abschnitt.

Die Essigfabrikation.

(Die Essigbrauerei.)

§. 264.

Jeder Essig (Acetum, vinaigre, *vinegar*), mit Ausnahme des durch trockne Destillation des Holzes erhaltenen Holzessigs, ist ein Product der Einwirkung des Sauerstoffs der Atmosphäre auf Weingeist und weingeisthaltige Flüssigkeiten. Der Vorgang der Umwandelung des Weingeistes einer Flüssigkeit in Essig wird Essiggährung (fermentation acétique, *acetous fermentation*) genannt. Die wesentlichen Gemengtheile in jedem Essig sind Essigsäure (Acidum aceticum) und Wasser. Alle übrige Materien, die ein Essig enthalten kann, müssen als außerwesentlich für denselben betrachtet werden.

a) Da jede zuckerhaltige Flüssigkeit in die geistige Gährung überzugehen fähig ist, und jede weingare Flüssigkeit, unter Mitwirkung von Wärme und Luft, in Essig übergehen kann: so kann die Grundmischung des Essigs eben so verschieden sein, als die Materialien, woraus er dargestellt worden ist.

b) Die Umwandlung des Weingeistes $C_4H_6O_2$ in Essigsäure $C_4H_4O_4$ läßt sich auf folgende Weise ausdrücken: 1 Atom Weingeist $C_4H_6O_2$ nimmt aus der Luft auf 4 At. Sauerstoff 4 O und geht dadurch über in 1 At. Essigsäure $C_4H_3O_4$ und in 2 At. Wasser 2 HO. 46 Th. absoluten Alkohols geben 60 Th. reine Essigsäure.

c) Von der Geschichte des Essigs und seinem vielfachen Gebrauche, in der Medicin, der Haushaltung, den technischen Gewerben etc., in den Vorlesungen.

Fabrikation des Essigs.

§. 265.

Im Handel unterscheidet man 1) ächten und künstlichen Weinessig; 2) Cider- oder Obstessig; 3) Zucker- und Honigessig; 4) Branntweinessig; 5) Malz- oder Getreideessig, gewöhnlich auch Bieressig genannt. Alle diese Fabrikationen sind aber jetzt durch die Schnellessigfabrikation in den Hintergrund gedrängt worden. Die Fabrikation selbst geschieht, nach der Art der dazu bestimmten Materialien, auf eine verschiedene Weise.

a) Die Einrichtung einer Essigbrauerei nach älterer Einrichtung setzt voraus: 1) den Raum worin die Materialien zur Essigbrauerei verarbeitet werden; 2) die Gährungsfässer (Sauer- oder Mutterfässer); 3) die heizbare Essigstube; 4) die erforderlichen Kellerräume zum Aufbewahren des fertigen Essigs. Eine speciellere Erörterung desselben, in den Vorlesungen.

b) Zur Fabrikation des ächten Weinessigs wird ordinärer Wein, allenfalls mit Branntwein versetzt, mit Essig gemengt, bei einer Temperatur von 20—25 Grad in der Essigstube so lange erhalten, bis die Essiggährung vollendet ist. Die häufig ausgesprochene Ansicht, ein schlechter Wein sei zur Erzeugung von Essig immer noch gut genug, ist eine irrige, da nur der Alkohol im Weine in Essigsäure übergeht.

c) Auf ähnliche Weise wie beim Weinessig verfährt man mit dem

Cider- oder Obstwein. Der Obstessig unterscheidet sich dadurch vom Weinessig, daß er keinen Weinstein enthält.

d) Um Zucker- oder Honigessig, oder auch Essig aus Stärkezucker zu bereiten, der dem Weinessig ähnlich ist, wird Rohzucker oder Honig oder Stärkezucker in dem 30fachen Gewicht weichem Flußwasser gelöst, der Lösung der achte Theil vom Zucker, guter Hefe zugegeben, die Flüssigkeit der Weingährung unterworfen, nach beendigter Gährung und Trennung von der gebildeten Hefe, mit dem 16ten Theil so viel wie der Zucker wog, Weinstein versetzt, der vorher in dem 10ten Theil des Umfangs der Flüssigkeit, von gutem Essig aufgelöst war, dann noch eben so viel Branntwein von 60 Proz. Alkoholgehalt zugegeben, und nun alles in der Essigstube bis zur Vollendung der Essiggährung überlassen.

e) Zur Bereitung des Essigs aus Branntwein und Wasser werden 10 Theile Wasser und ein Theil Branntwein gemengt, dem Gemenge der 8te Theil fertiger Essig und eben so viel flüssige Würze aus Gerstenmalz zugegeben. Wird die Würze erwärmt zugegeben, so tritt die Essigbildung um so schneller ein.

f) Zur Bereitung des Malz- oder Getreide- oder Bieressigs (*malt vinegar*), die in England gebräuchlichste Essigsorte, wird aus 2 Theilen Gerstenluftmalz und 1 Theil Weizenluftmalz, mit dem 25fachen Gewicht Wasser eine Maische gebildet, die Würze von den Trebern abgezogen, mit Hefe versetzt in Weingährung gebracht, das weingare Fluidum von der gebildeten Hefe getrennt, und nun in den schon mit Essig durchdrungenen Fässern in der Essigstube so lange gehalten, bis der Essig gebildet ist.

Schnellessigfabrikation.

§. 266.

Mit dem Namen Schnellessigfabrikation (*quick vinegar process*) bezeichnet man eine Methode, nach welcher der Essig äußerst schnell dargestellt werden kann. Das Prinzip ist das nämliche, wie das der übrigen Methoden, der wesentliche Unterschied besteht aber darin, daß bei der neuen Fabrikation der Einwirkung der Luft eine außerordentlich große Oberfläche dargeboten wird, so daß die Oxydation des Alkohols zu Essigsäure viel schneller erfolgt.

a) In der Essigstube stellt man die Essigbilder, eichene Fässer mit Hobelspänen von Buchenholz gefüllt, welche mit starkem Essig getränkt sind, auf; in dem oberen Theile eines jeden Fasses befindet sich ein cylindrischer Behälter, dessen Boden mit vielen kleinen Oeffnungen versehen ist. In diesen Oeffnungen befinden sich Bindfäden, an welchen die bis auf 25—28° erwärmte weingeisthaltige Flüssigkeit (ein Gemisch von 1 Th. Alkohol mit 8 bis 9 Th. Wasser) herabrinnt. An den Seitenwänden des Fasses sind Löcher angebracht, durch die fortwährend Luft einströmt. Man läßt die unten ablaufende Flüssigkeit noch 1—2 mal durch das Faß laufen, damit aller Alkohol in Essigsäure übergeführt werde. Anstatt der Hobelspäne wendet man auch häufig grobes Kohlenpulver an, durch welches man den verdünnten Weingeist laufen läßt.

Essigfabrikation aus Holzessig.

§. 267.

Der Holzessig (vinaigre de bois, *wood vinegar, pyroligneous acid*) bildet sich bekanntlich neben Holzgeist ($C_2H_4O_2$, eine dem Weingeist ähnliche Flüssigkeit), Kreosot, Holzgas und anderen Producten bei der trocknen Destillation des Holzes (Siehe unten die Theerschwelerei). Der rohe Holzessig wird mit Kalk gesättigt; der entstandene essigsaure Kalk wird mit schwefelsaurem Natron (Glaubersalz) zerlegt und das essigsaure Natron mit Salzsäure oder Schwefelsäure destillirt, wobei die Essigsäure übergeht, die man nach Befinden mit Wasser verdünnt.

Sechsundzwanzigster Abschnitt.

Die Fabrikation der Stärke und des Dextrins.

§. 268.

Die Stärke, richtiger Stärkmehl (Amylum, amidon, fécule, *starch*) kommt in mikroskopischen kugelförmigen oder länglichrunden weißen Körnchen, die in der Mitte einen mit concentrischen Schichten umgebenen Nabel zeigen, in den Getreidearten (Weizen, Roggen, Gerste, Hafer), in den Hülsenfrüchten (Linsen, Bohnen, Erbsen), im Reis, Mais, Hirse, in den Kartoffeln, im Marke des Stammes mehrerer Palmenarten vor. Das Wort Stärke bezieht sich auf die Anwendung des Stärkmehls zum Steifen der Leinwand.

a) Die Kunst Stärke zu bereiten, soll nach Plinius zuerst auf der Insel Scio (Chios) gemacht worden sein. Der lateinische Name Amylon, ist von dem griechischen Worte ἄμυλον (d. i. non molitum), zum Unterschiede von μυλήφατον (d. i. Mehl) abgeleitet.

Abscheidung der Stärke aus Weizen.

§. 269.

Die Scheidung der Stärke aus dem Weizen, der 58 bis 75 Prozent enthält, geschieht auf eine zweifache Weise: Einmal, indem der Weizen vorher geschrotet und nun mit Wasser eingequellt und in anfangende Gährung gesetzt wird; zweitens, indem der Weizen zu Mehl gemahlen und mit Wasser zu einem Teig geknetet wird; der Teig wird auf ein Sieb gebracht über welches Wasser strömt, das alle Stärke auswäscht.

a) Zur erstern (ältern) Verfahrungsart wird der Weizen 1) gut abgestäubt; 2) grob geschrotet; 3) mit Wasser eingequellt, und in Gährung gesetzt; 4) die gegohrne Masse in Säcke gefüllt und im Tretfasse ausgetreten; 5) das milchige Fluidum vollkommen mit Wasser ausgesüßt; 6) die ausgesüßte Stärke getrocknet. Durch die Gährung wird ein Theil des Stärkmehls in Milchsäure verwandelt, welche den Kleber des Weizens auflöst.

b) Zur zweiten Verfahrungsart wird der Weizen 1) gemahlen; 2) mit Wasser geknetet; 3) der Teig mit Wasser ausgewaschen; 4) das milchige Fluidum durch Haarsiebe geseiht; 5) nach dem Absatz der Stärke dieselbe ausgesüßt; 6) getrocknet. Auf den Sieben bleibt der Kleber zurück, der zu Nudeln, Macaroni u. s. w.

verarbeitet oder mit Mehl gemischt, getrocknet und gekörnt in den Handel gebracht wird.

c) Eine speciellere Erklärung dieser Arbeiten, in den Vorlesungen.

Abscheidung der Stärke aus Kartoffeln.

§. 270.

Die Kartoffeln sind reich an Stärkmehl (fécule de pommes de terre, *potato-starch*), sie enthalten im Allgemeinen 20 Prozent desselben.

a) Um die Stärke aus Kartoffeln zu scheiden werden sie 1) rein gewaschen, um alle anhängenden Erdtheile zu sondern; 2) mittelst einer Reibewalze zerrissen; 3) das Zerrissene von der schmutzigen Flüssigkeit getrennt; 4) der Rückstand mit Wasser behandelt, um das Stärkmehl von den Fasern zu trennen; 5) die aus der Flüssigkeit abgelegte Stärke ausgewaschen; 6) getrocknet.

b) Die rückständige Faser dient noch zur Nahrung für das Vieh.

c) Daß auch aus Mais, so wie Roßkastanien und mehrern Knollengewächsen, Stärke bereitet werden kann, ist bekannt. Der Sago ist in Kleister verwandelte und gekörnte Stärke aus dem Marke der Sagopalme. Künstlichen Sago stellt man aus Kartoffelstärkmehl dar.

d) Eine speciellere Erklärung aller oben gedachten Operationen, in den Vorlesungen.

e) Der Gebrauch der Stärke ist ein sehr vielseitiger; man benutzt sie in der Feinbäckerei, zum Stärken der Wäsche, zum Kleister des Buchbinders, zum Appretiren von Leinen- und Baumwollwaaren, zum Leimen des Papiers, zur Darstellung von Stärkezucker, von Dextrin. Sie macht einen Hauptbestandtheil des Brotes und aller Mehlspeisen aus.

Dextrin.

§. 271.

Das Dextrin oder Stärkegummi, ein gummiähnlicher Körper, wird als Surrogat für das arabische Gummi, zum Appretiren, in der Kattundruckerei u. s. w. in großer Menge verwendet. Man stellt es fabrikmäßig dar aus der Stärke 1) durch Einwirkung von Malz oder von verdünnten Säuren auf dieselbe; 2) durch Erhitzen der Stärke bis auf 120° R.

a) Nach der ersten Methode stellt man Dextrin dar, indem man 100 Th. Stärke mit 5 – 8 Th. Malz und Wasser längere Zeit stehen läßt, die Flüssigkeit durchseiht und abdampft. Das so erhaltene Dextrinist zu ckerhaltig.

b) Nach der zweiten Methode werden 1000 Th. Stärke mit 300 Th. Wasser und 2 Th. Salpetersäure angerührt und der Brei getrocknet.

c) Nach der dritten Methode wird einfach Kartoffelstärkmehl vorsichtig geröstet. Man nennt dieses Dextrin geröstete Stärke, Leiokom, Leiogomme (leiogomme, amidon torrefié, *roasted starch, british gum*).

d) Das Dextrin hat dieselbe Zusammensetzung wie das Stärkmehl und besteht aus $C_{12} H_{10} O_{10}$.

e) Den Namen Dextrin hat es von der Eigenschaft seiner Lösung, die Polarisationsebene des Lichts nach rechts (dexter) abzulenken.

Siebenundzwanzigster Abschnitt.

Die Oblatenbäckerei.

§. 272.

Die Oblate nennt man ein aus nicht gesäuertem Weizenmehlteig bereitetes Backwerk, das zu einem mannigfachen Gebrauch bestimmt ist. Der Verfertiger der Oblaten wird Oblatenbäcker genannt. Die Erfindung der Oblaten fällt in die letzte Hälfte des 16. Jahrhunderts; ihr Gebrauch als Siegeloblaten in das 17. Jahrhundert; die Erfindung ist wahrscheinlich eine Niederländische.

a) Um die Oblaten zu verfertigen wird aus dem feinsten weißen Weizenmehl, mit Wasser, ein dünner Teig bereitet, solcher in die 12 Zoll lange und 6 Zoll breite aus Eisen verfertigte aus 2 sich öffnenden und schließenden Platten bestehende Oblatenform gegossen, nachdem sie vorher mit etwas Fett ausgestrichen worden ist, worauf die Form so lange in das Feuer gehalten wird, bis der Teig gebacken ist. Die Form zu glatten Oblaten ist polirt.

b) Sollen die Oblaten rund und figurirt erscheinen: so bedient man sich dazu einer Form, deren innere Fläche aus 24 etwas vertieften in bestimmten Entfernungen von einander abstehenden Kreisen besteht, worin in jedem einzelnen die Figur eingegraben ist.

c) Man verfertigt 1) Tafeloblaten (für die Lebkuchenbäcker und Conditoreien); 2) figurirte Oblaten (Hostien), für den kirchlichen Gebrauch; 3) runde glatte Oblaten, farblos oder verschieden gefärbt (Siegel- oder Briefoblaten) zum Versiegeln der Briefe.

d) Die Tafeloblaten werden ganz verkauft. Die Hostien so wie die Siegeloblaten werden mit einem kreisförmigen Stecheisen ausgestochen.

e) Zum Färben des Oblatenteigs für die farbigen Siegeloblaten bedient man sich des Zinnobers, des Ultramarins, der Kurkumewurzel, der Fernambukholzabkochung, des Kienrußes 2c.

Achtundzwanzigster Abschnitt.

Die Bäckerei.

(Das Bäcker-Handwerk).

§. 273.

Brot (pain, *bread*) in der allgemeinen Bedeutung des Wortes, wird ein aus Getreidemehl mit Wasser angeknetetes, mittelst Hefe oder Sauerteig in leichte Gährung versetztes und in der Hitze eines Backofens ausgebackenes Product genannt, das ein Hauptnahrungsmittel aller civilisirten Nationen ausmacht. Der, welcher dasselbe verfertigt, wird ein Bäcker (boulanger, *baker*) oder Brotbäcker; die Anstalt, worin Brot gebacken wird, die Bäckerei genannt.

a) Die Getreidearten aus denen Mehl oder Brot gebacken wird, sind Roggenmehl und Weizenmehl, seltener Gerstenmehl; im Nothfall auch Kartoffeln. Daher unterscheidet man Roggenbrot, Weizenbrot und Kuchen; auch wird der Brotbäcker zuweilen von dem Kuchenbäcker (Feinbäcker) unterschieden. Die übrigen Backwerke aus Mehl unterscheiden sich vom Brot dadurch, daß sie aus Mehl und Wasser theils ohne Gährung bereitet werden, theils noch andere Zusätze als Butter, Milch, Zucker, Rosinen, Mandeln, Citronat u. s. w. enthalten, theils durch die Hitze nicht ausgetrocknet, sondern bloß gekocht werden.

b) An einigen Orten unterscheiden sich die Bäcker in Weißbäcker und Schwarzbäcker, je nachdem sie allein mit dem Backen des Weizen- oder des Roggenbrots beschäftigt sind.

c) Von der Geschichte der Bäcker in den Vorlesungen.

§. 274.

Das Brotbacken zerfällt: 1) in das Anmachen des Teigs; 2) in das Kneten; 3) in das Aufgehenlassen; 4) in das Formen und 5) in das eigentliche Backen.

a) Das Anmachen des Mehls mit Wasser zu einem Teige ist die erste Arbeit des Bäckers; es bezweckt, den in dem Mehl enthaltenen Krümelzucker und das Dextrin aufzulösen und im aufgelösten Zustande die unlöslichen Bestandtheile des Mehls (Stärkmehl, Fibrin und Kleber) zu durchdringen und aufzulockern. Man nimmt auf 100 Pfund Mehl 50—75 Pfund Wasser.

b) Sodann knetet man den Teig mit den Händen oder vermittelst Knetmaschinen mit Sauerteig (levain, *leaven*) oder mit Hefe (Oberhefe, levure, *yeast*) zusammen, bis er gleichmäßig geworden ist und läßt ihn an einem warmen Orte zum Aufgehen stehen. Hierbei tritt die Gährung des in dem Mehl enthaltenen Zuckers ein, wodurch Alkohol und Kohlensäure sich bilden. Die Kohlensäure entwickelt sich als Gas inmitten des zähen Teiges und verwandelt ihn in eine schwammige Masse. Der Alkohol geht durch Verflüchtigung verloren.

c) Der aufgegangene Teig wird ausgewirkt, d. h. man bringt ihn in die gebräuchliche Form von Broten oder Laiben und sodann in den Backofen; durch die Hitze desselben erleidet der Teig folgende Veränderungen: 1) die Stärkmehlkörnchen zerplatzen und schwellen auf, 2) das in dem Teige enthaltene Wasser wird von dem gebildeten Stärkekleister aufgesogen und dadurch der Teig trockner, 3) durch die in der Hitze sich ausdehnende Kohlensäure und auch durch Dampfbildung wird der Teig noch stärker aufgetrieben, 4) durch Austrocknung und beginnende Röstung der Oberfläche wird die Rinde gebildet.

d) 100 Pfund Weizenmehl liefern durchschnittlich 126 Pfund fertiges Weißbrot; 100 Pfund Roggenmehl dagegen 130 bis 133 Pfund Brot.

e) Eine speciellere Erörterung jener Operationen, so wie der besten Construktion eines Backofens, dem Grade seiner Höhe, und dem Ausbacken des Brotes in demselben, in den Vorlesungen.

Neunundzwanzigster Abschnitt.

Die Pottaschenfabrikation.

§. 275.

Pottasche (cinis clavellatus; Kali carbonicum impurum; carbonate de potasse, *carbonate of potash*) ist ein Salzgemenge, welches zum größten Theile aus kohlensaurem Kali besteht; man gewinnt es durch das Auslaugen der Asche von verbrannten Hölzern mit Wasser, Eindicken der Lauge zur Trockne und Ausglühen (Calciniren) des trocknen Salzes (roher Pottasche).

a) Von der Geschichte der Pottasche und den Bedingungen zu einer vortheilhaften Fabrikation derselben, in den Vorlesungen.

§. 276.

Die Fabrikation der Pottasche zerfällt in drei verschiedene Operationen: 1) das Auslaugen der Asche; 2) das Versieden der Lauge zur rohen Pottasche; 3) das Calciniren der Pottasche.

a) In holzreichen Gegenden, wie in Amerika und Rußland, werden ganze Wälder ausgerodet, um das Holz auf Pottasche zu verarbeiten. In holzarmen Gegenden kauft man die Asche dazu auf, um sie ferner zu verarbeiten. Hundert Pfund einer solchen Asche geben, wenn sie nicht schon zum Theil ausgelaugt worden war, gegen 10 Pfund calcinirte Pottasche.

b) Man verbrennt ganze Bäume, so wie Sträucher rc. zur Asche.

Dies geschieht in länglich viereckigen Gruben, in denen man das Brennen so lange fortsetzt, bis die ganze Grube mit Asche gefüllt ist.

c) Die an Kali reichhaltigste Asche liefern mehrere Strauchgewächse, besonders Tabaksstrünke, Farrenkräuter, Wermuth, Weinreben, die Stängel der Sonnenrose ꝛc. auch die Früchte und die Fruchtkapseln der Roßkastanien.

§. 277.

Das Auslaugen der Asche geschieht in gewöhnlichen Auslaugebottigen (Aeschern) mit doppeltem Boden, mit kaltem Wasser. Dieses nimmt vorzugsweise das kohlensaure Kali aus der Asche auf und hinterläßt die schwer löslichen und unlöslichen Salze. Die Lauge, welche zuerst abfließt, ist die reichhaltigste: die später erfolgende wird immer ärmer an gelösten Salztheilen. Man verstärkt solche, indem man sie durch neue Asche hindurch laufen läßt. Hat man eine Masse Lauge, deren Gehalt an Salztheilen 25 bis 30 Proz. beträgt, dann ist sie stark genug, um versotten zu werden.

a) Um die Asche auszulaugen, wird sie vorher durch Drahtsiebe gesiebt, um Kohlen- und Steintheile davon zu trennen.

b) Sie wird hierauf mit so viel Wasser befeuchtet und damit zusammen gearbeitet, bis sie sich ballet, dann in die Aescher, nachdem deren Boden mit einer dünnen Lage Stroh bedeckt ist, fest eingestampft, so daß nur ein 1 oder 1½ Fuß hoher Raum im Aescher leer bleibt, und so oft durch nachgegossenes Wasser ausgelaugt, bis reines Wasser abfließt. Die ausgelaugte Asche dient noch für die Glashütten, in welchen man grünes Glas darstellt, so wie als Düngemittel.

c) Das Versieden der Lauge geschieht am besten in flachen großen Pfannen von starkem Eisenblech, unter öfterm Umrühren mit eisernen Krücken, bis alles in eine trockne schwarze Masse umgewandelt ist, die in Stücken herausgeschlagen wird. Diese Masse enthält 6—10 Prozent Wasser und verkohlte organische Substanz.

Calcination der Pottasche.

§. 278.

Die rohe Pottasche (salin, *black salt*) sieht braun aus; sie enthält färbende Materien, die aus den unverbrannten

Kohlentheilen der Asche ausgelaugt worden sind. Wird sie im Calcinirofen ausgeglühet, so verbrennen diese, und die calcinirte Pottasche bleibt in harten zusammenhängenden, beim Anschlagen klingenden Stücken von bläulichweißer Farbe zurück. Um nicht an der Luft zu zerfließen, muß sie sogleich in Fässer verpackt werden.

a) Eine genauere Beschreibung des Pottaschen-Calcinirofens, so wie des Verfahrens bei der Calcination, in den Vorlesungen.

b) In Burgund verfertigt man aus dem Weinlager Pottasche, welche Weinhefenasche, Drusenasche (cendres gravelées) genannt wird. Am Rhein erhält man durch Verbrennen der Weinkämme und Weintrestern die Waid- oder Weedasche. Man unterscheidet im Handel die amerikanische Perlasche (*perl ash*), die russische, toscanische, ungarische Pottasche u. s. w.

c) Die käuflichen Pottaschensorten enthalten außer kohlensaurem Kali, schwefelsaures Kali, Chlorkalium und unlösliche Substanzen. Da nun ihr Gehalt an kohlensaurem Kali ihren Handelswerth bestimmt, so sind die Pottaschenproben, die den Gehalt der Pottasche angeben, von Wichtigkeit.

d) Eine gute Pottasche enthält in 100 Th. 75 Th. kohlensaures Kali, 3 Th. kohlensaures Natron, 13—14 Th. schwefelsaures Kali und 9—10 Th. unlösliche Körper und Wasser.

Pottasche aus Runkelrüben.

§. 279.

In neuerer Zeit stellt man aus der Rübenmelasse, die bei der Rübenzuckerfabrikation abfällt, durch Gährung Weingeist und aus den Rückständen in der Destillirblase durch Abdampfen und Calciniren Pottasche dar, die sich durch große Reinheit auszeichnet. So stellt man z. B. Pottasche in der Rübenzuckerfabrik zu Waghäusel in Baden dar.

Pottasche aus Meerwasser.

§. 280.

Seit einigen Jahren hat man im südlichen Frankreich angefangen, aus dem Meerwasser, das durchschnittlich 1,35 *pro Mille* Chlorkalium enthält, durch Benutzung der bei Darstellung des Seesalzes und schwefelsauren Natrons abfallenden Mutterlauge, Pottasche zu gewinnen.

a) Die hohe Bedeutung der Darstellung der Pottasche aus dem Meerwasser ist nicht zu verkennen, da letzteres eine unversiegbare, bisher unbeachtet gebliebene Quelle des Kalis, eines Stoffes, ist, den man bis jetzt nur durch Beihülfe der Vegetation der Pflanzen zu gewinnen vermochte.

Anwendung der Pottasche.

§. 281.

Obgleich die Pottasche immer mehr und mehr in den Gewerben von der wohlfeileren Soda verdrängt wird, so findet sie doch noch Anwendung zur Fabrikation von Kaliglas, Salpeter, Schießpulver, Alaun, Blutlaugensalz, Schmierseifen und vielen chemischen und pharmaceutischen Präparaten.

Dreißigster Abschnitt.

Die Fabrikation der Soda und des Natrons.

§. 282.

Mit dem Namen Soda (Soda, sel de soude), bezeichnet man im Handel mehrere Producte verschiedenen Ursprungs und verschiedener Zusammensetzung, welche aber alle darin übereinstimmen, daß sie Gemenge verschiedener Salze sind, deren Hauptbestandtheil kohlensaures Natron (carbonate de soude, *carbonate of soda*) ist. Man stellt sie auf verschiedene Weise dar und unterscheidet natürliche und künstliche Soda.

Die natürliche Soda gewinnt man in Frankreich, Spanien und anderen Küstenländern aus Pflanzen, welche am Ufer des Meeres wachsen. Es enthalten diese Pflanzen oxalsaures Natron, welches durch Einäscherung in kohlensaures Natron verwandelt wird. Die fremdartigen Beimischungen werden durch Abwaschen und Krystallisiren daraus geschieden. Die getrockneten Seepflanzen werden in Gruben verbrannt. Die Verbrennung geschieht unter freiem Himmel und währt mehrere Tage. Man erhält als Asche eine salzige, harte und halbgeschmolzene Masse, welche als rohe Soda in den Handel kommt.

a) Die beliebteste Sodasorte ist die Barilla oder span. Soda. Sie wird aus der Salsola Soda bereitet, einer Pflanze, die an der spanischen Küste angebaut wird. Sie enthält 25 — 30 Prozent kohlensaures Natron.

b) Das Salicor oder Soda von Narbonne wird durch Verbrennen von Salicornia erhalten, die man in der Umgegend von Narbonne cultivirt. Sie enthält 14—15 Proz. kohlensaures Natron.

c) Die Blanquette oder Soda von Aiguemorte, zwischen Frontignan und Aigemorte aus allen dort vorkommenden Strandgewächsen, wie Salicornia europaea, Salsola tragus, Atriplex portulacoïdes, Salsola Kali, Statice limonium u. s. w. erhalten, enthält nur zwischen 3—8 Proz. kohlensaures Natron.

d) Noch schlechter als die Blanquette ist die Varecksoda oder Tangsoda, welche in der Normandie aus dem Blasentang (Fucus vesiculosus) bereitet wird. Sie ist die ärmste Soda.

e) Mit letzterer ziemlich übereinstimmend ist der Kelp, welcher in England, Schottland und Irland aus mehreren Fucusarten dargestellt wird. Man benutzt ihn zur Darstellung von Jod.

f) Aus der rohen Soda läßt sich durch Aufweichen in Wasser, Auflösen, Abdampfen und Krystallisiren das Sodasalz (sel de soude, *soda salt*) darstellen.

Künstliche Soda.

§. 283.

Der hohe Preis, so wie die schlechte, wechselnde Beschaffenheit der natürlichen Sodasorten hatte schon längst zu Versuchen Veranlassung gegeben, aus dem Kochsalz (Chlornatrium) und dem Glaubersalz (schwefelsaurem Natron) Soda darzustellen. Unter den vielen vorgeschlagenen Verfahren hat sich nur das eine von Leblanc (seit dem Jahre 1791 ausgebeutet) bewährt. Nach dieser Methode wird 1) das

Kochsalz durch Schwefelsäure in Glaubersalz übergeführt, 2) das Glaubersalz oder schwefelsaure Natron in kohlensaures Natron oder Soda verwandelt.

a) Man erhitzt Kochsalz mit Schwefelsäure; es bleibt als Rückstand Glaubersalz, während Salzsäure sich verflüchtigt ($ClNa + SO_3, HO = NaO, SO_3 + ClH$).

b) Das Glaubersalz wird mit Kohle und gepulvertem Kalkstein (kohlensaurem Kalk) gemengt und das Gemenge in einem Flammenofen stark erhitzt. Die dadurch erhaltene rohe Soda enthält außer kohlensaurem Natron, Aetznatron, etwas unzersetztes Glaubersalz, Kohle, Kalk, Sand und Schwefelcalcium.

c) Die rohe Soda wird mit Wasser ausgezogen und die Lösung zur Trockne verdampft. Der Rückstand heißt calcinirte Soda oder Sodaasche (*soda ash*).

d) Wird die calcinirte Soda in Wasser gelöst, so scheidet sich aus der Flüssigkeit krystallisirtes kohlensaures Natron in großen Krystallen von der Zusammensetzung $NaO, CO_2 + 10HO$ aus, welche $62\frac{1}{2}$ Proz. Krystallwasser enthalten.

e) Die Soda dient zur Fabrikation der Seife und des Glases und ersetzt die Pottasche in den meisten Fällen.

f) Die Sodafabrikation aus Kochsalz ist von großer Wichtigkeit für die Gesammtindustrie; sie läßt sich als die Grundlage des außerordentlichen Aufschwungs betrachten, welchen die moderne Industrie nach allen Richtungen hin genommen hat.

Einunddreißigster Abschnitt.

Die Fabrikation des Alauns.

(Die Alaunsiederei.)

§. 284.

Mit dem Namen Alaun (Alumen, alun, *alum*) wird ein aus schwefelsaurer Thonerde und schwefelsaurem Kali oder Ammoniak und Krystallwasser bestehendes Salz, von süßlich zusammenziehendem Geschmack, bezeichnet, das in farblosen, durchsichtigen Oktaëdern krystallisirt und zu seiner Auflösung 14 Th. kaltes Wasser braucht; es wird entweder aus den Alaunerzen, oder auch auf künstlichem Wege, auf den Alaunhütten bereitet.

a) Ob die Griechen und Römer den Alaun gekannt haben, ist nicht mit Gewißheit zu ermitteln. Die ältesten Alaunwerke scheinen im Orient existirt zu haben. Das älteste bekannte Alaunwerk findet sich in Rocca (früher Edessa) in Syrien, daher auch der dort bereitete Alaun unter dem Namen Alumen roccae, alun de roche im Handel vorkommt.

b) Man unterscheidet 3 verschiedene Arten der Alaunerze: 1) Alaunstein; 2) Alaunschiefer und 3) Alaunerde.

c) Der Alaunstein (alunite, *alum stone*) ist ein vulkanisches Product aus Thonerde, Kieselsäure, Schwefelsäure, Kali und Wasser zusammengesetzt; also ein natürlicher Alaun, mit erdigen Theilen gemengt. Der Alaunstein findet sich vorzüglich zu Tolfa bei Civita-Vecchia, auch in der Gegend von Puzzuolo zu Solfatara im Königreich Neapel. Der Alaunstein ist ein Product der Einwirkung von schwefliger Säure auf Feldspath, Trachyt 2c.

d) Der Alaunschiefer (schiste pyriteux) und die Alaunerde (aluminite bitumineux, *alum earth*) bestehen in einem Gemenge von Thon, Schwefelkies, Erdharz und Wasser. Der Alaunschiefer ist wesentlich Thonschiefer und findet sich häufig in der unmittelbaren Nähe von Steinkohlenflötzen; er ist mit der Substanz der Steinkohle durchdrungen und enthält fein zertheilten Schwefelkies. Die Alaunerde ist eine mit Braunkohle und Schwefelkies durchdrungene erdige Substanz, die häufig in und neben der Braunkohle sich findet, so in der Lausitz (Muskau), bei Bonn, bei Düben, bei Komotau in Böhmen.

e) Die Anstalten, in denen Alaun fabricirt wird, werden Alaunwerke oder Alaunhütten genannt. Das Dasein der Alaunerze in einiger Tiefe wird vorzüglich durch das Vorkommen der Stechpalme (Ilex aquifolium) angedeutet.

f) Aus dem Alaunstein wird der römische und der neapolitanische, aus den Alaunerzen wird der gemeine Alaun verfertigt.

g) Von dem natürlichen oder gediegenen Alaun, der in vulkanischen Gegenden, so wie am Alaunschiefer, in schwefelhaltigen Thonlagern, auf Stein- und Braunkohlenlagerstätten in Sicilien, Böhmen, Duttweiler bei Saarbrücken ꝛc., vorkommt, in den Vorlesungen.

Gewinnung des Alauns.

§. 285.

Die Gewinnung des Alauns aus seinen Erzen wird durch die natürliche Grundmischung der Letztern bedingt. Die Alaunbereitung zerfällt: 1) in die Erzförderung; 2) das Rösten der Erze; 3) das Auslaugen und die weitere Bearbeitung derselben.

a) Der Alaunstein zu Tolfa unweit Civita-Vecchia im Kirchenstaate, so wie der zu Solfatara unweit Puzzuolo im Königreich Neapel, wird gebrochen, dann in großen Röstöfen (dem Kalkofen ähnlich) geröstet, hierauf in Haufen aufgeschichtet, mit Wasser begossen, dann mit heißem Wasser ausgelaugt und die Lauge krystallisirt.

b) Der Alaunschiefer so wie die Alaunerde werden, je nachdem sie höher oder tiefer stehen und ihre Lagen entweder horizontal oder senkrecht streichen, entweder zu Tage herein, mit Hacken und Schaufeln, oder durch Schächte oder Stollen bergmännisch gefördert; dann den Erzhalden übergeben.

c) Das Rösten des Alaunschiefers und der Alaunerden geschieht nicht in Oefen durch Feuer, sondern durch diejenige Wärme, die durch Aufnahme des atmosphärischen Sauerstoffs entsteht. Sie werden in mit Schuppen bedeckten länglich viereckigen Haufen (Erzhalden), etwa zu 300 Kubikfuß Inhalt, aufgeschichtet und sich selbst überlassen. Die feuchte Erzmasse erhitzt sich, bricht oft in Flammen aus, und nach beendigtem Brande zeigt das vorher geschmacklose Erz nun den Geschmack des Eisenvitriols. Meist wird aber das Alaunerz mit Brennmaterial geschichtet und angezündet.

d) Die Erzhaufen bleiben nun noch 10, 12 bis 15 Monate liegen. Sie nehmen nun einen süßlich zusammenziehenden Geschmack an, sie werden zerblättert, und es wittert ein weißes haarförmiges Salz (Alaunblüthe) aus. Sie sind nun vorbereitet um ausgelaugt zu werden.

e) Die Theorie der Röstung ist folgende: der in der Alaunerde zwischen Kohle und Thon fein zertheilte Schwefelkies (FeS_2) oxydirt sich zu Eisenvitriol und freier Schwefelsäure, welche auf die Thonerde einwirkt und schwefelsaure Thonerde bildet.

Der Eisenvitriol oxydirt sich größtentheils zu unlöslichem basisch schwefelsaurem Eisenoxyd, der unzersetzt gebliebene Theil wird häufig noch neben dem Alaun gewonnen.

Auslaugen der gerösteten Erze.

§. 286.

Das Auslaugen der gerösteten Alaunerze geschieht in den Auslaugekästen (dem Waschwerk), die 8 Fuß lang und eben so tief, terrassenförmig über einander placirt sind: so daß die in dem obern Kasten gebildete Lauge in den darunter stehenden herabsinkt, sich mehr mit schwefelsaurer Thonerde beladet und von da in den darauf folgenden dritten Kasten abläuft. Die Masse in den Laugkästen wird, um die Extraction zu begünstigen, täglich 4—6 Mal aufgerührt. Die aus dem dritten Kasten entstehende Lauge enthält in der Regel 8 Prozent Salztheile gelöst, und wird schwache Lauge genannt, und nun zum Versieden in die Alaunhütte geleitet.

a) Die aus den gerösteten Erzen gewonnene Lauge enthält jetzt schwefelsaure Thonerde und schwefelsaures Eisenoxydul (Eisenvitriol) und einige andere fremdartige Salze. Sie wird nun versotten.

Versieden der schwachen Lauge zur garen, und das Sedimentiren derselben.

§. 287.

Das Versieden der schwachen Lauge geschieht in Pfannen aus Blei, durch nach und nach erfolgtes Nachgießen, bis die Lauge ein specifisches Gewicht von 1,4 erreicht hat, worauf sie in den Sedimentirkästen erst geklärt, hierauf in die Präcipitirkästen gebracht wird, um präcipitirt zu werden.

a) Während des Versiedens der Lauge sondert sich eine bedeutende Masse basisches schwefelsaures Eisenoxydul aus. Auf den Sedimentir- oder Rüttelkästen schlägt sich dieses Salz als braungelber Schlamm (Vitriolschmand) wieder, und die Lauge klärt sich.

Präcipitiren der klaren Lauge.

§. 288.

Die gar gekochte und sedimentirte Lauge enthält jetzt schwefelsaure Thonerde, schwefelsaures Eisenoxydul und überschüssige Schwefelsäure gelöst. Sie wird in die unter den Sedimentirkästen placirten Präcipitationskästen klar abgeleitet, und darin präcipitirt, wodurch die leicht lösliche schwefelsaure Thonerde nun in schwer löslichen Alaun umgewandelt wird, der in kleinen Körnern (als Alaunmehl) sich ausscheidet. Dieses Fällen geschieht je nachdem man Kalialaun oder Ammoniakalaun darstellen will, durch Pottasche, durch gefaulten Harn, durch schwefelsaures Kali oder durch Chlorkalium, die in Wasser gelöst zugesetzt werden.

a) Das Kali oder das Ammoniak, welches in jenen Materien gelöst enthalten ist, vereinigt sich nun mit so viel Schwefelsäure als es bedarf um schwefelsaures Kali oder schwefelsaures Ammoniak zu erzeugen, das dann mit der schwefelsauren Thonerde vereinigt, den schwer löslichen Alaun erzeugt, der, wenn die Masse fortwährend geschüttelt wird, als Alaunmehl zu Boden sinkt.

b) Am besten eignet sich zu diesem Fällen das Chlorkalium (Fluß, auch Seifenfluß genannt, weil es aus der zur Trockne eingedickten Unterlauge und durch Calcination des trocknen Salzes der Seifensiedereien) erhalten wird. Hier vereinigt sich das Kali mit der freien Schwefelsäure zu schwefelsaurem Kali, und dieses mit der schwefelsauren Thonerde zur Bildung des Alaunmehls; dagegen das Chlor mit dem Eisen in Verbindung tritt, und als Eisenchlorid gelöst bleibt.

c) Da der Alaun nur von 19 bis 20 Theilen Wasser, in der mittlern Temperatur, gelöst wird, hierzu aber nicht Feuchtigkeit genug vorhanden ist: so muß er als Alaunmehl zu Boden fallen.

Waschen und Krystallisiren des Alaunmehls.

§. 289.

Das in den Präcipitirkästen niedergefallene Alaunmehl

wird mit hölzernen Krücken aus der noch flüssigen Lauge herausgenommen, hierauf auf der Waschbank gewaschen, und der krystallinische Alaun in Stücke zerschlagen, diese abermals gewaschen, an der Luft getrocknet und als Handelswaare verpackt.

a) Die Waschbank besteht in einem länglich viereckigen unter einem Winkel von 25 bis 30 Grad geneigten Kasten. Das Alaunmehl wird darin mit Wasser angerührt, da sich dann die Eisensalze auswaschen, das Alaunmehl hingegen über der geneigten Ebene verbreitet wird. Das abfließende Fluidum wird nun versotten.

b) Das so gereinigte Alaunmehl wird in einer besondern Pfanne, im dritten Theile seines Gewichts, siedendem Wasser gelöst, dann die Lauge in Fässer abgeleitet, worin nun der Alaun zu Krystallen anschießt.

c) Ist die Krystallisation beendigt, so wird die noch übrige Flüssigkeit abgelassen, die Fässer werden auseinander geschlagen, der krystallisirte Alaun herausgenommen, der obere reine von dem untern schwarzen getrennt, in Stücke zerschlagen, diese nochmals auf der Waschbank gewaschen, getrocknet und verpackt.

d) Das Krystallisiren und Raffiniren des Alauns wird das Wachsmachen, und der krystallisirte Alaun wird Wachsalaun genannt.

e) Von der Theorie der Alaunfabrikation, den verschiedenen Arten des Alauns, welche im Handel vorkommen, so wie von der Prüfung des Alauns, hinsichtlich seiner Reinheit, in den Vorlesungen.

Alaun aus Thon und Schwefelsäure.

§. 290.

Die Fabrikation des Alauns bedarf keineswegs der Alaunerze, er läßt sich bei dem gegenwärtig so niedrigen Preise der Schwefelsäure eben so wohlfeil aus eisenfreiem Thon und Schwefelsäure künstlich erzeugen.

a) Zur Fabrikation des künstlichen Alauns wird trockner, von Kalk und Eisenoxyd möglichst freier Thon gelinde geglüht, zu Pulver zermahlen, dieses mit concentrirter Schwefelsäure zu einem dünnen Brei angerieben, der so lange an einem warmen Orte gelassen wird, bis er sich in eine feste trockene Masse verwandelt hat. Sie wird sodann mit heißem Wasser ausgelaugt, die Lauge bis zur Dichtigkeit von 1,330 abgedunstet, dann mit in Wasser gelöstem schwefelsaurem Kali oder schwefelsaurem Ammoniak versetzt, wobei Alaunmehl niederfällt, das dann zur Krystallisation gebracht wird.

Zusammensetzung und Anwendung des Alauns.

§. 291.

Man unterscheidet Kalialaun und Ammoniakalaun. Ersterer besteht aus 10,82 Kali, 9,94 Thonerde, 33,77 Schwefelsäure, 45,47 Wasser; letzterer aus 3,89 Ammoniak, 11,90 Thonerde, 36,10 Schwefelsäure, 48,11 Wasser. Seitdem der Preis der Pottasche und anderer Kalisalze immer mehr und mehr steigt, und die Ammoniakgewinnung durch die sich immer mehr verbreitende Steinkohlengasfabrikation an Ausdehnung gewinnt, seitdem fabricirt man mehr Ammoniakalaun, als Kalialaun. Beide Alaune stimmen in ihren Eigenschaften überein. Der Alaun findet Anwendung in der Färberei und Zeugdruckerei, in der Weißgerberei (Alaungerberei), als Klärungsmittel des Wassers 2c.

a) Die Formel des Kalialauns ist: $KO, SO_3 + Al_2O_3, 3SO_3 + 24HO$; die des Ammoniakalauns $NH_4O, SO_3 + Al_2O_3, 3SO_3 + 24HO$.

b) Um Kali- und Ammoniakalaun von einander zu unterscheiden, löst man eine Probe in heißem Wasser und setzt zu der Lösung Kalilauge. Aus dem Ammoniakalaun entwickelt sich hierbei Ammoniakgas, das an seinem stechenden Geruche erkannt werden kann.

c) In neuerer Zeit stellt man auch häufig anstatt des Alauns schwefelsaure Thonerde dar.

Zweiunddreißigster Abschnitt.

Die Fabrikation der Vitriole.

(Die Vitriolsiederei.)

§. 292.

Der Name Vitriol (Vitriolum) wird in ausgedehnter Bedeutung gebraucht, um jedes Salz zu bezeichnen, welches aus irgend einem Oxyd der schweren Metalle und Schwefelsäure zusammengesetzt ist. In diesem Sinne spricht man von Bleivitriol und Silbervitriol, um schwefelsaures Bleioxyd und schwefelsaures Silberoxyd zu bezeichnen. Ausschließlich bezeichnet man aber mit dem Namen Vitriol nur die Verbindungen der Schwefelsäure mit dem Eisenoxydul (Eisenvitriol), Kupferoxyd (Kupfervitriol), Zinkoxyd (Zinkvitriol).

Der Eisenvitriol. (Schwefelsaures Eisenoxydul. Grüner Vitriol. Gemeiner Vitriol. Kupferwasser.)

§. 293.

Der Eisenvitriol oder das schwefelsaure Eisenoxydul, auch grüner und gemeiner Vitriol, und Kupferwasser genannt (sulfate ferreux, *sulfate of iron*, couperose verte, *green vitriol*), ist ein Salz aus 26,10 Eisenoxydul, 29,90 Schwefelsäure und 44,00 Krystallwasser bestehend. Der Eisenvitriol krystallisirt in meergrünen, durchsichtigen rhombischen Säulen, die tintenähnlich schmecken, an der Luft zerfallen, sich oxydiren und dabei gelb werden. Das Salz ist in 2 Theilen kaltem, aber schon in $\frac{1}{4}$ seines Gewichts siedendem Wasser löslich.

Gewinnung des Eisenvitriols.

§. 294.

Die Fabrikation des Eisenvitriols wird auf den Vitriolhütten aus den natürlichen Schwefelverbindungen des Eisens, dem Strahl- oder Speerkies (FeS_2, seiner leichten Verwitterung zu Eisenvitriol wegen, auch Vitriolkies genannt), dem Schwefelkies (FeS_2), zuweilen auch dem Magnetkies (Fe_7S_8), durch Rösten, Verwittern, Auslaugen und Krystallisiren der Lauge dargestellt. Da die Substanzen, welche zur Alaunfabrikation dienen, stets Schwefelkies oder Vitriolkies enthalten, so erhält man sehr häufig den Eisenvitriol als Nebenprodukt, indem man die eisenhaltigen Mutterlaugen abdampft und krystallisiren läßt.

a) Die Schwefelkiese werden vorher in den Schwefeltreiböfen abgetrieben, wobei ein Theil des Schwefels gewonnen wird. Das rückständige Erz (Berg-Jöckel genannt), wird nun zerkleinert, mit Wasser benetzt und dem Verwittern unterworfen. Die Vitriolkiese bedürfen keiner vorausgegangenen Röstung.

b) Beim Verwittern der gerösteten Kiese, die noch immer in Schwefeleisen bestehen, wird das Wasser zerlegt. Dessen Sauerstoff erzeugt mit dem Eisen Eisenoxydul, und mit dem Schwefel die Schwefelsäure, der Wasserstoff entweicht als Wasserstoffgas; die Säure und das Oxydul erzeugen dann den Vitriol, der nun ausgelaugt werden kann.

c) Reiner gewinnt man den Eisenvitriol, wenn man reines metallisches Eisen in mit 4 Theilen Wasser verdünnter Schwefelsäure auflöst, die Auflösung verdampft und krystallisiren läßt.

Auslaugen der verwitterten Kiese und Krystallisiren der Lauge.

§. 295.

Um die verwitterten Kiese auszulaugen, werden sie in hölzernen Kästen (Laugkästen), wie beim Alaun (§. 286.);

oder in Fässern (Dreckbütten), mit heißem Wasser ausgelaugt, dann die Lauge geklärt und hierauf zum Krystallisationspunkte versotten, sodann krystallisirt.

a) Verschiedene Art des Auslaugens in verschiedenen Ländern, in den Vorlesungen.

b) Gewöhnlich bedient man sich zum Versieden bleierner Pfannen. Besser sind Pfannen von Eisenblech; auch ist es zu empfehlen, der Lauge, beim Versieden, altes Eisen zuzusetzen, wodurch alles etwa vorhandene Kupfer gefällt, die freie Säure mit Eisenoxydul gesättigt und ein reiner Vitriol, in größerer Ausbeute, gewonnen wird.

c) Die gar gesottene krystallisirbare Lauge wird nun geklärt, um den Schlamm abzuscheiden, dann in den Krystallisirgefäßen (Wachströgen, d. i. mit glatten hölzernen Stäben ausgelegten Wannen) sich selbst überlassen, wobei der größte Theil des Vitriols sich in Krystallen ausscheidet, dann von der Mutterlauge getrennt, auf Horden getrocknet und verpackt wird.

d) Der Eisenvitriol wird in großen Mengen besonders in der Färberei, Kattundruckerei und Hutmacherei zur Erzeugung von Schwarz verwendet, dann zur Tintebereitung, zur Fabrikation von Berlinerblau, zum Reduciren des Indigs in der kalten Küpe, zum Geruchlosmachen der Abtritte, zum Reinigen des Leuchtgases, zur Darstellung der rauchenden Schwefelsäure 2c.

Kupfervitriol. Schwefelsaures Kupferoxyd. (Blauer Vitriol. Cyprischer Vitriol. Blauer Galitzenstein.)

§. 296.

Mit obigen verschiedenen Namen (sulfate cuivrique, vitriol de cuivre, *sulfate of copper, blue vitriol*) wird ein aus Kupferoxyd, Schwefelsäure und Wasser bestehendes Salz bezeichnet, das, in seinem reinen Zustande, aus 31,80 Kupferoxyd, 32,14 Schwefelsäure nebst 36,06 Krystallwasser zusammengesetzt ist; es krystallisirt in lasurblauen, geschobenen, vierseitigen Tafeln, die an der Luft blässer und schmutzigblau werden und etwas verwittern. Es besitzt einen herben Metallgeschmack und erregt, innerlich genommen, heftiges Erbrechen. Es löst sich in 4 Th. kaltem und in 2 Th. siedendem Wasser.

a) Von der Bedeutung des Namens, so wie vom Vorkommen des natürlichen (gediegenen) Kupfervitriols, in den Vorlesungen.

b) Die Formel des Kupfervitriols ist $CuO, SO_3 + 5HO$.

Fabrikation des Kupfervitriols.

§. 297.

Der meiste Kupfervitriol wird aus den Kupferkiesen, Verbindungen von Kupfer mit Schwefel gewonnen, durch Abtreiben des überschüssigen Schwefels in dem Schwefeltreibofen, nachmaliges Verwittern, Auslaugen derselben und Krystallisiren der Lauge; oder auch, indem man Kupferbleche mit Schwefel bestreut, der Rothglühhitze aussetzt, sie dann in Wasser ablöscht, auslaugt und die Lauge krystallisiren läßt.

a) Man gewinnt ferner Kupfervitriol, wenn man 1 Theil metallisches Kupfer mit 3 Theilen concentrirter Schwefelsäure ($Cu + 2SO_3 = CuO, SO_3 + SO_2$) oder 1 Theil Kupferasche oder Kupferhammerschlag, den Concentrationsstein der Kupferhütten mit 2 Theilen Schwefelsäure kocht und die filtrirte, mit Wasser verdünnte Lösung krystallisiren läßt.

b) In großer Menge erhält man den Kupfervitriol als Nebenprodukt bei der Scheidung des Goldes vom Silber in den Münzwerkstätten nach der Affinirmethode.

c) Wird der Kupfervitriol auf den Vitriolhütten fabricirt, so werden die vom überschüssigen Schwefel befreiten Kiese, durch Verwittern, Auslaugen und Krystallisiren, eben so behandelt, wie bei der Fabrikation des Eisenvitriols erörtert worden ist.

d) Man benutzt den Kupfervitriol zur Darstellung der Kupferfarben, des Grünspans, zum Verkupfern, zum Färben des Goldes, zum Brüniren des Eisens, zur Erzeugung galvanoplastischer Abdrücke.

Zinkvitriol. (Weißer Vitriol. Weißer Galitzenstein.)

§. 298.

Mit dem Namen Zinkvitriol (schwefelsaures Zinkoxyd,

sulfate de zinc, vitriol blanc, *sulfate of zinc, white vitriol*) wird ein Salz bezeichnet, das aus 28,24 Zinkoxyd, 27,87 Schwefelsäure und 43,89 Krystallwasser zusammengesetzt ist; es krystallisirt in farblosen, geraden rhombischen Säulen, meist aber in kleinen nadelförmigen Krystallen, welche ganz dem im Handel vorkommenden Bittersalze gleichen; es löst sich in $2\frac{1}{2}$—3 Th. kaltem und in $1\frac{1}{2}$ Th. siedendem Wasser und wirkt innerlich genommen giftig.

a) Am reinsten erhält man den Zinkvitriol, wenn reines Zink in verdünnter Schwefelsäure aufgelöst, und die Auflösung krystallisirt wird. Man erhält es als Nebenprodukt bei der Darstellung des Wasserstoffgases.

b) Die Formel des Zinkvitriols ist $ZnO, SO_3 + 7HO$.

Fabrikation des Zinkvitriols.

§. 299.

Eine große Masse Zinkvitriol gewinnt man im Großen aus der Zinkblende (einer Verbindung von Zink mit Schwefel), so wie aus den zinkblendehaltigen Bleierzen des Rammelsberges am Harz.

a) Zur Darstellung des Zinkvitriols werden jene Erze durch das Rösten vom überflüssigen Schwefel befreit, dann an der feuchten Luft dem Verwittern überlassen, hierauf ausgelaugt, die Lauge verdunstet, dann krystallisirt, das krystallisirte Salz in seinem eigenen Krystallisationswasser geschmolzen und so in den Handel gebracht.

b) Der gemeine sogenannte weiße Vitriol ist selten so rein, daß er nicht schwefelsaures Eisen und schwefelsaures Kupfer eingemengt enthalten sollte.

c) Von dem Gebrauche des gemeinen Zinkvitriols in den Vorlesungen.

Salzburger Vitriol und Admonter Vitriol. Schwarzer Vitriol.

§. 300.

Außer den früher erörterten Arten der Vitriole unterscheidet man im Handel noch den Salzburger Vitriol und den Admonter Vitriol (doppelter Adler), die beide in der Schwarzfärberei jedem andern vorgezogen werden. Sie sind Mengungen von Kupfer- und Eisenvitriol. Ein aufgeklärter Färber bedient sich dieser Fabrikate nicht mehr, sondern zieht es vor, Kupfer- und Eisenvitriol in den passenden Verhältnissen anzuwenden.

a) Der Salzburger Vitriol verdankt seinen Namen dem Lande, worin er fabricirt wird. Er ist eine Verbindung von 1 Theil Eisenvitriol und 2 Theilen Kupfervitriol, nebst einem geringen Gehalt von Zinkvitriol.

b) Der Admonter Vitriol (doppelter Adler) von Admont in Steyermark benannt, ist eine Verbindung von gleichen Theilen Eisenvitriol und Kupfervitriol, nebst einer geringen Beimengung von Zinkvitriol.

c) Außerdem unterscheidet man auch noch den sogenannten schwarzen Vitriol, der aus der letzten Mutterlauge des Alauns gewonnen wird, ein Gemenge von Eisenvitriol und Alaun ausmacht, und sich durch eine schwarzgraue Farbe auszeichnet.

Dreiunddreißigster Abschnitt.

Die Blutlaugenfabrikation.

§. 301.

Das Blutlaugensalz (Kaliumeisencyanür, Ferrocyankalium, fälschlich auch blausaures Kali genannt, ferrocyanure de potassium, *ferrocyanate of potush*), ein in technischer Beziehung sehr wichtiger Körper, besteht aus 37 Kalium, 37 Cyan, 13,25 Eisen und 12,75 Wasser. Man stellt es in den Blutlaugensalzfabriken durch Zusammenschmelzen thierischer Kohle (Kohle von Blut, Horn, Klauen, Wolle, Tuchabfällen, Lederabschnitten) mit Pottasche in eisernen Gefäßen, Auslaugen der erhaltenen schwarzen Masse, der Schmelze, mit siedendem Wasser und Abdampfen der Rohlauge (Blutlauge) zum Krystallisiren dar.

a) Das Blutlaugensalz krystallisirt in großen, blaß citronengelben Prismen, die sich in 4 Th. kaltem und in 2 Th. siedendem Wasser lösen.

b) Man benutzt es zur Darstellung des rothen Blutlaugensalzes, des Berlinerblaues, in der Färberei und Zeugdruckerei, zur Bereitung des in der galvanischen Vergoldung und Versilberung angewendeten Cyankaliums ꝛc.

c) Die chemische Formel des Blutlaugensalzes ist $FeCy + 2KCy + 3HO$.

d) Ueber die Theorie der Blutlaugensalzfabrikation, so wie ein neues Verfahren der Darstellung dieses Salzes vermittelst des Stickstoffs der Luft, in den Vorlesungen.

Vierunddreißigster Abschnitt.

Die Gewinnung des Kochsalzes.

§. 302.

Was man im gemeinen Sprachgebrauche schlechtweg Salz, Kochsalz oder Küchensalz nennt, ist eine Verbindung von 40 Natrium mit 60 Chlor. Daher auch der chemische Name Chlornatrium (chlorure de sodium, *chloride of sodium*); außerdem führt es die Namen salzsaures Natron, Steinsalz, Seesalz. In seinem krystallinischen Zustande enthält es kein Krystallwasser, wohl aber einige Prozente Decrepitationswasser, zwischen den Blättern seiner Krystalle eingeschlossen.

a) Das Kochsalz kommt in der Natur sehr häufig verbreitet vor: als Steinsalz (Sal gemmae, sel de roche, *rock salt*) in Würfeln und in mächtigen Lagern (so zu Wieliczka in Gallizien, Schwäbisch Hall in Württemberg, Cordova in Spanien), so daß es bergmännisch gewonnen werden kann, oder es kommt vor mit beigemengtem Thon, Mergel, Gyps; in diesem Falle werden in den Stöcken Kammern ausgearbeitet, welche man durch hinzugeleitetes Tagewasser füllt, um so eine Lösung des

Salzes zu erhalten, die dann zum Versieden kommt. So verfährt man im südlichen Bayern und in Salzburg.

b) Seitdem man versteht, Bohrlöcher in die Tiefe der Erde zu treiben, sind Steinsalzlager benutzbar geworden, welche früher unzugänglich gewesen wären; man sucht durch Bohrlöcher die Steinsalzschicht zu erreichen und durch eingelassenes Wasser eine künstliche Soole zu erreichen, die auf die Erdoberfläche gepumpt und versotten wird.

c) Das Meersalz (Sal marinus, sel marin, *sea salt, bay salt*), auch Seesalz, Baysalz oder Boysalz genannt, wird in den wärmeren Klimaten, wo die freiwillige Verdunstung rasch erfolgt, an den Küsten des Meeres in großer Menge aus dem Meerwasser gewonnen, so in Frankreich zu Marseille, Montpellier, zu St. Ubes in Portugal ꝛc. Das Meerwasser enthält durchschnittlich 2,5 bis 2,95 Prozent Kochsalz.

d) Das Sool- oder Brunnensalz gewinnt man auf den Salinen durch Versieden der Salzsoolen oder Salzquellen, welche in der Erde eben so wie die künstlichen Soolen dadurch entstehen, daß unterirdische Wässer zu den Salzlagern dringen, Salz auflösen, und so salzhaltig geworden, entweder als Salzquellen auf die Oberfläche der Erde gelangen, oder sich in Salzschachten ansammeln, die man bis zu dem salzführenden Wasser abgeteuft hat. Diese Schachte sind Brunnen (Soolbrunnen), aus welchen die Soole durch Pumpwerke auf die Erdoberfläche gebracht wird.

e) Das Dasein des Salzes in der Tiefe der Erde deutet das Vorkommen mehrerer Pflanzen auf der Oberfläche derselben an; als: Arenaria murina, Artemisia maritima, Arundo phragmites, Cochlearia officinalis, Salsola kali, Salicornia herbacea und fruticosa ꝛc.

Förderung der Soole, Gradirung derselben.

§. 303.

Die Salzsiederei zerfällt: 1) in die Probirung der Soole; 2) die Ausförderung derselben; 3) die Gradirung derselben; 4) das Versieden derselben zu Salz.

a) Die Probirung der Soole (saumure, *brine*) (d. i. Ermittelung des Salzgehaltes) geschieht entweder mittelst des Abdunstens derselben, oder mittelst des Aräometers (der Salzspindel). Genauer, aber zu technischen Zwecken überflüssig, erforscht man den absoluten Kochsalzgehalt derselben durch die chemische Zergliederung.

b) Bei der Bestimmung des Salzgehaltes in einer Soole berechnet man denselben entweder nach Pfunden im Kubikfuß, oder nach Lothen im Pfunde derselben, oder nach Graden derselben, wobei der Grad zu einem Quentchen im Pfunde angenommen wird. Jetzt giebt man allgemein den Salzgehalt einer Soole in Prozenten an und braucht für Prozent den Ausdruck Loth; eine 16löthige Soole enthält demnach in 100 Th. Soole 16 Th. Kochsalz.

c) Eine Salzsoole, die wenigstens 16löthig ist, wird siedewürdig genannt; enthält sie aber weniger Salz, so muß sie gradirt werden, bevor sie mit Vortheil versotten werden kann.

d) Um die Soole zu Tage zu fördern, werden Saugwerke erfordert, die durch Wasser-, Wind- oder Dampfkraft in Bewegung gesetzt werden. Die gehobene Soole wird in Sümpfen oder Reservoirs gesammelt, aus welchen sie auf die Gradirwerke gehoben wird.

e) Die Gradirwerke (bâtimens de graduation, *graduation houses*), auch Gradirhäuser und Lekwerke genannt, sind auf Balken errichtete, und mit Dornbündeln aus Schwarzdorn ausgelegte Gebäude. Es kommen dabei speciell in Betracht: 1) die Wände; 2) der Soolbehälter (Tropfkasten oder Trog); 3) das Bassin (Hälter oder Sumpf), zur Aufnahme der gradirten Soole. Eine speciellere Erörterung der Einrichtung der Gradirwerke: 1) der Dorngradirung; 2) der Pritschengradirung; 3) der Eisgradirung und 4) der Sonnengradirung, in den Vorlesungen.

Siedehäuser; Salzkothen; Salzpfannen. Sieden des Salzes.

§. 304.

Durch die Gradirung der rohen Soole wird ihr ein großer Theil Wasser entzogen, eben so scheidet sich eine bedeutende Masse Gyps auf den Dornen in Gestalt von Dornenstein aus. Das Gradiren ist demnach ein Abdampfungs- und Reinigungsproceß. Ist die Soole hinreichend gradirt, so wird sie nun in den Siedehäusern oder Salzkothen, in den Salzpfannen, durch die Salzwirker zu Salz versotten, dieses dann ausgewirkt, und nach dem

Abtröpfeln der Mutterlauge, auf dem Trockenboden getrocknet, hierauf in Fässer verpackt.

a) Die Siedehäuser (Salzkothen) sind leichte Gebäude, mit Schornsteinen versehen. Ihre Dimensionen sind der Größe der darin placirten Siedepfannen proportional.

b) Die Salzpfannen sind von starkem Eisenblech angefertigt. Die beste Dimension für größere Pfannen ist 28 Fuß lang, 26 Fuß breit und 16 Zoll tief. Die beste Dimension für kleinere Pfannen ist 16 Fuß Länge, 10 Fuß Breite und 14 Zoll Tiefe.

c) Gut eingerichtete Salinen unterscheiden Wärmepfannen, Siedepfannen und Soggepfannen. Die Wärmepfannen dienen dazu, um den Zufluß der Soole in den Siedepfannen immer schon heiß zu veranstalten. Die Siedepfannen sind bestimmt, die Soole bis zur Gare (bis sich eine Salzhaut bildet) einzusieden. Die während des Siedens (Störens) sich absetzenden Unreinigkeiten werden vermittelst einer Krücke entfernt. Die Soggepfannen dienen dazu, bei langsamer Feuerung, das Salz auszusoggen.

d) Beim Sieden scheidet sich Pfannenstein (écailles, *scale*) aus. Er besteht wesentlich aus Gyps, Kochsalz und Glaubersalz. Was nach dem Aussoggen des Salzes zurück bleibt, ist Mutterlauge. Sie ist dunkelbraun, dickflüssig und besteht aus organischen Substanzen, Chlorcalcium, Chlormagnesium und Brommagnesium. Ist die Menge des letzteren bedeutend, so wird die Mutterlauge aus Brom verarbeitet.

Eigenschaften und Anwendung des Kochsalzes.

§. 305.

Das Kochsalz krystallisirt als Steinsalz in farblosen Würfeln, als Soolensalz in meist hohlen trichterartigen Pyramiden, das an der Luft in Folge eines geringen Gehaltes von Chlorcalcium und Chlormagnesium etwas feucht wird, im Feuer verknistert, indem es die zwischen den Krystallen eingeschlossene Mutterlauge verliert, und sich in 2,5 — 2,7 Th. kaltem und heißem Wasser auflöst.

a) Die Rolle, die das Kochsalz in der Industrie spielt, ist eine überaus wichtige. Das Kochsalz dient zur Darstellung der Soda und indirect zu der der Seife und des Glases, des Chlors (zum Bleichen und Desinficiren), in der Rothgerberei (zum Schwitzen der Häute), in der Alaun- oder Weißgerberei (zum Zersetzen des Alauns), zur Conservation von Nährstoffen (Heringe, Pöckelfleisch, Caviar, Butter, Sauerkraut) 2c. Die chemische Formel des Kochsalzes ist NaCl.

Fünfunddreißigster Abschnitt.

Die Zuckerfabrikation.

(Zuckersiederei.)

§. 306.

Der Zucker (Saccharum, sucre, *sugar*) ist der bekannte süße Pflanzenstoff, der sich im Safte des Zuckerrohres (Saccharum officinarum), der Ahornarten, der Runkelrübe, den Blüthenkolben der Cocospalme, in der Mohrrübe, gleichzeitig neben anderen Pflanzenstoffen und mineralischen Bestandtheilen findet. Gleichviel, aus welcher Pflanze dieser Zucker, den man zum Unterschied von anderen Zuckerarten Rohrzucker nennt, erscheint er in reinem Zustande farblos, krystallisirt, leicht löslich in Wasser, und von angenehm süßem Geschmack. Seine wässrige Lösung ist nicht gährungsfähig; sie geht aber unter dem Einflusse von verdünnten Säuren und anderen Agentien in Krümelzucker (Traubenzucker, Stärkezucker) über, und zerfällt sodann durch Hefe in Weingeist und Kohlensäure.

a) Geschichte des Zuckers von der ältesten Zeit bis auf die unsrige, in den Vorlesungen.

Gewinnung des Rohrzuckers aus verschiedenen Vegetabilien.

§. 307.

Aus dem Zuckerrohr gewinnt man den Zucker besonders in Ostindien (Manilla, Java, Benares), Westindien und der Havanna, in Amerika (Brasilien 2c.); aus dem

Zuckerahorn (Acer saccharinum) in Nordamerika, aus den Runkelrüben in Europa, aus den Palmen auf den Südseeinseln.

Gewinnung des Rohzuckers aus dem Zuckerrohr.

§. 308.

Das Zuckerrohr enthält im Zustande der vollen Reife 18—22 Prozent Zucker. Man preßt es aus, indem man es zwischen gußeisernen, canellirten Walzen durchgehen läßt. Der ausgepreßte Saft (vésou, *cane juice, vezou*) wird in den Klärpfannen (chaudières à défécation, *clearing-pans*) durch Zusatz von Kalk geklärt, sodann in den Siedepfannen (chaudières à cuire, *boilers*) möglichst rasch eingedampft und endlich in großen hölzernen Gefäßen, den Kühlern (rafraichissoirs, *coolers*) krystallisiren gelassen. Ist der Zucker darin erstarrt, so bringt man ihn in Kästen, welche im Boden mit Löchern versehen, über Cisternen stehen, durch welche die Melasse (mélasse, *molasse*) abläuft, während der erstarrte Zucker als Rohzucker (sucre brut, moscovade, *coarse sugar*) zurückbleibt. Häufig wird der Rohzucker schon in den Colonien durch Decken mit Thonbrei (terrage) raffinirt. Man nennt solchen Zucker gedeckten Zucker (sucre terré, cassonade, *clayed sugar*).

a) Die Wirkung des Kalkes beim Klären des Zuckersaftes ist eine doppelte. Er entfernt und neutralisirt einmal die Säure, welche sich an der Luft schnell in dem frischen Safte bildet, anderseits verbindet er sich in der Wärme mit den in dem Saft enthaltenen eiweißähnlichen Körpern und schlägt sie nieder.

b) Das ausgepreßte Rohrstroh (bagasse, *cane-trash*) wird getrocknet und als Brennmaterial benutzt.

c) Von den 18 Prozent Zucker, die in dem Zuckerrohr enthalten sind, gelangen 6½ Proz. als Rohzucker in den Handel, indem 6 Proz. in der Bagasse bleiben, 2½ Prozent durch Abschäumen verloren gehen und 3 Prozent in der Melasse bleiben.

d) Die Rohzucker werden im Handel nach ihren Erzeugungsorten genannt, z. B. Bourbon, Martinique, Havanna, Bengal, Mauritius, Java, Portorico 2c.

Gewinnung des Zuckers aus den Ahornbäumen.

§. 309.

Den Ahornzucker gewinnt man in Nordamerika aus allen Arten der Ahornbäume (*sugar maples*) besonders aus Acer saccharinum, A. campestre, A. platanoïdes, A. pseudoplatanus. Die Gesammtproduction an Ahornzucker wird auf 45 Millionen Pfund geschätzt.

a) Die Ahornbäume bilden in Nordamerika dichte Wälder. Ende Februar brechen die Arbeiter, die sich mit Zuckergewinnung beschäftigen, in den Wald auf. An einer Stelle, wo recht viele Ahornbäume zusammenstehen, errichten sie dann eine Hütte, bohren so viel Bäume, als sie täglich zweimal zum Abholen des Saftes besuchen können, an, dampfen den gewonnenen Saft bis zum Krystallisationspunkte ein und gießen ihn dann in längliche Gefäße, in welchen der Zucker fest wird. Auf diese Weise gewinnt eine Gesellschaft von 2—3 Männern in zwei Monaten 3—5000 Pfund Ahornzucker. Die Melasse ist von sehr angenehmem Geschmack und führt den Namen Ahornhonig.

Gewinnung des Zuckers aus den Runkelrüben.

§. 310.

Von der Runkelrübe, Zuckerrübe (betterave, *beet*) wendet man zur Fabrikation des Zuckers die Beta Cycla und Beta vulgaris an. Sie enthält durchschnittlich 10,5 Proz. Zucker, von denen der Rübenzuckerfabrikant 6,5—7,7 Prozent in den Handel als Zucker liefert, während das Uebrige theils in der ausgepreßten Rübe und in der Melasse zurückbleibt, theils während der Bearbeitung verloren geht. Die Gewinnung des Zuckers aus den Rüben zerfällt in folgende Processe: 1) das Waschen; 2) das Zerreiben; 3) das Auspressen des Saftes; 4) das Läutern; 5) das Abdampfen; 6) die Behandlung mit Thierkohle; 7) das Kochen; 8) das Kühlen und Füllen; 9) das Decken; 10) das Trocknen.

a) Die Rübenzuckerindustrie ist ein wichtiger Zweig der inländischen Industrie; die Entwickelung derselben im Zollverein zeigt folgende Tabelle:

Betriebsjahr vom 1. September.	Zahl der Fabriken.	Verarbeitete Rüben in Zollcentn.	Rohzuckerertrag in Zollcentn.	Zuckerausbeute in Prozenten.
$18\frac{37}{38}$	156	2,764,000	138,200	5
$18\frac{41}{42}$	136	5,131,500	256,500	5
$18\frac{45}{46}$	96	4,455,600	222,700	5
$18\frac{46}{47}$	107	5,633,850	309,800	5,5
$18\frac{47}{48}$	127	7,676,700	460,600	6
$18\frac{48}{49}$	145	9,896,700	659,780	6,6
$18\frac{49}{50}$	148	11,525,700	823,000	7
$18\frac{50}{51}$	184	14,724,300	1,090,000	7,4
$18\frac{51}{52}$	234	18,381,400	1,414,000	7,7
$18\frac{52}{53}$	238	21,717,090	1,700,000	7,7

b) Das Waschen der Rüben geschieht, um sie von anhängender Erde zu befreien, in den Waschtrommeln, das Zerreiben auf den Reibemaschinen (râpe), das Auspressen des Rübenbreies auf hydraulischen Pressen (nach dem Verfahren von Schützenbach werden die Rüben nicht gerieben und ausgepreßt, sondern nach dem Waschen in Würfel geschnitten, getrocknet und nach Bedarf mit Wasser ausgezogen; man nennt dieses Verfahren das Macerationsverfahren).

c) Der Rübensaft enthält außer Zucker eine große Menge eiweißähnlicher Körper und Salze, welche theils ein Verderben des Saftes veranlassen, theils auch das Krystallisiren des Zuckers verhindern würden. Die Abscheidung dieser Stoffe ist Zweck der Läuterung (défécation). Das Läutern geschieht in den Läuterkesseln durch Erhitzen des Saftes mit Kalkmilch bis auf 75°. Der Kalk fällt einen Theil der stickstoffhaltigen organischen Körper, einen anderen Theil (wie z. B. das Asparagin) zersetzt er unter Entwickelung von Ammoniak; er neutralisirt ferner etwa entstandene Säuren und ist auf den Rohrzucker ohne schädlichen Einfluß.

d) Ueber andere Läuterungsmittel wie z. B. zweifach schwefligsaurer Kalk (Methode von Melsens), Bleizucker, Schwefelsäure, Phosphorsäure, Gerbsäure rc.; so wie über das Verfahren von Dubrunfault, den Zucker aus dem Rübensaft durch Baryt, und das von Rousseau, den Zucker durch Kalk zu fällen und die entstandenen Niederschläge von

Zucker-Baryt und Zucker-Kalk durch Kohlensäure zu zersetzen, in den Vorlesungen.

e) Das Filtriren des geläuterten Saftes (Klärsel) durch Thierkohle geschieht in den Filtern von Dumont und von Taylor.

f) Das Abdampfen oder Einkochen des Saftes muß so schnell als möglich und unter Bedingungen vorgenommen werden, welche einen Zuckerverlust wenn auch nicht völlig verhindern, doch auf ein Minimum reduciren. Anstatt der sonst gebräuchlichen offenen Siedepfannen wendet man jetzt allgemein Vacuumpfannen, an, in denen das Sieden in einem luftverdünnten Raume vor sich geht. Solche Pfannen sind construirt worden von Howard, Derosne, Pelletan, Trappe u. A.

g) Der in offenen Pfannen eingekochte Syrup kommt in die Kühlpfannen (*coolers*), der in den Vacuumpfannen eingedampfte Saft in die Wärmepfannen (*heaters*), in denen er bis auf 80° erwärmt wird. In diesen Pfannen geht das Krystallisiren des Zuckers vor sich, welches man durch Umrühren (Stirren) stört.

h) Hierauf geht man zum Füllen in die Formen (formes, *moulds*) über; die Formen bestehen aus nicht glasirtem Thon oder aus glasirtem Eisenblech und haben in der nach unten gerichteten Spitze eine kleine Oeffnung, die mit einem Leinwandpfropfen (tape, *plug*) versehen ist. Der Inhalt der Formen wird wiederum gestirrt. Nach 14—20 Tagen ist die Krystallisation in den Formen beendigt.

i) Der zwischen den Zuckerkrystallen befindliche Syrup wird durch das Decken (terrage, *claying, whitering*) entweder durch Thonbrei oder durch Decksyrup entfernt. Der durch die Oeffnungen der Formen vor dem Decken abfließende Syrup heißt grüner Syrup (sirop vert, *green syrup*), der nach dem Decken ablaufende Decksyrup (sirop couvert, *treacle*).

k) Die gedeckten Zuckerbrote (pains, *loafs*) werden in der Trockenstube (étuve, *drying stove*) getrocknet, die getrockneten Brote an der Basis gereinigt (planirt oder plamotirt) und aus der Form gebracht (gelöscht).

l) Das Decken ersetzt man jetzt häufig durch das Clairciren, wobei man den eingekochten Zuckersaft nicht in den Formen, sondern in Pfannen krystallisiren läßt und die krystallisirte Masse in Eisenblechkästen bringt, deren Boden aus Metallgewebe besteht, durch welches der Syrup abtropft. Der feuchte Zucker wird sodann in die Formen gefüllt.

m) Zur Beschleunigung des Claircirens hat man in neuerer Zeit in den Rübenzuckerfabriken allgemein die Centrifugaltrommel, dem bekannten Hydro-Extracteur ähnlich, eingeführt.

n) Die Rübenzuckermelasse wird auf Spiritus und auf Pottasche verarbeitet.

Palmzucker.

§. 311.

Der Palmzucker (*jaggery*) wird aus dem Safte der Blütenkolben vieler Palmenarten, namentlich Phoenix dactylifera, Saguerus sacchariser, der Cocospalme u. a. gewonnen. Man schätzt die Production an Palmzucker auf 220 Millionen Pfund.

a) Es findet sich auch in dem Mais, den edlen Kastanien, den Melonen, dem Kürbis u. a. Rohrzucker, ohne jedoch daraus im Großen dargestellt zu werden.

Raffination des Rohzuckers.

§. 312.

Der Rohzucker oder Farinzucker, so wie er im Handel vorkommt, enthält, außer dem krystallisirbaren Rohrzucker, noch viel nicht krystallisirbaren Schleimzucker (Melasse) und ist außerdem mit fremden Substanzen (mineralischen Bestandtheilen), Gummi, Pflanzensäuren u. s. w. verunreinigt, die ihm unangenehme Eigenschaften ertheilen. Daher die Nothwendigkeit den Rohzucker der Raffination zu unterwerfen. Die Raffination zerfällt in folgende Operationen: 1) das Schmelzen; 2) die Läuterung; 3) das Verkochen; 4) das Körnen und Füllen; 5) das Decken und Trocknen.

a) Das Schmelzen oder das Auflösen des Rohzuckers geschieht in der Schmelzpfanne durch heißes Wasser und durch Wasserdämpfe; der geschmolzene Zucker läuft sogleich in die Läuterpfanne, in welcher die Flüssigkeit mit Rindsblut und Knochenkohlenstaub erhitzt wird. Das Bluteiweiß wird mit allen in dem Zucker enthaltenen ungelösten Theilen nebst dem Kohlenpulver als Schaum auf die Oberfläche der Flüssigkeit geworfen.

b) Die Flüssigkeit wird noch siedend durch ein Taylor'sches Filter filtrirt (vergl. Seite 200). Das Verkochen des Klärsels geschieht in den Vacuumpfannen. Behufs des Körnens, Füllens, Deckens und Trocknens verfährt man genau wie bei der Darstellung des Rübenzuckers.

c) Bei den feinsten Sorten wird das ganze Raffinationsverfahren wiederholt.

d) Die getrockneten Zuckerbrote werden zuletzt in Papier eingeschlagen in den Handel gebracht.

e) Nach dem Grade ihrer Reinheit heißen die raffinirten Zucker: Bastern, Lumpen, Melis, Raffinade, wovon die letzte Sorte die feinste ist.

f) Durch Abdampfen des beim Raffiniren des Lumpen- und Meliszuckers erhält man ein grobes, gelbes Pulver, welches den Namen Farinzucker, Kochzucker führt. Auch den Rohzucker (Thomaszucker) verkauft man im Kleinhandel zuweilen als Farinzucker.

Stampfzucker. Würfelzucker.

§. 313.

Unter Stampfzucker (gepreßtem Mehlzucker) versteht man ein geringes Fabrikat, gewöhnlich Lumpenzucker, dem man das Aussehen und die Form der Raffinade giebt, um ihm einen höheren Preis zu verschaffen.

a) Man zerreibt den Lumpenzucker, noch ehe er getrocknet ist, siebt das Pulver durch ein grobes Sieb, füllt es noch feucht in Raffinadeformen und preßt es mit Keulen ein. Die auf diese Weise dargestellten Brote können sogleich gelöscht und getrocknet werden. Dieser Zucker erscheint nur, weil er gepulvert ist, so weiß wie Raffinade.

b) Es wurde auch gemahlener und auf ähnliche Weise feucht in bronzene Formen gepreßter Zucker als Würfelzucker in kleinen Würfeln in den Handel gebracht.

Kandiszucker.

§. 314.

Wenn der raffinirte Zucker in regelmäßigen Krystallen anschießt, so bildet er wasserhelle, durchsichtige, geschoben vier- und sechsseitige Säulen. In diesem Zustande wird der Zucker Kandiszucker (sucre candi) genannt.

a) Um den Kandiszucker darzustellen wird der schon raffinirte Zucker in reinem Wasser gelöst, die Lösung nun bis zur Krystallisirbarkeit verkocht, dann in die kupfernen Kandistöpfe ausgegossen und diese in dem Zucker-Darrofen, bei der Temperatur von 40 Grad Reaumur, so lange erhalten, bis der Zucker an den Zwirnfäden, womit die Töpfe durchzogen sind, in Krystallen angeschossen ist. Die Töpfe werden nun umgestürzt, damit der noch vorhandene Syrup von dem Zucker (dem Kandisstürzel) abfließen kann; worauf der Zucker aus dem Topfe, durch Umstürzung desselben, heraus genommen und in Kisten verpackt wird. Man unterscheidet weißen, gelben und brauner Kandiszucker, je nachdem Fein-, Mittel- oder ordinaire Raffinade dazu verwendet worden ist. Meistens verwendet man indessen zur Kandisbereitung weniger Lösung von Zucker, sondern vielmehr ein kräftiges, mehr oder minder gefärbtes Klärsel.

b) Die Kandistöpfe stellen aus Kupferblech angefertigte in der Spitze abgeschnittene Kegel dar. Sie sind gegenüber mit kleinen Löchern durchbohrt. Diese werden, in der Entfernung von zwei Zoll, mit Zwirn durchzogen, die äußere Fläche mit Papier beklebt und nach dem Trocknen des Papiers sind sie zum Eingießen vorgerichtet.

Stärkezucker. (Traubenzucker oder Krümelzucker.)

§. 315.

Der Stärkezucker (sucre de raisin ou de la fécule, glucose, *sugar of grapes, starch-sugar*) ist eine von dem Rohrzucker verschiedene Zuckerart, die sich in vielen süßen Früchten (Trauben) und im Honig fertig gebildet findet, und durch Einwirkung verdünnter Schwefelsäure und Malz auf Stärkmehl, Dextrin und Rohrzucker sich künstlich bildet. Der Stärke- oder Krümelzucker krystallisirt in kleinen Körnern oder warzenförmigen krümligen Massen, löst sich in $1\frac{1}{3}$ Th. kaltem Wasser und schmeckt nicht so süß als Rohrzucker. Mit Hefe zusammengebracht geht er leicht in geistige Gährung über. Er ist ein wichtiger Bestandtheil der Bierwürze, der Maische und des Mostes. Im Großen stellt man ihn aus Stärkmehl entweder in Lösung als Stärkesyrup oder als trocknen Stärkezucker dar.

a) Man bereitet den Stärkesyrup, indem z. B. 4 Pfund Stärke mit so viel Wasser kalt angerieben werden, daß alles flüssig wird. Man versetzt ferner 16 Pfund Wasser mit 8 Loth concentrirter Schwefelsäure, erhitzt die Flüssigkeit in einer Kufe durch Dämpfe bis zum Sieden und trägt dann die Stärke, nach und nach, unter stetem Umrühren hinzu, bis alles zu einer klaren Flüssigkeit aufgelöst ist. Diese wird nun 10 Stunden lang fortwährend gekocht, dann erkaltet.

b) Der erkalteten Flüssigkeit setzt man nach und nach nun 12 Loth gepulverte Kreide zu, es bildet sich schwerlöslicher schwefelsaurer Kalk und Kohlensäure entweicht unter Aufbrausen. Nach der Neutralisation läßt man die Flüssigkeit 12 Stunden lang sich absetzen. Die geklärte Flüssigkeit wird dann abgezogen und über Knochenkohle filtrirt. Darauf wird die Flüssigkeit zur Consistenz eines steifen Syrups eingekocht. Es ist der Stärkesyrup, den man jetzt auch häufig durch die Einwirkung von Malzauszug (Diastase) auf Stärkmehl darstellt.

c) Der weniger stark eingekochte Stärkesyrup erstarrt nach einiger Zeit von selbst, und stellt nun den Stärkezucker dar.

Sechsunddreißigster Abschnitt.

Die Fabrikation des Salpeters.

§. 316.

Der Salpeter (Kali nitricum, Nitrum, nitrale ou azolate de potasse, nitre, salpêtre, *nitrate of potassa*) ist salpetersaures Kali und besteht aus 46,55 Kali und 53,45 Salpetersäure. Er findet sich in Ostindien, auf Ceylon, in Aegypten, in Ungarn, in Italien und Sicilien, in einigen Gegenden Deutschlands natürlich gebildet und kommt auch in gewissen Pflanzen wie der Runkelrübe, dem Tabak, dem Borretsch u. s. w. vor. Meist wird der Salpeter durch gemeinschaftliche Wirkung der Natur und der Kunst erzeugt. Die Anstalten, welche zur Produktion des Salpeters bestimmt sind, werden Salpeterplantagen, die worin der Salpeter versotten wird, werden Salpeterhütten genannt.

a) Geschichte des Salpeters und Vorkommen desselben in der Natur, in den Vorlesungen.

Salpeterplantagen. Salpeterhütten.

§. 317.

Die Salpeterplantagen bestehen in niedrigen Schuppengebäuden, unter denen die zur Bildung des Salpeters bestimmten Erdhaufen (Plantagen) errichtet sind, die jährlich mehreremal mit gefaultem Urin begossen werden, worauf nach stattgefundener Erzeugung des Salpeters, die Erde ausgelaugt wird.

a) Die Plantagen werden aus einem Gemenge von kalkhaltiger Erde, wie Mergel, Holzasche, Schutt alter Gebäude mit animalischen Abfällen (Dünger, Abfälle aus Leim- und Tuchfabriken, Erde aus Schlachthäusern, Viehställen, Schlamm aus Teichen, Torfmoore u. s. w.) bereitet, und mit Reißholz oder Stroh durchschichtet, damit sie auch im Innern von der Luft durchstrichen werden können. Nach zwei Jahren hat sich salpetersaurer Kalk gebildet, und die Haufen können ausgelaugt werden.

b) Die Lauge enthält größtentheils salpetersauren Kalk gelöst. Sie wird durch Holzasche filtrirt oder mit Lösung von Pottasche versetzt, wodurch das Kali derselben sich mit der Säure vereinigt, und sie in Salpeter umwandelt, dagegen der Kalk ausgeschieden wird; worauf man die Salpeterlauge, in eisernen Pfannen, zur Krystallisirbarkeit versiedet, und den Salpeter auskrystallisiren läßt, der jetzt roher Salpeter genannt wird. Ein nochmaliges Lösen in Wasser und Krystallisiren, stellt ihn als geläuterten oder raffinirten Salpeter dar. Diese Arbeiten werden in den Salpeterhütten veranstaltet.

c) Zuweilen stellt man auch Salpeter durch Zersetzen des Chilisalpeters (salpetersauren Natrons, welches sich in Chili in ungeheuren Massen unter einer Schicht von Thon findet) mit Pottasche dar. Es krystallisirt aus der Flüssigkeit Salpeter heraus, während Soda (kohlensaures Natron) in der Mutterlauge zurückbleibt und durch Abdampfen der Flüssigkeit gleichfalls krystallisirt erhalten werden kann.

Theorie der Salpeterbildung.

§. 318.

Die Theorie der Salpeterbildung ist eine sehr einfache. Wenn thierische Stoffe faulen, so entwickelt sich Ammoniakgas (NH_3); ist zugleich kalkhaltige Erde zugegen und kann die Luft ungehindert zutreten, so oxydirt der Sauerstoff der Luft das Ammoniak zu Salpetersäure und Wasser, welche letztere mit dem Kalk salpetersauren Kalk (CaO, NO_5) bildet.

a) Die Theorie der Salpeterbildung läßt sich durch folgende chemische Gleichung ausdrücken: $NH_3 + 8O + CaO = CaO, NO_5 + 3HO$, und

b) Die Umwandlung des salpetersauren Kalkes durch Pottasche in Salpeter durch: $CaO, NO_5 + KO, CO_2 = KO, NO_5 + CaO, CO_2$.

c) Ist durch Verwesung von Thierstoffen die Bildung des Salpeters eingeleitet, so kann sie durch den Stickstoff der Luft fortgesetzt werden.

d) Der electrische Funke (der Blitz) und poröser kalk- oder natronhaltiger Boden besitzen die Eigenschaft, unter Umständen die Gemengtheile der Luft, Sauerstoff und Stickstoff, mit einander zu Salpetersäure zu vereinigen. Also auch dadurch kann Salpeter entstehen.

e) Vom Gebrauche und der Prüfung des Salpeters in den Vorlesungen.

Siebenunddreißigster Abschnitt.

Die Fabrikation des Schießpulvers und der Schießbaumwolle.

(Pulverfabriken. Pulvermühlen.)

§. 319.

Das Schießpulver (poudre à canon, *gun-powdre*) besteht aus einem Gemenge von Salpeter, Schwefel und

Kohle, wahrscheinlich eine Erfindung der Chinesen, aber in Deutschland verbessert. Die Anstalten, in welchen dasselbe bereitet wird, werden Pulvermühlen oder Pulverfabriken (poudreries, *powder-mills*), der Ort, wo das Pulver aufbewahrt wird, wird Pulver-Magazin genannt.

a) Von der Geschichte des Schießpulvers, in den Vorlesungen.

Fabrikation des Schießpulvers.

§. 320.

Die Fabrikation des Schießpulvers zerfällt in 1) das Pulverisiren der Materialien; 2) das Mengen (innige Vermischen); 3) das Anfeuchten des gemengten Satzes; 4) das Verdichten desselben; 5) das Körnen und Sortiren; 6) das Poliren; 7) das Trocknen; 8) das Ausstäuben.

a) Zur Pulverfabrikation wendet man auf 100 Th. Salpeter 19,84 Th. Kohle und 15,82 Th. Schwefel an.

b) Zum Pulverisiren der Materialien wendet man entweder *α*) Trommeln mit Bronzekugeln, oder *β*) ein Stampf- oder Mühlwerk mit hölzernen Läufern an. Nach *α*) kleint man von den drei Materialien nur Schwefel und Kohle für sich, da das Salpetermehl schon hinreichend fein ist. 160 Pfund Schwefel oder Kohle werden mit 200 Bronzekugeln in etwa 3 Stunden gekleint, wobei die Trommel 10 Umdrehungen in der Minute macht. Nach *β*) bewegen sich Stampfer (pilons, *stampers, pestles*), an dem unteren Ende mit einem bronzenen Schuh versehen, in den Trögen eines eichenen Löcherbaumes (pile à mortier) auf und ab.

c) Das Mengen der drei Pulvergemengtheile in dem oben angegebenen Verhältniß geschieht *α*) in den Mengtrommeln, wieder mit Hülfe von Bronzekugeln; *β*) auf Walzmühlen; *γ*) auf Stampfmühlen.

d) Nach dem Mengen wird der trockne Satz mit Wasser angefeuchtet und umgerührt, bis er sich angemessen zusammenballen läßt. Er nimmt dabei etwa 10 Prozent Wasser auf.

e) Der angefeuchtete Satz wird durch starkes Pressen verdichtet. Es ist dies für die Eigenschaften des darzustellenden Pulvers von großer Wichtigkeit. Je größer die Zusammenpressung ist, um so mehr wirksame Bestandtheile befinden sich in einem gewissen Raume und desto mehr Gas entwickelt sich im Verhältniß zu wenig verdichtetem Pulver.

f) Der nun erhaltene Kuchen (pâte, gâteau) wird gekörnt (grenage, *corning*). Der Teig wird zu dem Ende durch Siebe (aus Pergament oder aus Kupferblech) (guillaume et grenoir) gepreßt. Man wiederholt dies mit Sieben mit immer enger werdenden Löchern, wodurch das Pulver gekörnt und zugleich sortirt wird. Zuletzt kommen die Körner auf ein Sieb (égalisoir), durch welches das Mehlpulver und die kleinen Körner abgesondert werden, die gröberen Körner aber nicht mit hindurchgehen. Das Körnen hat zum Zweck, die Wirksamkeit des Pulvers zu erhöhen. Die Größe der Körner ist auf die Entzündbarkeit von großem Einflusse; je feinkörniger das Pulver ist, desto schneller geht die Entzündung vor sich.

g) Das noch feuchte Pulver wird polirt (lissage, *glaced powdre*). Das Poliren geschieht in Tonnen, welche inwendig mit Leisten versehen sind und durch ein Mühlwerk um ihre Axe bewegt werden. Es vermindert das Abschmutzen und Feuchtwerden, giebt Glanz, das Pulver verliert dadurch aber etwas an Kraft.

h) Das Trocknen (séchage) geschieht in den Trockenhäusern (séchoirs), vermittelst erwärmter Luft oder Wasserdämpfen.

i) Das fertige Pulver wird endlich ausgestäubt (époussetage), d. h. durch feine Haarsiebe geschlagen, um das entstandene Mehlpulver abzuscheiden.

k) Ueber Pulverfabrikation vergleiche: Weltzien, Grundriß der theoret. Chemie für Artillerie- und Ingenieuroffiziere bearbeitet, Carlsruhe 1854; Werther, Die unorganische Chemie, Abtheil. II. Berlin 1852.

Eigenschaften des Schießpulvers.

§. 321.

Ein gutes Pulver ist an folgenden äußeren Eigenschaften zu erkennen: es ist von Farbe schwarzblau, es hat gehörigen Zusammenhalt und ist frei von Staub; es besitzt angemessene Dichtigkeit, so daß sich die einzelnen Körner nicht leicht zerdrücken lassen.

a) Bunsen (in Heidelberg) fand ein preußisches Jagdpulver zusammengesetzt aus

Salpeter			80,029
Schwefel			10,379
Kohle, bestehend aus	Kohlenstoff	9,382	9,592
	Wasserstoff	0,039	
	Sauerstoff	0,162	
	Asche . .	0,009	
			100,000

b) Bei der Entzündung des Pulvers geben seine Bestandtheile (1 Aequiv. Salpeter, KO, NO_5; 1 Aequiv. Schwefel, S; 3 Aequiv. Kohle, 3 C): 1 Aequiv. Schwefelkalium, KS (als Rückstand), 1 Aequiv. Stickgas, N und 3 Aequiv. Kohlensäuregas, $3CO_2$. Auf der Bildung dieser Gase und der bei der Bildung stattfindenden hohen Temperatur gründet sich die Wirksamkeit des Schießpulvers.

Die Schießbaumwolle.

§. 322.

Die Schießbaumwolle, Schießwolle, Pyroxylin (fulmicoton, *gun-cotton*), im Jahre 1846 von Schönbein und Böttger erfunden, wird durch Behandeln von Baumwolle mit einem Gemenge von starker Salpetersäure mit concentrirter Schwefelsäure, nachheriges Auswaschen mit Wasser und Trocknen dargestellt. Sie hat die Eigenschaft, sich in Berührung mit einem brennenden Körper, beim Erhitzen und durch heftigen Stoß zu entzünden. Man hat die Schießbaumwolle als Ersatzmittel für das Schießpulver vorgeschlagen; die bis jetzt erhaltenen Resultate sind aber keineswegs so günstig, daß man Hoffnung hätte, das Pulver in den Gewehren und Geschützen durch Schießbaumwolle zu ersetzen.

a) Die Baumwolle $C_{12}H_{10}O_{10}$ erleidet bei ihrem Uebergang in Schießbaumwolle eine Veränderung in ihrer Zusammensetzung, so daß 3 At. Wasserstoff aus der Baumwolle aus-, und 3 At. Untersalpetersäure (NO_4) dafür eintreten. Die Zusammensetzung der Schießbaumwolle ist daher $C_{12}H_7(3NO_4)O_{10}$.

b) Eine Auflösung der Schießbaumwolle in weingeisthaltigem Aether führt den Namen Collodium; sie findet Anwendung in der Chirurgie zum Verschließen von Schnittwunden, so wie in der Photographie.

Achtunddreißigster Abschnitt.

Die Thonwaaren.

(Das Porcellan, das Steinzeug, die Fayence, das Töpfergeschirr.)

Allgemeines.

§. 323.

Die Erzeugung von Thonwaaren (poterie, *pottery*) ist sehr alt. Schon in den frühesten Zeiten verfertigte man unglasirte Waaren aus gewöhnlichem Thon, wie noch jetzt z. B. die Blumentöpfe. Glasirte Thongeschirre kommen am frühesten in Asien vor, so das glasirte Porcellan bei den Chinesen. In Europa sind sie erst seit dem classischen Alterthume aufgetaucht.

Material zur Fabrikation der Thonwaaren.

§. 324.

Das Hauptmaterial zur Fabrikation der Thonwaaren ist der Thon. Alle Thonarten gehören nicht unter die primitiven Gebilde des Erdkörpers, sondern unter die secundären, durch Zersetzung und Verwitterung früherer entstandenen.

a) Diejenige Substanz, durch deren Zersetzung die Thonarten sich gebildet haben, ist wohl hauptsächlich der Feldspath ($KO, SiO_3 + Al_2O_3, 3SiO_3$), der als wesentlicher Gemengtheil der gneus- und glimmerschieferartigen, der granitischen und porphyrartigen Gesteine auftritt. Indem der Feldspath verwittert, wird kieselsaures Kali frei, das von dem Wasser aufgelöst und fortgeführt wird. Die zurückbleibende kieselsaure Thonerde ist der Thon.

b) Wenn der Thon am Orte seiner Entstehung lagert, so bildet er eine weißliche, erdige, zerreibliche, magere Masse, den Kaolin oder die Porcellanerde (terre à porcelaine, *china-clay*). So z. B. zu Obernzell bei Passau, Morl bei Halle, Sedlitz bei Meißen, St. Yrieux bei Limoges, St. Austle in Cornwall rc.

c) Der durch Ueberschwemmungen von seiner ursprünglichen Lagerstätte fortgeführte und wieder abgelagerte Thon ist der plastische Thon (argile plastique, *plastic clay*) und der Pfeifenthon (terre à pipes, *pipe clay*); er ist bildsam, sehr zähe, brennt sich fest, bleibt entweder dabei weiß oder wird gelb und ist in dem gewöhnlichen Brennofenfeuer nicht schmelzbar.

d) Eine schmelzbare Thonart ist der Töpferthon (terre à potier, *potter's clay*), der äußerlich viele Aehnlichkeit mit dem feuerfesten Thone hat, auch nach dem Brennen gewöhnlich eine gelbe oder röthliche Farbe hat und gewöhnlich schon merklich kohlensauren Kalk enthält.

e) Von den übrigen weniger wichtigen Thonarten sind anzuführen die Walkerde (terre à foulon, *fullers earth*), der Thonmergel (marne argileuse, *marle*), ein Gemenge von Thon und kohlensaurem Kalk. Der Lehm (terre franche, *loam*) ist ein mit Quarzsand und Eisenocker gemengter Thon, der sich schmutzig roth brennt. Er findet hauptsächlich als Baumaterial Anwendung.

Verarbeitung des Thones zu Thonwaaren. Eintheilung derselben.

§. 325.

Die Anwendung des Thones zur Verfertigung der Thonwaaren beruht darauf, daß man zu demselben so viel Kali, Kalk oder Substanzen, welche diese Körper enthalten, wie Feldspath oder Gyps hinzufügt, um seine Strengflüssigkeit zu vermindern, aus dieser Mischung mit Wasser einen Teig macht, daraus Gefäße formt, dieselbe trocknet und sodann in einem Ofen nur bis zum Zusammensintern oder bis zur theilweisen Schmelzung glüht. Die gebrannte Waare bleibt entweder rauh (unglasirt) oder sie wird glasirt.

Man theilt die Thonwaare ein in dichte und poröse. Bei der dichten ist das Erhitzen bis zum Halbverglasen der Masse gegangen; sie ist im Bruche glasartig, durchscheinend und für Wasser undurchdringlich. Die poröse Thonwaare ist nur bis zum Zusammensintern der Masse erhitzt worden; der Bruch ist erdig, die Masse zerreiblich, läßt im unglasirten Zustande Wasser hindurch und haftet an der Zunge.

a) Die wichtigsten Arten der dichten Thonwaaren sind: α) hartes Porcellan; β) Biscuitporcellan (Parian, Carrara); γ) Frittenporcellan; δ) Steinzeug (porcellanartiges glasirtes Steinzeug; weißes oder gefärbtes, unglasirtes Steinzeug; gemeines Steinzeug mit Salzglasur).

b) Die hauptsächlichsten porösen Thonwaaren sind: α) Feine weiße Fayence mit durchsichtiger Glasur; β) gemeine Fayence mit undurchsichtiger Emailglasur (auch die Majolika); γ) ordinäre Töpferwaaren; δ) Terracotta, Ziegel- und Charmottesteine.

Porcellanfabrikation.

§. 326.

Das Porcellan (porcelaine, *china*) ist schon seit den ältesten Zeiten in China und Japan fabricirt worden. In Europa stellte 1703 Böttischer eine rothgefärbte Masse dar, die kein Porcellan, sondern Steinzeug feiner Qualität war; mit Hülfe von Tschirnhausen gelang es ihm 1709 weißes Porcellan darzustellen. Zur Verfertigung der Porcellanmasse gehören: 1) Porcellanerde oder Kaolin; 2) ein Flußmittel wie Feldspath, Gyps, Kreide und Kieselstein.

a) Die Fabrik zu Meißen besteht seit 1709, die zu Nymphenburg seit 1758, die zu Berlin seit 1761, die zu Sèvres seit 1756, die zu Wien seit 1721.

b) Man unterscheidet α) hartes Porcellan (porcelaine dure, *hard porcelain*), β) Fritten- oder Glasporcellan (porcelaine tendre, *soft porcelaine*). Letzteres ist dadurch charakterisirt, daß seine Masse mit einer Glasfritte gemischt ist und daß es gewissermaßen den Uebergang bildet vom ächten Porcellan zu dem Bein- oder Milchglas.

Bereitung der Porcellanmasse.

§. 327.

Um die Porcellanmasse anzufertigen, wird die Porcellanerde durch Schlämmen mit Wasser von allen beigemengten Quarzstückchen gereinigt. Zu der geschlämmten Erde setzt man das Flußmittel (fondant). Um die Masse knetbar zu machen, wird ein Theil des Wassers daraus entfernt, dies geschieht durch Auspressen. Sodann wird sie in Ballen geformt in feuchten Kellern aufbewahrt. Je länger das Aufbewahren dauert, desto bildsamer wird die Masse; während dessen entwickelt sich ein Geruch nach Schwefelwasserstoff durch das in dem Feldspath fein eingesprengte Schwefeleisen und die Masse läuft schwarz an.

a) In China bewahrt man die Porcellanmasse ein Jahrhundert lang unter Wasser auf, ehe man zur Verarbeitung schreitet.

Formen der Geschirre.

§. 328.

Das Formen der Porcellangeschirre ist wegen der geringen Bildsamkeit der Masse mit Schwierigkeiten verknüpft. Runde Geschirre dreht man auf der Töpferscheibe (tour, *potter's wheel, throw*), die aus einer senkrechten eisernen Axe, einer oben darauf befestigten horizontalen Scheibe und einem unten angebrachten Schwungrade besteht. Flache Gegenstände werden durch Ausrollen der Masse mittelst eines Mangelholzes und Eintragen der Platte in die feuchte Gypsform dargestellt. Einige Gegenstände werden auch gepreßt und gegossen. Kleinere Gegenstände befestigt man an den größeren mit Schlicker (barboline), einer mit Wasser dünn angerührten Porcellanmasse.

a) Bei der Anfertigung von Gefäßen ist das Schwinden (retraite) zu berücksichtigen, welches bei der Berliner Geschirrmasse etwa $\frac{1}{7}$ beträgt.

Trocknen, Verglühen und Glasiren der Geschirre.

§. 329.

Die Geschirre werden lufttrocken gemacht und dann in der zweiten Etage des Brennofens, im Verglühofen verglüht (cuire en dégourdi, *biscuit-baking*). Dadurch schwindet die Masse nicht merklich, sie wird aber so fest, daß sie mit Wasser zusammengebracht, nicht aufweicht und deshalb in diesem Zustande glasirt werden kann. Das Verglühen der Geschirre geschieht in Kapseln. Das Material zur Glasur (glaçure, enduit, vernis, couverte, *glaze*) ist bei dem Porcellan am wenigsten verschieden von der Masse; es ist wesentlich Kaolin, Feldspath, Kalk und Porcellanscherben. Das Material wird fein gemahlen, geschlämmt und mit Wasser angerührt. In dieses Wasser taucht man das verglühte Geschirr ein (tremper, poser par immersion).

a) Die Glasur der Meißner Fabrik besteht aus 37 Th. calcinirtem Quarz, 37 Th. calcinirtem Kaolin, 17,5 Th. Kalk und 8,5 Th. Porcellanscherben.

b) Die Güte des Porcellans und seine Vorzüge bestehen zum großen Theile darin, daß die Glasur dem Innern ziemlich gleich zusammengesetzt ist und deswegen aufs Innigste mit der Masse sich verbindet und gleichzeitig mit der Gare der Masse zum Fluß kommt. Die Glasur ist so zusammengesetzt, daß sie ein Glas von ziemlich bedeutender Härte bildet.

Garbrennen der glasirten Geschirre.

§. 330.

Die getrockneten und glasirten Geschirre werden in Kapseln eingesetzt (encaster, *encastage*) und dann in dem Brennofen gebrannt. Zuerst wird schwach geheizt (Lavirfeuer, Flattirfeuer, petit feu, trempe), nach 10—12 Stunden giebt man Scharfbrennfeuer (grand feu). Nach beendigtem Garbrennen (cuire en couverte, *hardening on*) werden alle Feuerungen dicht verstrichen, bis der Ofen abgekühlt ist.

a) Nach dem Abkühlen des Ofens öffnet man die Kapseln, sortirt das Porcellan und verkauft es als Weißporcellan oder bemaltes.

b) Der Porcellanbrennofen ist gewöhnlich ein aus 3 Etagen bestehender Ofen, die untere Etage ist der Glutofen, die mittlere der Verglühofen, die obere der Mantel.

Unglasirtes Porcellan. Biscuit. (Parian. Carrara.)

§. 331.

Porcellan, welches das Scharffeuer ohne Glasur mitgemacht hat, heißt Biscuit oder Statuenporcellan (biscuit, *statuary*). Das Parische Porcellan oder der

Parian ist ein in England zu Statuen gebräuchliches Biscuit von gelblicher Farbe und wachsartiger oder fettig schimmernder Oberfläche. Der Carrara, gleichfalls in England heimisch, steht in der Mitte zwischen Parian und Steinzeugmasse, ist weniger durchscheinend als Parian und von etwas weißerer Farbe.

a) Der Name Parian ist abgeleitet von der durch ihren Marmor berühmten Insel Paros, der Name Carrara von den Marmorbrüchen gleichen Namens in Toscana.

b) Vergl. Amtl. Bericht der Londn. Ausstellung des Jahres 1851. Bd. III. p. 361.

Porcellanmalerei.

§. 332.

Die Porcellanmalerei ist ein Zweig der Glasmalerei, deren Wirkung aber nur auf das reflectirte, nie auf das durchgehende Licht berechnet ist. Die in der Porcellanmalerei benutzten Farben sind gefärbte Gläser, die durch Aufschmelzen auf die Porcellanmasse Festigkeit und Glanz erlangen. Eine jede Porcellanfarbe besteht aus dem farbegebenden Metalloxyd und aus dem Fluß (Bleiglas und Borax).

a) Farbegebende Metalloxyde sind: Goldpurpur zu Purpurroth, Eisenoxyd zu Roth, Braunroth und Braun, Kobaltoxydul zu Blau, Kupferoxyd und Chromoxyd zu Grün, Uranoxyd zu Schwarz.

b) Man unterscheidet Malerei unter der Glasur von Malerei über der Glasur. Zum Malen unter der Glasur sind nur drei Metalloxyde geeignet, nämlich Chromoxyd, Uranoxydul und Kobaltoxydul; diese drei Oxyde sind allein feuerbeständig genug, um das Scharfbrennfeuer ohne Verflüchtigung auszuhalten. Die sogenannten Muffelfarben werden stets nach dem Glasiren auf der Glasur aufgetragen.

c) Ueber das Vergolden, Versilbern, Verplatiniren und Decoriren des Porcellans in den Vorlesungen.

Das Steinzeug.

§. 333.

Das Steinzeug (grès, *stone ware*) reiht sich zunächst dem ächten Porcellan an; es besteht eben so wie jenes, aus einer Grundlage von Thon (gewöhnlich aus einem Gemenge von plastischem Thon mit Kaolin für das feinere, oder aus plastischem Thon und Sand oder gemahlenen Steinzeugscherben für das gemeine Steinzeug) und einem feldspathigen Gemengtheil als Fluß, aber mit dem Unterschiede, daß der Fluß viel mehr als beim Porcellan, etwa die Hälfte ausmacht. Die Masse ist dicht, klingend, nicht an der Zunge hängend, von anfangender Schmelzung zeugend und nur an den Kanten oder kaum durchscheinend. Man unterscheidet 1) glasirtes, porcellanartiges Steinzeug (*ironstone or stone china glazed*); 2) Wedgwood; 3) gemeines Steinzeug mit Salzglasur.

a) Die Steinzeugfabrikation ist besonders in England (im sogenannten Pottery-Districte von Staffordshire) heimisch. Josiah Wedgwood (1730—1795) ist der Schöpfer dieser Industrie.

b) Die Wedgwoodwaare (grès-cérame fin) ist von der reinsten weißen oder von künstlicher gefärbter schwarzer oder brauner Grundmasse. Die schwarze Masse führt den Namen Aegyptian.

c) Das gemeine Steinzeug (grès, *stone ware*), aus welchem ein großer Theil der zum Hausgebrauche dienenden Geschirre besteht, ist im garen Zustande dicht, zusammengesintert und nie porös. Solche Geschirre vertragen Temperaturwechsel nur schlecht und sind deshalb zum Kochen untauglich, dagegen sehr geeignet zu Gefäßen für den Fabrik- und chemischen Gebrauch, zu Milchgeschirren, Mineralwasserkrügen 2c. Die Glasur wird mittelst Kochsalz hervorgebracht, indem die Kieselsäure der Masse oberflächlich mit dem Natron des Kochsalzes zu kieselsaurem Natron zusammentritt.

Die Fayence.

§. 334.

Die Fayence oder das englische Steingut (faience fine, *earthen ware, pottery* im engeren Sinne) ist eine poröse Masse aus feuerfestem Thone mit durchsichtiger oder undurchsichtiger Glasur. Sie ist an der Zunge hängend, undurchsichtig, wenig oder nicht klingend. Der Thon ist mit gemahlenem Quarz oder Feuerstein, mit Kaolin oder Pegmatit, oder mehreren dieser Körper zu gleicher Zeit versetzt. Dadurch entstehen die verschiedenen Unterarten: Fayence, Steingut, Halbporcellan, Sanitätsgeschirr, Gesundheitsgeschirr, die *cream coloured Queens ware* etc.

a) Bei der Fayence mit durchsichtiger Glasur ist die Masse vollkommen oder beinahe weiß; die Farbe der Masse braucht daher nicht maskirt zu werden. Das Material für die Glasur ist Feldspath, in England oft ersetzt durch den *cornish stone* (ein verwitterter Pegmatit, eine aus Feldspath und Quarz gemengte Felsart), Borax, Borsäure, Mennige rc.

b) Die gemeine emaillirte Fayence (faience commune) besteht aus einer Masse von Töpferthon oder plastischem Thon, Mergel und Quarzsand; sie brennt sich des Eisenoxydgehaltes wegen gelb. Die gelbe Farbe wird durch eine undurchsichtige Glasur (durch Email) verdeckt. Bei der weißen Waare besteht die Glasur aus Bleiglas, mit Zinnoxyd weiß und undurchsichtig gemacht. Hierher gehört auch die Majolika.

Fabrikation der Töpferwaare.

§. 335.

Die Fabrikation des Töpferzeuges (poterie commune, *coarse pottery*) ist von volkswirthschaftlicher Wichtigkeit, insofern diese Gattung die Bestimmung hat, zu Zwecken der Haushaltung und der Kochkunst, insbesondere der ärmeren Volksklassen zu dienen. Wohlfeilheit ist daher die vornehmste Rücksicht. Das Material ist je nach der Oertlichkeit plastischer Thon, Töpferthon und Thonmergel. Die Thone werden, wenn dies nicht von Natur der Fall ist, mit Sand versetzt, um die Schwindung zu vermindern. Die Masse ist in der Mehrzahl der Fälle braunroth. Die Glasur ist stets durchsichtig und nie ein Email.

Darstellung der Masse zu Töpfergeschirr.

§. 336.

Der der Erde entnommene Thon enthält Steine, Wurzeln und andere Unreinigkeiten. Um ihn hiervon zu befreien und ihn durch Mengen gleichförmiger zu machen, wird er eingesumpft, d. h. mit Wässer dick angemacht und sodann mit den Füßen getreten (marcher, *tempering*), wobei die erwähnten Unreinigkeiten herausgelesen werden. Die weitere Reinigung geschieht theils durch Handarbeit, theils durch Maschinen (Thonmühlen, *clay-mill*).

Formen, Trocknen, Glasiren und Brennen der Geschirre.

§. 337.

Das Töpfergeschirr wird auf der schon angeführten Drehscheibe geformt und gewöhnlich im lufttrocknen Zustande glasirt, so daß also nur ein einmaliges Brennen desselben erforderlich ist. Blumentöpfe und Zuckerhutformen erhalten keine Glasur. Die Glasur ist gewöhnlich ein Bleiglas und wird meist nach herkömmlicher Weise aus Bleiglanz (Glasurerz) und Lehm zusammengesetzt. Der in unseren Gegenden gebräuchliche Töpferofen (four, *burning oven, kiln*) ist ein liegender Flammenofen ohne Rost, in welchem die Waare beim Brennen der freien Einwirkung der Flamme ausgesetzt ist.

a) Ueber die Schädlichkeit der Bleiglasur hat man sich häufig warnend geäußert, jedoch mit Unrecht, da eine Bleiglasur an Flüssigkeiten und Speisen nur dann Blei abzieht, wenn sie unvollkommen gebrannt ist.

b) Einige Orte haben sich durch die Töpferwaare, die sie liefern, einen Ruf erworben, so Bunzlau in Schlesien, Waldenburg, Pulsnitz und Kamenz in Sachsen, Kirchenlamitz in Bayern 2c.

c) Zu den nicht glasirten thönernen Gefäßen gehören auch die porösen Alcarazzas oder Kühlkrüge.

Siderolith. Terralith.
(Lackirte Thonwaaren.)

§. 338.

Unter den Namen Siderolith und Terralith versteht man Thonwaaren, die anstatt mit Glasur, mit einem gefärbten oder bronzirten Firniß überzogen sind. Da der Firniß nicht aufgebrannt zu werden braucht und daher keinen bestimmten Feuergrad beim Brennen des Scherbens voraussetzt, so resultirt eine große Beweglichkeit in der Fabrikation dieser Waaren. Der schwächere Brand ermöglicht schwierigere Formen, die Farbe der Masse wird vom Firniß zugedeckt und erspart dem Fabrikanten seltene und kostspielige Thonsorten und Versetzmittel. Es genügt, daß die Masse fein und gleichförmig sei.

a) Man fabricirt die Siderolith- und Terralithwaaren zu Ilmenau in Thüringen, so wie zu Bodenbach und Hohenstein in Böhmen.

b) Vergl. Bericht der Beurtheilungs-Commission der Münchner Ausstellung 1854; Gruppe IX. (Stein-, Ird- und Glaswaaren).

Terra-cotta.

§. 339.

Die Terra-cotta-Waaren sind erdige unglasirte Thongegenstände von gelb- oder rothgebranntem Thone. Obgleich auch die Ziegel und Backsteine hierher gehören, so bezeichnet man doch mit dem Namen Terra-cotta zu Bildwerken und Bauornamenten (Thurmspitzen, Spitzbogenfenster, Portalverzierungen, Kreuzblumen und Rosetten) bestimmte gebrannte Thongegenstände.

a) Vergl. Bericht der Beurtheil.-Commiss. der Münchn. Ausstell. 1854; (Gruppe IX; Abtheil. II. Thonwaaren).

Die Pfeifenbrennerei.

§. 340.

Die **Pfeifenbrennerei** hat die Fabrikation der irdenen **Tabakspfeifen** zum Gegenstande. Man bedient sich dazu eines **fetten, feuerfesten, eisenfreien Thons** (**weißen Bolus**, terre à pipe), der mit Wasser geschlämmt, bis zur Knetbarkeit ausgetrocknet, dann zu Pfeifen verarbeitet wird.

a) Geschichte der **Tabakspfeifen**, in den Vorlesungen.

§. 341.

Zur Fabrikation der irdenen **Pfeifen** werden verschiedene Geräthe erfordert; diese sind: 1) die **Pfeifenform**; 2) der **Stopfer** (étampeux); 3) die **Presse**; 4) der

Tremmkopf; 5) der Pfeifenofen; 6) der Weisedraht oder Wiesedraht (aiguille).

a) Eine speciellere Erklärung dieser Werkzeuge, in den Vorlesungen.

§. 342.

Die Arbeiter, welche in einer Pfeifenfabrik beschäftigt werden, sind der Roller, der Former und der Tremmer.

a) Der Roller rollt den Thonteig zu einer den Stiel der Pfeife bildenden dünnen Walze (einen Welger) aus, der sich in das Kopfende endigt.

b) Der Former oder Kaster, durchbohrt die Walze bis an den Kopf der Pfeife (fourneau, *bowl*) mit einem dünnen Draht (dem Weisedrath), worauf er sie in die vorher mit Oel ausgestrichene Pfeifenform einlegt.

c) Die aus Messing gegossene Pfeifenform besteht aus 2 gleichen Hälften, inwendig nach der Gestalt der Pfeife eingegraben und glatt polirt. Beide Hälften stellen, wenn sie über einander gelegt werden, ein Pfeifenfutteral dar.

d) Der untere Theil der Form wird nun mit der obern Hälfte bedeckt, und beide zwischen 2 Brettern liegend, unter einer Schraubenpresse zusammengepreßt.

e) Während die Pfeife noch in der Form ist, wird nun der Kopf derselben mittelst des Stopfers durch den Tremmer ausgehöhlt, welches dadurch geschieht, daß der mit Oel bestrichene Stopfer in den unausgehöhlten Kopf eingedrückt wird; worauf der Tremmkopf (ein aus Korkholz oder Horn bestehender Pfropfen) in den hohlen Kopf gesteckt wird, um das Zerbrechen zu verhüten. Ein Arbeiter mit seinen Gehülfen kann täglich 900 Stück Pfeifen anfertigen.

f) Die Pfeifen werden nun glatt polirt, verziert, getrocknet, und in dem Pfeifenofen gebacken oder gebrannt. Der Pfeifenofen hat Aehnlichkeit mit einem Backofen. Das Brennen der Pfeifen in demselben geschieht in aus Thon verfertigten und gebrannten Kapseln.

g) Nach dem Brennen werden die Pfeifen geglänzt, indem man sie mit einer Mischung von Tragantgummi, weißem Wachs, Seife und Wasser überzieht, sie einige Minuten lang trocknen läßt und sie endlich mit Flanell reibt.

h) Eine nähere Erklärung aller dieser Arbeiten, in den Vorlesungen.

Die Ziegelfabrikation.

§. 343.

Die Kunst, aus Thon geformte und gebrannte Mauer- und Dachziegeln zu verfertigen, war schon vor der Sündfluth bekannt; sie ist nur nach und nach mehr vervollkommnet worden. Jetzt besteht sie in der Auswahl des dazu geschickten Thons, dem Streichen und Formen der Steine, so wie dem Trocknen und Brennen derselben.

a) Man unterscheidet Dachziegel (tuiles, *tiles*), Mauerziegel, Backsteine oder Ziegelsteine (briques, *bricks*) und Pflasterziegel oder Fließen (carreaux). Die Ziegel können in der Gestalt sehr verschieden sein, und werden hierdurch auch besonders benannt.

Auswahl des Thons, Zubereitung desselben und Streichen der Ziegel.

§. 344.

Zur Fabrikation der Dachziegel und Mauersteine wird ein mäßig fetter eisenhaltiger nicht kalkhaltiger Thon verwendet, der, um das zu starke Schwinden im Feuer zu vermindern, mit Sand versetzt wird. Das Streichen der Ziegel geschieht mittelst dazu bestimmter Formen, welche der Gestalt der Ziegel angemessen sind.

a) Um den Thon vorzubereiten, wird er mit Wasser erweicht, dann geschlämmt, damit die Steintheile davon getrennt werden, dann in Sümpfen so weit ausgetrocknet, daß er mit dem Sande versetzt werden kann.

b) Um ihn mit dem Sande gehörig durchzuarbeiten, wird er entweder getreten, oder auch mittelst dazu eingerichteter Thonmühlen bearbeitet.

c) Das Formen der zubereiteten Thonmasse zu Ziegeln geschieht entweder durch Streichen (moulage) in den gewöhnlichen Formen, oder auch durch Pressen, wozu eigene Ziegelpreßmaschinen angewendet werden. Auch kann die Masse zu gewöhnlichen Mauerziegeln, mit dazu bestimmten Messern, zerschnitten werden. Die Dimensionen der Ziegel sind in mehreren Ländern gesetzlich vorgeschrieben.

d) Nach dem Formen werden die Ziegel unter bedeckten Schuppen (der Ziegelscheune) an der Luft vollkommen ausgetrocknet, worauf sie zum Brennen im Ziegelofen geschickt sind.

e) Eine speciellere Erläuterung aller dieser Operationen, in den Vorlesungen.

Das Brennen der Ziegel. Der Ziegelofen.

§. 345.

Das Brennen (cuisson) der Mauerziegel, Dachziegel und Fließen geschieht in dem dazu bestimmten Ziegelofen, in welchem sie dergestalt geschichtet werden, damit die Hitze überall frei hindurchströmen kann.

a) Von den Ziegelöfen unterscheidet man: 1) die eigentlichen Ziegelöfen, welche entweder oben gewölbt und geschlossen sind, oder solche, bei denen das nicht der Fall ist, und die Oeffnung bloß mit Ziegeln zugedeckt wird; 2) die Feld- oder Meileröfen.

b) Man hat Oefen mit 3 bis 4 Feuerungen, und so groß, daß sie 20 bis 40,000 Steine aufnehmen können. Das Brennen geschieht in 3 Abtheilungen, bei Halbfeuer, Mittelfeuer und Ganzfeuer. Das Einsetzen in einem Ofen von 20,000 Mauersteinen erfordert gegen 3 Tage; das Brennen 9 Tage; das Abkühlen 5 Tage, und das Herauskarren der gebrannten Steine 2 Tage; also in allem 19 Tage.

c) Sollen die Dachziegel auf der Außenfläche noch glasirt werden, so werden sie erst halbgar gebrannt, dann die Glasur (mit Bleiglätte versetzter Thon) aufgetragen, und dann vollends gar gebrannt, wobei die Glasur einschmilzt.

d) Eine speciellere Erklärung dieser Arbeiten, so wie der verschiedenen Formen und Namen der Mauer- und Dachziegel, in den Vorlesungen.

Klinkersteine.

§. 346.

Mit dem Namen Klinker werden gelbe oder braunschwarze, verglaste und daher klingende Ziegelsteine bezeichnet; sie besitzen die Härte der Feldsteine und werden zum Ausmauern der Brunnengewölbe, so wie zu Trottoirs benutzt.

a) Die besten Klinker werden zu Harlingen in Ostfriesland verfertigt. Man bedient sich dazu eines sich im Feuer gelb brennenden fetten Thons, der mit Kalk versetzt wird. Das Brennen geschieht bei der Weißglühhitze, so daß die Steine einen Anfang von Schmelzung erleiden.

Charmottesteine.

§. 347.

Die Charmottesteine (feuerfeste Mauersteine, Porzellanziegel, Ofenziegel, *fine bricks*), welche in starker Glühhitze nicht schmelzen und daher zum Ofenbau sehr wichtig sind, werden aus feuerfestem Thone, der sich weiß oder schwach gelblich brennt, mit Zusatz von Charmotte (gepochten Porcellanscherben oder gebranntem zu grobem Pulver gestampftem Thon derselben Art) fabricirt.

Leichte Ziegelsteine.

§. 348.

Leichte oder schwimmende Ziegelsteine sind schon seit langer Zeit bekannt. Man erhält sie durch Brennen von solchen Erden, die viel lockere Kieselerde enthalten, wie z. B. von Infusorienthon. Sie sind außerordentlich leicht; während ein gewöhnlicher Ziegelstein über 5 Pfund wiegt, beträgt das Gewicht eines derartigen leichten Ziegelsteines noch nicht 1 Pfund. Diese Steine haben außer der großen Leichtigkeit auch noch den Vorzug der Unschmelzbarkeit und des sehr geringen Wärmeleitungsvermögens für sich.

a) Die leichten Ziegelsteine können ein sehr schätzbares Baumaterial werden, wo es auf Sicherheit gegen Feuer (Archive, Pulverkammern und Küchen auf Schiffen), Leichtigkeit (Gewölbsteine) oder Feuerbeständigkeit ankommt.

Neununddreißigster Abschnitt.

Die Kalkbrennerei.

§. 349.

Wenn Kalk (Kalkstein, Marmor, Kreide, Kalkspath ꝛc.) eine Verbindung von 56 Kalk (Calciumoxyd) mit 44 Kohlensäure bis zum Rothglühen erhitzt wird, so entweicht die Kohlensäure und es bleibt Calciumoxyd, gebrannter Kalk (Aetzkalk, lebendiger Kalk, chaux vive, *lime*) zurück.

a) Die gute Beschaffenheit des gebrannten Kalks hängt von der des rohen Kalks ab. Der beste rohe Kalk ist derjenige, der ohne Rückstand von Thon oder Sand, von verdünnter Salpetersäure vollkommen aufgelöst wird, oder höchstens 5 Prozent Rückstand läßt.

Das Kalkbrennen. Kalköfen.

§. 350.

Das Brennen des Kalks geschieht in den aus Steinen aufgemauerten Kalkbrennöfen, oder in Feld- oder Meileröfen.

a) Die Kalkbrennöfen (fours à chaux, *lime-kilns*) werden aus Mauerziegeln aufgeführt. Je nachdem man Holz, Torf, Steinkohlen, Coaks anwendet, je nachdem man ohne Unterbrechung oder periodisch brennen will, unterscheidet man Oefen mit unterbrochenem Gange (fours intermittentes) und Oefen mit ununterbrochenem Gange (fours coulants, fours à feu continu). Man theilt die Kalköfen auch ein in liegende und stehende, letztere nennt man auch Schachtöfen.

b) Sehr häufig bedient man sich eines Ofens, der einen Schacht darstellt, von 10—12 Fuß Höhe und 6—8 Fuß Weite. An der Basis des Ofens ist das Schürloch für die Feuerung, von wo aus auch der Luftzug gegeben wird.

c) Um den Kalkofen zu beschicken, werden die größten Steine so placirt, daß sie ein spitzbogenartiges Gewölbe bilden, auf welches man die übrigen Kalksteine schüttet und dadurch den Schacht anfüllt. Die Feuerung beginnt anfangs bei Schmauchfeuer, um die Wassertheile zu verjagen. Bei der stärkern Feuerung entwickelt sich die Kohlensäure. Nach vollendetem Brennen wird der gebrannte Kalk aus dem Ofen entfernt und ein neuer Brand begonnen. Das ungleiche Garbrennen und die Verschwendung von Brennmaterial sind Uebelstände dieses Ofens.

d) Bei den Oefen mit ununterbrochenem Gange wird der Kalkstein und das Brennmaterial schichtweise in den Schacht eingetragen und der gebrannte Kalk durch eine am unteren Theile befindliche Oeffnung entfernt. Oberhalb des Schachtes befindet sich ein Haufen Kalkstein, der in dem Verhältniß, als der Kalkstein im Innern sich brennt, in den Schacht nachsinkt.

e) Ueber das Todtbrennen des Kalks, seine Ursachen und eine nähere Erörterung aller beim Kalkbrennen vorkommenden Operationen, in den Vorlesungen.

Löschen des Kalkes. Anwendung des Kalkes.

§. 351.

Der gebrannte Kalk besteht aus 71,5 Th. Calcium und 28,5 Th. Sauerstoff. Beim Befeuchten mit Wasser erhitzt er sich und zerfällt zu einem weißen Pulver, Kalkhydrat oder gelöschtem Kalk (CaO, HO) (chaux éteinte, *slacked lime*). Aus der Luft nimmt der gelöschte Kalk wieder nach und nach Kohlensäure auf, weshalb er vor der Luft geschützt in Gruben aufbewahrt werden muß.

a) Die Anwendung des Kalkes ist eine sehr vielfache; man benutzt ihn unter anderen zum Mörtel und Anstrich, in der Seifensiederei und Bleicherei, in der Gerberei zum Enthaaren der Felle, in der Glasfabrikation, in der Färberei (z. B. zur Bereitung der Indigküpe), zum Reinigen des Leuchtgases, zur Fabrikation der Stearinkerzen, in der Zuckerraffination, zur Darstellung vieler chemischen Präparate (Chlorkalk, Ammoniak, Aetzkali, Aetznatron.

Vierzigster Abschnitt.

Der Mörtel und seine Darstellung.

§. 352.

Mit dem Namen Mörtel (mortier, *mortar-cement*) bezeichnet man eine aus Kalk und verschiedenen anderen mineralischen Substanzen mit Hülfe von Wasser bereitete Steinmasse, welche als Baumaterial dient. Man unterscheidet Luftmörtel (mortier aërien) und Wassermörtel (béton, mortier hydraulique).

a) Der Luftmörtel wird aus Kalkbrei und Sand dargestellt; er ist der allgemein zu Luftbauten angewendete Mörtel. Er bildet durch langsames Austrocknen eine steinartige Masse; der Mörtel wird dabei chemisch verändert, einmal verwandelt sich der Kalk darin in halbkohlensauren Kalk, das andere mal verbindet sich ein Theil der Kieselerde des Sandes mit dem Kalke zu kieselsaurem Kalke.

b) Die erwähnte chemische Veränderung ist aber nicht nothwendig und es ist als erwiesen anzunehmen, daß die Wirkung des Mörtels bei der Vereinigung der Bausteine zu einem Ganzen unter die Abhäsionserscheinungen gehört, obgleich die chemische Veränderung dieselben begünstigt.

Hydraulischer Mörtel.

§. 353.

Wenn ein Kalkstein mehr als 10 Prozent Kieselerde enthält, so bildet er nach dem Brennen mit Wasser zusammengebracht einen mageren Brei, der unter Wasser nach längerer oder kürzerer Zeit erhärtet. Man nennt solche Kalksteine hydraulische und verwendet sie zur Darstellung des Wassermörtels oder hydraulischen Mörtels, der bei Wasserbauten so wichtige Anwendung findet.

a) Die hydraulischen Kalksteine sind im ungebrannten Zustande Gemenge von kohlensaurem Kalk und Kieselerde oder einem

Silicat. Durch das Brennen verbindet sich die Kieselerde chemisch mit dem Kalk. Man ist deshalb im Stande gewöhnlichen Luftmörtel durch geeigneten Zusatz von Kieselerde in hydraulischen Mörtel überzuführen. Solche Zusätze nennt man Cemente (cimens).

b) Diese Cemente finden sich entweder in der Natur (durch vulkanische Processe schon gebrannt), oder sie werden künstlich dargestellt.

c) Von den natürlichen Cementen sind anzuführen: der Traß oder Duckstein (eine Art Tuff, die sich in den Schiefergebilden des Rheinufers, besonders im Brohlthal, unfern Andernach, abgelagert findet), die Puzzuolane oder die Puzzolanerde (die sich in der Umgegend von Rom und von Neapel, besonders bei Puzzuolo, woher ihr Name, findet) und der Santorin (ein dem Traß ähnliches Gestein von der griechischen Insel Santorin).

d) Die künstlichen Cemente stellt man durch Mengen und Brennen von Kalkstein und Thonsilicaten, die zugleich geringe Mengen von Alkalien enthalten, oder Asche (Steinkohlen- und Torfasche) dar. Sehr bekannte künstliche Cemente sind der Roman-Cement und der Portland-Cement.

e) Die Ursache des Erhärtens des hydraulischen Mörtels unter Wasser ist die Bildung eines kieselsauren Doppelsalzes mit chemisch gebundenem Wasser.

Einundvierzigster Abschnitt.

Das Gypsbrennen.

§. 354.

Der Gyps (gypse, *gypsum*) ist wasserhaltiger schwefelsaurer Kalk ($CaO, SO_3 + 2HO$) und besteht aus 32,56 Th. Kalk, 46,51 Schwefelsäure und 20,93 Krystallwasser. Er findet sich im Flötzgebirge, so wie in Mergel- und Thonlagern. Er ist geschmacklos, löst sich in 400 Th. kaltem Wasser, nicht aber in Weingeist. Schon bei gelindem Erwär-

15*

men bei 100—120° C. verliert er bis zu 18 Prozent Wasser; den Rest des Wassers büßt er erst gegen 250° ein. Der entwässerte Gyps heißt gebrannter Gyps. Mit Wasser zu einem Brei angerührt, nimmt der entwässerte Gyps Wasser (20,93 Prozent) unter Erwärmung auf und erstarrt damit zu einer festen Masse.

a) Der Gyps kommt im Mineralreiche in sehr verschiedenen Formen vor: als erdiger Gyps, als dichter Gyps (Gypsstein), als körnig-krystallisirter Gyps (Alabaster), als Gypsspath (Fraueneis, Marienglas) und als Fasergyps. Alle Arten des Gypses sind so weich, daß sie sich mit einem Messer schneiden lassen. In Blättern ist er, gegen das Licht gehalten, durchscheinend. Im rohen und gemahlenen Zustande dient er als Düngungsmittel, in dem Ackerbau; besonders für Klee und Hülsenfrüchte.

Brennen des Gypses. Gypsbrennöfen.

§. 355.

Das Brennen des rohen Gypses geschieht entweder in dem dazu bestimmten Gypsbrennofen, oder im Meilerofen. Der Zweck des Brennens ist die vollständige Entfernung des Wassers. Bei dem Brennen ist mit Sorgfalt jede Ueberhitzung zu vermeiden, weil zu stark (todt) gebrannter Gyps mit Wasser nur sehr langsam oder nicht mehr erhärtet.

a) Der Gypsofen hat gewöhnlich Aehnlichkeit mit einem Backofen, den man selbst dazu vortheilhaft benutzen kann, nachdem das Brot herausgenommen worden ist; zuweilen hat der Gypsofen die Gestalt eines umgekehrten Kegels. Die Feuerung geschieht mit Holz oder mit Reisern.

b) Der gebrannte Gyps wird mittelst Stampfwerke, oder auch mittelst über den Gyps hinlaufender Mühlsteine zerkleinert, dann durch Drahtsiebe gesiebt. Der gepulverte Gyps wird am besten dicht in Fässer gepackt an einem trocknen Orte aufbewahrt.

Anwendung des gebrannten Gypses.

§. 356.

Der gebrannte gepulverte Gyps findet hauptsächlich Anwendung zum Gießen, indem man ihn mit Wasser zu einem mehr oder weniger dünnen Brei anrührt. Je geringer die Quantität des Wassers, desto fester und dichter wird nach dem Erhärten das Product.

a) Man verwendet den Gypsbrei zum Abgießen von Münzen, Büsten und Statuen; das Erhärten des Breies erfolgt bei gut gebranntem Gypse in 1—2 Minuten.

b) Um das Erhärten des Breies zu verzögern, was, wo keine Formen zur Benutzung kommen, wie bei architektonischen Arbeiten, wünschenswerth ist, rührt man das Gypspulver mit Leimwasser an; dadurch erhält der Gyps nach dem Trocknen auch größere Härte und eine gewisse Durchscheinenheit, sonach ein marmorartiges Ansehn. So behandelter Gyps heißt künstlicher Marmor, Stucco oder Stuck.

c) Ein Gemenge von feinem Gyps und gepulvertem Frauenglas (Gypsspath) mit Leimwasser giebt die in neuerer Zeit vielfach angewendete Scagliola (von *scaglia*, die Schuppe, die Rinde). Mittelst beider Massen, des Stucks und der Scagliola, sucht man jetzt häufig theure Steinsorten für ornamentale Zwecke zu ersetzen.

d) Getrocknete Gypsgegenstände nehmen, wenn sie mit geschmolzener Stearinsäure getränkt worden sind, eine gewisse Durchscheinenheit und Politurfähigkeit an, so daß sie nach dem Poliren dem mit Wachs getränkten Meerschaum ähneln.

e) Der Gyps läßt sich durch Alaunlösung härten und in ein marmorähnliches Product verwandeln, das der Witterung und dem Froste widersteht.

Zweiundvierzigster Abschnitt.

Die Kohlenschwelerei.

§. 357.

Die Kohlenschwelerei ist ein forstwirthschaftliches Gewerbe, und dazu bestimmt, Holz von verschiedener Art in Kohle zu verwandeln. Sie wird ausgeführt, indem das Holz, in verschlossenen Räumen, der trocknen Destillation unterworfen wird, nach deren Beendigung dasselbe 25 bis 30 Prozent Kohle zurückläßt, von der, wenn sie bis zur Asche verbrannt wird, 3 bis 4 Prozent Asche übrig bleiben.

a) Die Kohlenschwelerei war schon dem Theophrastus Ceresino (300 Jahre vor Christus) bekannt, und wurde damals fast eben so wie jetzt betrieben.

Das Kohlenschwelen.

§. 358.

Das Verschwelen des Holzes zur Kohle geschieht am gewöhnlichsten mittelst der Meilerverkohlung und Haufenverkohlung, wobei aber Theer, Holzessig und alle flüchtigen Producte der trocknen Destillation verloren gehen. Besser und weit vortheilhafter verrichtet man dasselbe jetzt in verschlossenen Räumen, wobei Theer und Holzessig gewonnen werden, und Letzterer, durch Reinigung desselben, in Essigsäure umgewandelt, oder außerdem benutzt werden kann.

a) Die Kohlenmeiler (fourneaux, meules, *heapes*, *piles*) müssen in der Nähe der Kohlengehaue auf einer nicht der Ueberschwemmung ausgesetzten Anhöhe errichtet werden. Die Verkohlung des Holzes in den Meilern geschieht am besten im Sommer. In dieser Jahreszeit fehlt es nicht an Rasen, Laub und Moos zur Decke; man ist sicher vor stürmischem und nassem

Wetter; die langen Tage endlich begünstigen die Ueberwachung des Ganges der Arbeit.

b) Bei der Errichtung der Kohlenmeiler werden die Kloben des Holzes entweder senkrecht oder horizontal aufgestellt. Man unterscheidet deshalb stehende und liegende Meiler. In der Mitte des dazu bestimmten Platzes (dem Quandel) wird ein Quandelpfahl errichtet, und in einiger Entfernung von diesem noch 2 andere, zwischen denen trocknes Spanholz geschichtet wird. Nun wird von dem untern Pfahl bis zum Ende des Meilers eine Stange (der Richtstecken, Quandelknüppel) gelegt, um dadurch eine Oeffnung zu bilden, durch die der Meiler angezündet wird. So vorgerichtet wird nun das Holz in 3 Schichten hintereinander aufgestellt, die übrigen etwas geneigt; in der 2ten und 3ten Etage wird die Neigung vermehrt. Die Stellung muß nicht zu enge, aber auch nicht zu weit von einander geschehen, damit die Hitze sich weder zu stark noch zu schwach verbreiten könne. So vorgerichtet, wird nun der Meiler mit Rasen bedeckt und am Fuße mit Röften (Röfthölzern, Fußscheiten, Untermauern), endlich mit Röftgabeln und Wechselklötzen umsetzt.

c) Der Meiler wird nun angezündet, und dafür Sorge getragen, daß an keiner Stelle das Feuer durchbrechen kann. Er fängt an zu rauchen; es entwickelt sich Holzsäure (Kohlensaft) und Theer. Lassen diese Erfolge nach, so ist die Verkohlung beendigt.

d) Die Haufenverkohlung ist von der Meilerverkohlung dadurch verschieden, daß die Form der zur Verkohlung aufgeschichteten Masse eine andere ist. Die Scheite sind horizontal gelegt und werden durch Pfähle zusammengehalten. Der Haufen ist an dem einen Ende niedriger als an dem anderen, und ist eben so wie der Meiler mit einer Decke bedeckt. Die Verbrennung geht bei der Haufenverkohlung nach einer Richtung, von dem niedrigeren zu dem höheren, während sie bei der Meilerverkohlung von dem Quandel aus nach der Peripherie hin sich allseitig ausbreitet.

e) Bei der Verkohlung in Oefen ist entweder die Kohle Hauptproduct oder Nebenproduct; in letzterem Falle sind Theer und Holzessig, so wie Holzgas die Hauptsache. In neuerer Zeit hat man heiße Wasserdämpfe zur Verkohlung des Holzes, besonders zur Darstellung von Röstkohle (charbon roux) behufs der Pulverfabrikation angewendet.

f) Ueber das Nähere der Holzverkohlung in den Vorlesungen.

Dreiundvierzigster Abschnitt.

Die Theer- Pech- und Kienrußschwelerei.

Die Theerschwelerei.

§. 359.

Theer (goudron, *tar*) nennt man eine dickflüssige, zähe, braune, stark und durchdringend, aber nicht unangenehm riechende Substanz, welche man bei der trocknen Destillation harzreicher Wurzeln der Nadelhölzer erhält. Sie besteht aus mit Essigsäure verbundenen Brandharzen, Fichtenharz in Terpentinöl und Brandöl aufgelöst, außerdem aus großen Mengen von Paraffin, Eupion, Kreosot u. a. Substanzen. Die Operation, durch welche der Theer erhalten wird, wird Theerschwelerei genannt. Die Methode, Theer zu schwelen, war schon den ältern Griechen und Römern bekannt.

a) Die Holzarten, vorzüglich die harzreichen Wurzelstubben derselben, welche zur Theerschwelerei benutzt werden, sind: 1) die der gemeinen Fichte (Pinus sylvestris); 2) der Krummholzfichte (Pinus Pumilio); 3) der Tannenfichte (Pinus Abies).

b) Eine Art von dünnem Theer wird in Rußland aus Birkenholz fabricirt, wo man denselben Deggut oder Doggert nennt und zum Einschmieren des Juchtenleders anwendet. Es ist besonders die Birkenrinde, welche hierbei das meiste brenzliche Oel giebt.

Das Theerschwelen. Der Theerofen.

§. 360.

Das Schwelen des Theers wird in dem Theerofen ausgeführt, mit größerer Ausbeute, durch die Destillation in verschlossenen Räumen, wodurch zugleich Holzsäure und Kienöl gewonnen wird.

a) Der Theerofen ist walzenförmig aus Steinen aufgemauert, oben mit einer gewölbten Kappe versehen; außerhalb ist er mit einem gemauerten Mantel umgeben.

b) Dicht über dem Mantel, aber unter der Kappe, befindet sich das Setzloch, durch welches der Ofen, von oben herein, mit dem zu verschwelenden Holze gefüllt wird. Am Fuße des Ofens befindet sich das Kohlenloch, durch welches das Holz von unten eingelegt wird. Die Heizung geschieht zwischen der äußern Mauer des Ofens und der innern Mauerfläche des Mantels.

c) Der Theer fließt unten ab und wird in einem in die Erde gegrabenen Behälter aufgefangen, der mit einer Hütte überbaut ist.

§. 361.

Ist der Ofen mit dem zu verschwelenden Stubbenholze angefüllt und sind alle Oeffnungen verschlossen, so wird das Feuer unter dem Mantel angezündet. Anfangs entwickelt sich Holzsäure (Theergalle), späterhin erscheint der Theer, der anfangs gelblich, dann hellbraun, hierauf dunkelbraun und endlich schwarz übergeht.

a) In einigen Ländern verrichtet man die Theerschwelerei in cylinderförmigen Oefen ohne Mantel. In Schweden, in kegelförmigen in die Erde hinabsinkenden Gruben, die am Fuße mit einem Roste versehen sind, durch den der sich bildende Theer in ein darunter placirtes Geräth abfließt.

b) Verrichtet man die Theerschwelerei in verschlossenen Räumen (wie die Kohlenschwelerei), so gewinnt man nicht nur eine große Masse Theer, sondern ausdem auch noch Kienöl; nebenbei auch Holzsäure.

c) Eine speciellere Erörterung dieser Gegenstände, in den Vorlesungen.

d) Man benutzt den Theer zu Wagenschmiere und zum Bestreichen von Holz- und Tauwerk, um die schädlichen Einflüsse von Wasser und Luft zu verhindern.

Die Pechsiederei.

§. 362.

Pech (poix, *pitch*) wird der vom eingemengten ätherischen Oele getrennte harzige Theil genannt, welcher im

Theer gelöst enthalten ist. Man erhält das Pech aus dem Theer, wenn man denselben in einer Destillirblase der Destillation unterwirft, wobei das Oel (Pechöl, ein Gemisch von Terpentinöl, Brandöl und etwas Harz) gewonnen wird, das in die Vorlage übergeht, dagegen der Theer in der Blase zurückbleibt, aus welchem nun, durch ferneres Abdunsten in offenen Gefäßen, das Pech (schwarzes Pech, *brai gras*) gewonnen wird. Es besteht wesentlich aus Fichtenharz und Paraffin. Man braucht es zum Theeren des Tauwerkes, zum Kalfatern der Schiffe, zur Verfertigung des Schusterdrahtes aus Hanffäden ꝛc.

a) Man unterscheidet im Handel vier verschiedene Sorten Pech: 1) weißes Harz oder Burgundisches Pech (Resina alba s. burgundica); 2) Geigenharz (Colophonium); 3) Pichpech (Pix picarius); 4) Schiffspech (Pix navalis).

b) Das weiße Pech (galipot) gewinnt man nicht aus dem Theer, sondern durch Ausschmelzung des Harzes, welches im südlichen Europa aus den Fichten und Tannen hervorschwitzt, nachdem der Terpentin ausgeflossen ist. Wird es mit Wasser destillirt, wobei das darin befindliche Terpentinöl fast gänzlich übergeht, dann geschmolzen und durch Stroh geseiht, so erhält man das Burgunder Pech (poix de Bourgogne).

c) Das Colophon (colophane, brai sec, *colophony*) erhält man, wenn das burgundische Pech bis zur Entfernung aller Wässrigkeit geschmolzen wird.

d) Das Pichpech (zum Auspichen der Bierfässer bestimmt), wird aus dem gelben und dem hellbraunen Theer, durch Abdunsten bis zur Harzconsistenz, gewonnen. Das Schiffspech aus dem Gemenge aller Theerarten untereinander.

Die Kienrußschwelerei.

§. 363.

Was man Kienruß (noir de fumée, *soot*) nennt, ist eine noch mit wenigen Oeltheilen durchdrungene lockere Kohle, welche durch langsames Verbrennen des harzreichen Kienholzes gewonnen wird.

a) Zur Bereitung des Kienrußes wird das harzreichste Kienholz in einem niedrigen Ofen langsam verbrannt, welcher mit einem sehr langen gegen den Horizont geneigten Schornstein versehen ist, der in eine bretterne Kammer endigt, deren Decke aus einer Kappe von Sackleinwand oder lockerem Flanell besteht. Hierbei verdickt sich der emporsteigende Rauch und wird durch den Luftzug in den hintern Behälter fortgeleitet.

b) Auf gleiche Weise gewinnt man auch einen guten Ruß, wenn Steinkohlen langsam verbrannt werden.

c) Der Kienruß wird in platten Butten (Rußbutten), wovon jede nicht über ½ Quentchen Ruß enthält, oder auch in kleinen Fässern versendet.

d) Der Kienruß enthält manche Unreinigkeiten, durch welche er für gewisse Zwecke unbrauchbar wird. Man reinigt ihn durch Ausglühen. Die geglühte Schwärze (noir de fumée calciné, *burnt black*) ist zum Gebrauche für Druckerei und feinere Malerei geeignet.

e) Eine noch feinere Schwärze ist der Lampenruß (*lamp-black*). Der durch Verbrennen des Sesamöles (von Bignonia tomentosa) entstandene Lampenruß dient zur Darstellung der Tusche (encre de Chine, *china ink*).

Vierundvierzigster Abschnitt.

Fabrikation des Rauch- und Schnupftabaks.

§. 364.

Die Grundlage eines jeden Tabaks, er sei zum Rauchen oder zum Schnupfen bestimmt, besteht in den getrockneten und zubereiteten Blättern der einen oder andern Species der Nicotiana. Die Anstalten, in denen der Tabak fabricirt wird, werden Tabaksfabriken genannt.

a) Von der Geschichte des Tabaks und den verschiedenen jetzt bekannten Arten, welche gebaut werden, in den Vorlesungen.

Kultur des Tabaks in Europa.

§. 365.

Die vorzüglichsten Sorten der Tabaksblätter, so wie des schon verarbeiteten Tabaks, kommen aus Amerika.

In Europa ist die Tabakspflanze acclimatisirt und wird in bedeutender Menge kultivirt. Die Arten des Tabaks, welche in Europa mit Erfolg kultivirt werden, sind der gemeine oder virginische Tabak (Nicotiana Tabacum); der Marylandtabak (Nicot. altissima s. macrophylla) und der Bauern- oder Veilchentabak (Nicot. rustica). Die Kultur muß auf eine verschiedene Weise veranstaltet werden, je nachdem die gewonnenen Blätter zu Rauchtabak oder zu Schnupftabak verarbeitet werden sollen.

a) Von der Kultur des Tabaks in Deutschland, zu Rauch- und Schnupftabak; von der Reife der Blätter, von der Erndte derselben, so wie von der Bedeutung der Namen Bestgut, Erdgut, Sandgut und Geiz, in den Vorlesungen.

Fabrikation des Rauchtabaks.

§. 366.

Zur Fabrikation des Rauchtabaks werden die magersten Blätter angewendet. Die Bearbeitung derselben zerfällt in sechs Operationen: das Sortiren, das Entrippen, das Sauciren, die Fermentation, das Zerschneiden, das Trocknen, das Einpacken, und, wenn Stangentabak verfertigt werden soll, das Spinnen der Blätter.

a) Das Sortiren besteht in dem Auslesen der Blätter, um nur diejenigen zusammenzubringen, die von gleicher Beschaffenheit sind; nachher werden die dickeren Rippen ausgeschnitten (die Blätter entrippt).

b) Behufs des Saucirens oder Beitzens werden die sortirten Blätter mit einer Sauce getränkt, die hauptsächlich aus Salzen (z. B. Salpeter, Salmiak), zuckerhaltigen, weingeistigen, sauren und gewürzhaften Stoffen besteht. Die saucirten Blätter werden in Fässer eingelegt und gähren gelassen.

c) Die Fermentation der Blätter bezweckt, die natürliche Grundmischung der Blätter zu verändern und sie zu veredeln; dieß geschieht, indem die eiweißähnlichen Stoffe der Blätter zerstört werden, der Gehalt an Nicotin (einer in dem Tabak enthaltenen organischen Base) vermindert und das Parfüm des Tabaks entwickelt wird.

d) Die Blätter werden nun mit der Tabaksschneidemaschine zerschnitten, der zerschnittene Tabak wird auf der Darre getrocknet und nach dem Trocknen eingepackt.

e) Gesponnener Tabak kommt aus Amerika nach Europa, dahin gehören besonders Varinaskanaster und Portorikotabak. Was in Deutschland gesponnen wird, ist Landtabak.

Fabrikation der Cigarren.

§. 367.

Das Wort Cigarro, ein spanisches Wort, bedeutet ein röhrenförmig gewundenes Stück ungeleimtes Papier oder auch ein Maisblatt, in welchem ein Tabaksblatt eingewickelt ist. Zur Fabrikation der Cigarren werden die auserlesensten Tabaksblätter, als Havannablätter, Virginiablätter und Maruncosblätter, welche zusammengenommen unter dem Namen Tabaca blanca begriffen werden, verwendet. Die Cigarrenfabrikation ist gegenwärtig der wichtigste Theil der Tabaksfabrikation, sowohl in Betracht des Kapitals, als der dabei verwendeten Hände.

a) Man wählt zu den Deckblättern schönfarbige, möglichst große Blätter ohne starke Rippen und Löcher, zur Einlage kleine Stükken mit dünnen Rippen. Das Deckblatt wird von der Mittelrippe gelöst und in passende, längliche Streifen zerschnitten. Ein in Viereck zerrissenes Blatt (Umblatt) dient, um die Einlage darin einzuwickeln; darüber kommt das Deckblatt. Die Spitze wird entweder gedreht oder geklebt. Den ins Umblatt eingeschlagenen Wickel nennt man Puppe.

b) Von den verschiedenen Namen der im Handel vorkommenden Cigarren, der amerikanischen und der europäischen, in den Vorlesungen.

Fabrikation des Schnupftabaks.

§. 368.

Die Fabrikation des Schnupftabaks geschieht sowohl aus amerikanischen als aus in Europa erzeugten Tabaksblättern. Man wählt dazu die fettesten Blätter aus; so wie auch die Rippen und Blattabgänge, welche bei der Fabrikation des Rauchtabaks abfallen, zu Schnupftabak verarbeitet werden können.

§. 369.

Die einzelnen Arbeiten zur Fabrikation des Schnupftabaks zerfallen in das Sortiren der Blätter, das Sauciren derselben, das Karottiren, das Rappiren der Karotten, das Stampfen oder Mahlen, das Verpacken des Schnupftabaks.

a) Beim Sortiren der amerikanischen Blätter werden die fettesten ausgewählt; in Europa diejenigen, welche mit animalischem Dünger kultivirt worden sind.

b) Um die Blätter zu sauciren, werden sie mit den dazu bestimmten Saucen getränkt, getrocknet und wieder getränkt, bis alle Sauce eingesaugt ist, dann abermals getrocknet. Die Saucen bestehen wie bei der Zubereitung des Rauchtabaks aus Salzen, Honig und parfümirenden Zusätzen.

c) Unter Karotte versteht man die zu spindelförmigen Körpern zusammengeschnürten saucirten Blätter. Das Karottiren der saucirten Blätter geschieht mittelst des Karottenzuges. Die Karotten werden in Leinwand eingeschlagen, und mit Bindfaden umwunden, an mäßig feuchten Orten der Fermentation überlassen. Von der Einrichtung des Karottenzugs und der Arbeit mit demselben, in den Vorlesungen.

d) Gröblicher Schnupftabak, der nicht gestampft, sondern zerrieben (rappirt) worden ist, führt den Namen Rappé. Das Rappiren der Karotten geschieht auf der Rappirmühle oder auch der Handrape. Von der Einrichtung beider und der Arbeit damit, in den Vorlesungen.

e) Das Stampfen und Mahlen der saucirten Blätter zu Schnupftabak geschieht mittelst der dazu bestimmten Tabaksmühle. Von ihrer Einrichtung und dem Gebrauche, in den Vorlesungen.

Sorten des Schnupftabaks.

§. 370.

Man unterscheidet im Handel sehr verschiedene Sorten Schnupftabak, deren Namen sich theils auf die Länder beziehen, wo sie fabricirt worden sind, theils auf die der Erfinder der dazu bestimmten Sauce: wie Robillard, Tabac de la ferme de Paris, Brasilien, Maccuba, St. Omer, Marino, Offenbacher, Sevilla, Cusco, Lotzbeck u. s. w.

a) Der Schnupftabak wird entweder in gläsernen Gefäßen, oder in Büchsen aus verzinntem Blech, oder in gerolltes Blei eingeschlagen, in den Handel gebracht. Das Emballiren in Blei, ohne dazwischen gelegtes Papier, kann der Gesundheit beim Gebrauche desselben sehr nachtheilig werden.

Fünfundvierzigster Abschnitt.

Glasfabrikation. Glashütte.

Glas überhaupt.

§. 371.

Mit dem Namen Glas (verre, *glass*), in der allgemeinern Bedeutung des Wortes, bezeichnet man einen durchsichtigen, harten, spröden, chemisch beständigen, d. h. den Einflüssen der Luft, des Wassers, den Alkalien und Säuren widerstehenden Körper, der aus einer Verbindung von Kieselsäure mit gewissen Basen (Kali, Natron oder Kalk) hervorgeht, wenn die Materialien im gehörigen Verhältniß miteinander gemengt, im Feuer geschmolzen werden. Seiner wahren Natur nach ist das Glas ein amorphes (d. h. nicht krystallinisches) Gemenge zweier oder mehrerer kieselsaurer Salze.

a) Das Glas gehört zu den Erfindungen der ältesten Zeit. Schon zu den Zeiten Hiobs war dasselbe in Sidon bekannt, war aber sehr kostbar. Auch die ältern Aegyptier waren schon im Besitz von Glashütten. Nach Plinius soll es von den Phöniciern, erst etwa 1000 Jahre vor Christus entdeckt worden sein. Die Römer lernten das Glas erst von der Aegyptiern kennen.

b) Während das Glas in dem Alterthum unter die kostbaren Seltenheiten gehörte, ist es heutzutage ein allgemein bekannter unentbehrlicher Gegenstand. Im Dienste der Wissenschaft ist es von der größten Bedeutung; ohne das Glas wären die meisten Beobachtungswissenschaften, die Chemie und Physik, die Mikroskopie und Astronomie, unmöglich geblieben.

c) In technischer Beziehung unterscheidet man 1) grünes oder Bouteillenglas (verre à bouteilles, *bottle glass*); 2) grünes Fensterglas (*broad glass, inferior window-glass*); 3) halbweißes Glas (verre à vitre demi-blanc); 4) weißes Glas (verre blanc); 5) Spiegelglas (glace, *plate glass*); 6) Krystallglas (cristal, *crystal glass*); 7) Flintglas (zu optischen Zwecken) (*flint glass*); 8) Straß (strass, *strass*); 9) farbige Glasgattungen. Das schönste weiße Glas, das zu geschliffenen Gegenständen benutzt wird, heißt Schleifglas (verre à gobelèterie), und das zu optischen Zwecken dienende bleifreie, Kronglas (*Crownglass*).

d) In chemischer Hinsicht theilt man die Gläser ein in bleifreie und bleihaltige; zu den ersteren gehören das grüne, halbweiße und weiße Glas, das Spiegelglas und das Krystallglas, zu den letzter en das Flintglas und der Straß.

Materialien zur Fabrikation des Glases.

§. 372.

Die Materialien zur Fabrikation des Glases bestehen in Kieselsand (Kieselerde oder Kieselsäure) und gewissen Salzen der Alkalien und alkalischen Erden, welche der Glasmacher Flußmittel nennt; solche sind: Pottasche, Soda, Holzasche, Kreide, Glaubersalz.

a) Zum gemeinen grünen Glase wendet man gemeinen eisenhaltigen Kieselsand an; als alkalische Salze aber: Holzasche, schon ausgelaugte Holzasche, Torfasche, die Abfälle (Ascherade) von den Seifensiedereien, gebrannten Kalk, Soda, Glaubersalz.

b) Zum halbweißen Glase werden meistens ein eisenfreier Kieselsand, unausgelaugte Holzasche, Pottasche, Glaubersalz, Soda und Glasbrocken angewendet.

c) Zum ganzweißen Glase werden erfordert: vollkommen eisenfreier Sand, Pottasche, Soda oder Glaubersalz, Kreide, Salpeter, Braunstein.

d) Viele in der Natur vorkommende Mineralien enthalten die Bestandtheile des Glases in demselben oder doch in einem sehr ähnlichen Verhältnisse; diese Mineralien lassen sich mit oder ohne Zusatz zu Glas verschmelzen. Hierher gehören der Basalt, der Klingstein, die Lava, der Mergel, der Lehm u. s. w.

e) Außer dem Kieselsand und den sogenannten Flußmitteln setzt man den besseren Glassorten noch Entfärbungsmittel hinzu, welche die Glasmasse farblos machen sollen; sie sind: Braunstein (Mangansuperoxyd, MnO_2), arsenige Säure (AsO_3), Salpeter und Mennige; die Wirkung dieser Mittel ist theils chemisch, theils physikalisch; das Nähere in den Vorlesungen.

Die Glashütte.

§. 373.

Die Einrichtung einer Glashütte ist nur da zulässig, wo an Brennmaterial kein Mangel ist, am besten mitten in einem holzreichen Walde, oder in der Nähe von Steinkohlenbergwerken, so wie in der Nähe von schiffbaren Flüssen, Canälen und Eisenbahnen. Es kommen dabei in Betrachtung: die erforderlichen Geräthe und das zur Verarbeitung des Glases erforderliche Personal.

a) Die Glashütte setzt die nöthigen Gebäude zur Wohnung für die Arbeiter, so wie zur Fabrikation des Glases voraus. Die eigentliche Hütte enthält den Glasofen mit seinen Häfen und den Kühlofen (in älteren Hütten auch den Calcinir- oder Frittenofen). Eine speciellere Angabe derselben, in den Vorlesungen.

b) Die erforderlichen Geräthe bestehen in: 1) den Schmelzhäfen (pots, creusets, *glass pots*); 2) der Pfeife oder Glasmacherpfeife (canne, *blowing iron*); 3) dem Hefteisen (pontil, *punt*); 4) dem Marbel (marbre, *marble*); 5) Marmor- oder Kupferplatten, zum Ausdehnen des Tafelglases; 6) metallenen Formen, zu Flaschen und andern Geräthen; 7) verschiedenen Zangen und Scheeren.

c) Die Schmelzhäfen werden aus 2 Theilen gebranntem und 1 Theil rohem, fettem nicht sandigem, überhaupt feuerfestem Thon verfertigt, und stark ausgetrocknet, ohne gebrannt zu werden; das vollkommene Austrocknen (Tempern) geschieht im Kühlofen.

d) Die Pfeife besteht in einem 3—5 Fuß langen, 2—3 Linien weiten Rohr aus Eisen, am untern Ende mit einem hohlen

Knöpfchen versehen; am obern Ende ist dasselbe mit einem hölzernen Griffe versehen, um es ohne Verletzung der Hand regieren zu können.

e) Das Personale in einer Glashütte besteht in: 1) dem Faktor; 2) dem Hüttenmeister; 3) dem Anfänger; 4) dem Vorbläser; 5) dem Schwenker; 6) dem Fertigmacher; 7) dem Kanzelsteiger; 8) dem Strecker.

f) Eine speciellere Erörterung aller dieser Arbeiten, in den Vorlesungen.

Zusammensetzung des Glassatzes.

§. 374.

Die Zusammensetzung des Glassatzes oder der Schmelze (composition, *composition*) ist eine sehr verschiedene und richtet sich nach der Natur und der Bestimmung der anzufertigenden Glassorte. Wenn man zur Darstellung des Glases reine (eisenfreie) Materialien anwendet, so erhält man ein farbloses Glas. Als Beispiele von gebräuchlichen Glassätzen mögen die folgenden dienen:

a) Französisches Fensterglas wird dargestellt aus 100 Th. Sand, 35—40 Th. Kreide, 30—35 Th. calcinirter Soda und 180 Th. Glasbruch.

b) Deutsches Fensterglas (Glaubersalzglas) aus 50 Th. Quarz, 25 Th. Glaubersalz (schwefelsaurem Natron), 2 Th. Kohle und 5½ Th. Kalk. Die Zusammensetzung des Fensterglases läßt sich durch die chemische Formel $3RO, 4SiO_3$ wiedergeben, in welcher RO wesentlich Natron und Kalk bedeutet.

c) Ordinäres Bouteillenglas ist z. B. zusammengesetzt aus 45,6 Th. Kieselerde, 14,0 Th. Thonerde, 6,2 Th. Eisenoxyd, 28,1 Th. Kalk und 6,1 Th. Kali.

d) Bleiglas (engl. Krystallglas) besteht aus 100 Th. weißem Sand, 42 Th. Mennige, 33 Th. gereinigter Pottasche, 17 Th. Salpeter, ¼ Th. Braunstein.

e) Flintglas (für optische Zwecke) aus 100 Th. Quarz, 100 Th. Mennige, 30 Th. calcinirter Soda.

f) Kronglas (für optische Zwecke) aus 100 Th. Quarz, 28 Th. gereinigter Pottasche, 17 Th. calcinirter Soda, 12 Th. Kreide, 1 Th. arseniger Säure.

Die Bereitung der Glasmasse.
(Das Glasschmelzen.)
§. 375.

Der Glasofen (Schmelzofen, fourneau de fusion, *melting or working furnace*) bildet einen im horizontalen Durchschnitte viereckigen oder auch ovalen Raum, der oben mit einem niedrigen Gewölbe überspannt ist. Zu beiden Seiten des Ofens sind die Bänke (sièges, *bancs*) gemauert, auf denen die Schmelzhäfen stehen. Die Häfen werden durch eine große Oeffnung in der Umfassungsmauer, durch das Aufbrechloch (tonnelle) in den Ofen gebracht; sie wird wieder vermauert. Ueber dem oberen Rande der Häfen befinden sich in der Mauer die Arbeitslöcher (ouvreaux, *working holes*), durch welche der Glasmacher zum Glase gelangen kann. Wenn die Schmelzhäfen auf den Bänken im Glasofen (dem Werkofen) in gehöriger Entfernung placirt sind, wird der Ofen geheizt, bis alle Häfen zum Glühen kommen, worauf das zu schmelzende, gut getrocknete Gemenge der Materialien nach und nach eingetragen wird, bis jeder Hafen mit der schmelzenden Masse angefüllt ist. Wenn die schmelzende Masse nicht mehr schäumt, werden die obenauf schwimmenden Unreinigkeiten (Glasgalle, wesentlich aus schwefelsauren Alkalien und Chlorkalium bestehend) mit eisernen Löffeln abgenommen, dann aber das Schmelzen fortgesetzt, damit das Glas sich läutere (raffiner, *refining*). Ist nach beendigtem Läutern die Glasmasse genügend rein und frei von allen Luftblasen, so wird die Masse durch Temperaturerniedrigung dickflüssig gemacht, worauf man zur Verarbeitung schreitet. Die zur Läuterung erforderliche Temperaturerhöhung, wodurch die Glasmasse möglichst dünnflüssig werden muß, damit die Gasblasen ungehindert entweichen können, wird das Heißschüren, die Temperaturerniedrigung das Kaltschüren genannt.

a) Als Brennmaterial kann man nur flammende Brennstoffe benutzen; man wendet an 1) klein gespaltenes, scharf getrocknetes

Holz (das vorzüglichste Brennmaterial, da es eine heiße reine Flamme giebt und die Flugasche ohne schädlichen Einfluß auf das Glas ist); 2) Steinkohle (in holzarmen Gegenden häufig benutzt); 3) Torf (kann nur bei ordinären Glassorten benutzt werden, weil die Flugasche des Torfes sich in der Glasmasse nicht löst und daher dasselbe verunreinigt); 4) Gasheizung (mittelst Generatoröfen).

b) Man hat Glasöfen mit 4 und mit 6 Häfen, je nachdem der Betrieb der Glashütte klein oder groß ist.

c) Werden der Glasmasse alte Glasbrocken zugegeben, so geschieht dieses erst dann, wenn die Hauptmasse geschmolzen ist. Vom Anfange bis zum Läutern werden 36—48 Stunden erfordert.

d) Von der Theorie der Glasbildung, in den Vorlesungen.

Verarbeitung der Glasmasse.

§. 376.

Die Anfertigung der mannigfaltigen Gegenstände, welche aus Glas gemacht werden, beruht auf der Eigenschaft der Glasmasse, bei der Temperatur der lebhaften Rothglühhitze eine zähflüssige dicke Masse zu sein, welche sich durch außerordentliche Dehnbarkeit auszeichnet. Man kann sie in diesem Zustande in die feinsten Fäden ausziehen und beinahe so dünn wie Seifenblasen auftreiben. Zwei Stücke Glas können in dem Zustande der Zähflüssigkeit durch bloßes Aneinanderdrücken zu einem Stück vereinigt werden. Die Verarbeitung des Glases wäre ohne diese beiden Eigenschaften nicht möglich.

a) Meist geschieht die Verarbeitung der Glasmasse durch Aufblasen zu einem hohlen Körper, den man im noch weichen Zustande die erforderliche Gestalt giebt. In einigen Fällen verarbeitet man die Masse durch Gießen (s. Spiegelfabrikation); öfters durch Pressen der Masse in Formen.

b) Die fertigen, noch glühenden Glasgegenstände werden sofort in den zum schwachen Glühen geheizten Kühlofen (fourneau à recuire, *lier*, *leer*, *annealing furnace*) gebracht und darin einer langsamen Abkühlung überlassen. Durch das Kühlen wird dem Glase die Sprödigkeit nicht genommen, sie wird aber so weit herabgestimmt, daß die Glaswaaren für den gewöhnlichen Gebrauch dienen können.

c) Schlecht gekühlte Glaswaaren springen sehr leicht, wie die Glasthränen (Glastropfen, larmes bataviques, *Prince Rupert's drops, glass tears*) und die Bologneser Fläschchen (Springkolben, fioles philosophiques, *Bologna fials*) beweisen.

d) Wird Glas längere Zeit in einem Tiegel in Sand, Gyps oder Asche eingegraben, geglüht, so verliert es einen Theil seines Alkali's und seine Durchsichtigkeit und gewinnt ein porcellanartiges Ansehn. Den Vorgang nennt man das Entglasen und das Product Reaumur'sches Glas oder R.'sches Porcellan.

Das Fenster- oder Tafelglas.

§. 377.

Bei der Fabrikation des Fensterglases ist eine Glasmasse zu wählen, welche durch Feuchtigkeit und Witterung nicht angegriffen wird. Die Färbung der Masse kommt weniger in Betracht, da bei so dünnen Glasplatten, wie die Fensterscheiben, die Färbung sehr verschwindet. Die Fensterscheiben werden auf zweierlei Weise erhalten: 1) durch Blasen und Bearbeiten auf der Pfeife allein; 2) nach der jetzt fast allgemein gebräuchlichen Methode durch zwei getrennte Processe, das Blasen und Strecken. Das nach der ersten Methode erhaltene Fensterglas heißt Mondglas (verre à boudines, *crown glass*), das nach der zweiten dargestellte gestrecktes Glas oder Walzenglas (*broad window glass, sheet glass*).

§. 378.

Bei der Fabrikation des Mondglases treibt der Glasbläser die an der Pfeife befindliche Glasmasse in Form einer Melone auf, heftet sodann am untern Ende ein Eisen an und drückt die Bodenfläche platt. Darauf wird die Glasmasse von der Pfeife abgesprengt und in einem besonderen Ofen mit sehr großem Arbeitsloche (Auslaufofen, *flashing furnace*) aufgewärmt; durch die Centrifugalkraft des schnellen Umdrehens des horizontal gehaltenen Eisens wird das Glas flacher und flacher, bis es endlich zu einer flachen Scheibe von etwa 5 Fuß Durchmesser geworden ist. Dort, wo das Eisen angeheftet ist, bildet sich eine etwas dickere Stelle, das Ochsenauge (*bulls eye*). Nach dem Abkühlen wird die runde Scheibe in viereckige Scheiben geschnitten.

a) Vergl. Techn. Wörterbuch von Karmarsch und Heeren, 1854; Bd. II. p. 145.

§. 379.

Das gepreßte oder Walzenglas wird auf folgende Weise erhalten: Der Glasbläser befestigt die erforderliche Glasmasse (4 Pfund und darüber) an der Pfeife. Darauf wird die Masse länglich bearbeitet, aufgetrieben und pendelartig hin- und herbewegt. Hierdurch nimmt das Glas Cylinderform an. Es kommt nun darauf an, den Glascylinder am unteren Ende zu öffnen und die Oeffnung so zu erweitern, daß eine Glocke entsteht, die von der Pfeife abgelöst und alsdann der Länge nach aufgesprengt wird. Der offene Cylinder kommt nun in den Streckofen (four d'étendage, *spreading oven*), die Längenspalte nach oben gekehrt auf die mit Kalk oder Sand bestäubte Streckplatte; sobald das Glas durch die Hitze erweicht ist, senkt es sich theils von selbst, theils wird es mit einem eisernen oder hölzernen Werkzeuge ausgebreitet. Aus dem Streckofen kommt die Glastafel in den Kühlofen.

a) Die ältere Art der Verfertigung des Fensterglases ist das Mondglasmachen; sie wurde aber in Deutschland und Frankreich durch das Walzenglase verdrängt. Eine Ausnahme hiervon machte England, wo bis zum Jahre 1845 nur Mondglas hergestellt wurde. Der Grund lag in der Steuer auf Tafelglas, die dem Gewichte nach von dem Producenten erhoben wurde. Da nun vom Mondglas dünnere Scheiben angefertigt werden konnten, als vom Walzenglase, so vertheilte sich die Abgabe beim Mondglase auf eine größere Anzahl von Scheiben. Dieser Grund fiel mit der Aufhebung gedachter Steuer durch Sir Robert Peel hinweg.

Das Hohlglas.

§. 380.

Bei der Verfertigung des Hohlglases kommt es wesentlich darauf an, die an der Pfeife befindliche Glasmasse zur erforderlichen Größe aufzutreiben und dem so erhaltenen hohlen Glaskörper durch angemessene Behandlung jene Gestalt zu geben, die das Gefäß erhalten soll. Dabei ist es nöthig, das Glas wiederholt anzuwärmen, damit es die gehörige Weichheit und Bildsamkeit beibehält.

a) Es arbeiten gewöhnlich drei Personen zusammen: der Anfänger, der das Glas mit der Pfeife dem Hafen entnimmt und es aufbläst, der Fertigmacher, der das halbfertige Stück vollendet und der Hüttenjunge, der das Stück mittelst der Eintraggabel nach dem Kühlofen trägt.

b) Durch Blasen in gravirten Formen mit Reliefverzierungen versehene Hohlglaswaaren bilden das gepreßte Glas (verre moulé, *pressed glass*).

Das bleihaltige Glas.

(Krystallglas.)

§. 381.

Das Bleiglas eignet sich durch seinen Glanz, sein Lichtbrechungsvermögen und seine Farblosigkeit, so wie durch seine Weichheit (und dadurch bedingte Ritzbarkeit und Schleifbarkeit) ganz besonders zur Darstellung von Luxusgegenständen wie Leuchter, Trinkgläser, Flacons u. s. w. Die dazu benutzte Glasmasse heißt Krystallglas (d. i. krystallähnliches Glas). In England und in allen Ländern, in denen Steinkohlen als Brennmaterial benutzt werden, ist das Krystallglas das Material für die gewöhnlichen häuslichen Glasgeräthe und vertritt demnach das bleifreie Hohlglas.

a) Zum Schmelzen der Masse bedient man sich bedeckter Häfen. Wegen der Zähflüssigkeit der Masse kann man dieselbe nicht in die Formen gießen, sondern sie muß mit Gewalt in dieselben gepreßt werden. Das gepreßte Krystallglas ist aber immer stumpfkantig. Soll es das bekannte scharfkantige, glattspiegelnde Ansehn haben, so muß es geschliffen werden.

Das optische Glas.

§. 382.

Die Benutzung des Glases zu Linsen, aus denen optische Instrumente wie Mikroskope, Teleskope und photographische Apparate construirt werden, gründet sich auf seine Eigenschaft, als ein dichteres Mittel das Licht zu brechen. Da nun die einfachen Strahlen, aus denen das weiße Licht besteht, in verschiedenem Verhältniß gebrochen werden, so erfolgt Farbenzerstreuung. Bei Bleiglaslinsen, die das Licht am stärksten brechen, ist auch die Zerstreuung am größten, so daß die Bilder stets einen farbigen Rand besitzen, der jede genaue Beobachtung unmöglich macht. Bei bleifreien Gläsern ist das Brechungsvermögen, aber auch die Farbenzerstreuung weit geringer. Combinirt man daher eine convexe Bleiglaslinse mit einer concaven Linse aus bleifreiem Glase, so lassen sich leicht Verhältnisse ausfindig machen, bei welchen die Farbenzerstreuung des Bleiglases vollständig compensirt, das Brechungsvermögen nur um ein Gewisses vermindert wird. Eine solche Combination heißt eine achromatische Linse. Bei den deutschen Optikern bedeutet Flintglas das bleihaltige Element, Crown- oder Kronglas das bleifreie. Die Herstellung eines fehlerfreien optischen Bleiglases gehört unter die schwierigsten Aufgaben der Technik. Die Schwierigkeit liegt besonders darin, dasselbe in allen seinen Theilen von gleicher Dichte, ohne Blasen und Streifen und möglichst farblos zu erhalten.

a) Die Vermeidung der wellenförmigen Streifen im Flintglase ist eine für die Optik und praktische Astronomie hochwichtige Aufgabe, trotzdem ist es selbst den unermüdlichsten und ausdauerndsten Arbeiten der mit allen wissenschaftlichen Vorkenntnissen ausgerüsteten Männer wie Dollond, Fraunhofer, Utzschneider, Guinand, Daguet, Bontemps, Chance, Steinheil, Maës u. A. nicht gelungen, es immer in der Weise herzustellen, wie es der Optiker bedarf. In Deutschland namentlich sind wir in diesem Artikel immer noch auf das Ausland (Daguet in Solothurn, Guinand und Pfeil in Paris, Bontemps, Chance u. Co. in Birmingham) angewiesen.

b) Vergl. Amtl. Bericht d. Londn. Ausstellung vom Jahre 1851, Bd. III. p. 355 und Steinheil im Bericht der Beurtheilungs-Commiss. d. Münchn. Ausstell. vom Jahre 1854; Gruppe VI, 1 Abschnitt, p. 20.

Der Straß.

§. 383.

Die zur Nachahmung natürlicher Edelsteine dienenden Glasflüsse nennt man Straß (pierres de strass). Die Darstellung der künstlichen Edelsteine oder Amausen (pierres artificielles, *fictitious gems*) ist in der neueren Zeit zu einem hohen Grad der Vollkommenheit gediehen, die bezüglich der Reinheit der Farben und überhaupt der Aehnlichkeit solcher Glasflüsse mit den natürlichen Originalen, mit Ausnahme der weit geringeren Härte, wohl nichts zu wünschen übrig läßt. Die Basis aller dieser künstlichen Edelsteine ist farbloser Straß, aus Kieselsäure, Borsäure, Bleioxyd, Kali und Natron bestehend, der durch kieselsaure Metalloxyde gefärbt, die farbigen Edelsteine liefert. Wird er ohne färbendes Metalloxyd geschmolzen und geschliffen, so erhält man eine Nachahmung der Diamanten.

a) Zum Schmelzen benutzt man am besten gewöhnlich hessische Tiegel. Die Schmelzung wird in einem Porcellan- oder Steingutofen bewirkt. Die Sätze müssen fein pulverisirt und nach 24—30 stündigem Schmelzen sehr langsam in dem Tiegel abgekühlt werden.

b) Durch Zusammenschmelzen des farblosen Straß mit Antimonglas (ein geschmolzenes Gemenge von Schwefelantimon und Antimonoxyd) und Goldpurpur erhält man Topas, mit Goldpurpur Rubin, mit Chromoxyd oder Kupferoxyd Smaragd, mit Kobaltoxydul Saphir, mit Kobaltoxydul und Goldpurpur Amethyst, mit Antimonglas und Kobaltoxydul Aquamarin (Beryll), mit Antimonglas, Goldpurpur und Braunstein Karfunkel (Granat).

Der Schmelz oder Email.

§. 384.

Das Schmelzglas oder Email (email, *enamel*) ist ein leichtflüssiges, bleihaltiges Glas, das zum Ueberziehen von anderen Gegenständen, namentlich metallenen und unter diesen wieder besonders kupfernen und goldenen, gebraucht wird. Man unterscheidet durchsichtiges und undurchsichtiges

Email. Bei dem ersteren sind alle Bestandtheile in vollkommene Schmelzung übergegangen; bei letzterem wird die Undurchsichtigkeit durch nicht schmelzende Substanzen wie Zinnoxyd, Knochenasche u. s. w. hervorgebracht.

a) Man benutzt das Schmelzglas zu Ueberzügen und Ausfüllungen bei Goldarbeiten, zu Farbenverzierungen und Ordensdecorationen, zum Ueberzug der Zifferblätter und endlich als Ueberzug emaillirter Kochgeschirre und gewisser Thonwaaren.

b) Das Milch- oder Beinglas, das man zu Lampenschirmen, durchscheinenden Glocken für Lampen, Blumenvasen, Flaschen, Skalen für Thermometer benutzt, enthält 10—30 Proz. Knochenasche. Es hat den Uebelstand das weiße Licht roth durchzulassen.

c) Von diesem Uebelstande ist das böhmische Achatglas oder Reissteinglas frei; dieses Glas besitzt eine durchscheinende Trübheit, wie ein Reiskorn, es ist keine eigenthümliche Composition, sondern nur ein sehr kieselerdereiches, unvollkommen geschmolzenes Glas, dessen Trübung von unaufgelösten Theilen herrührt.

Farbiges Glas.

§. 385.

Die zur Darstellung von farbigem Glas und zur Glasmalerei angewendeten Farbstoffe gehören dem Mineralreiche an, sie müssen bei der Temperatur, die zum Schmelzen des Glassatzes erforderlich ist, unverändert bleiben, sich in der Glasmasse gehörig lösen und durch Licht und Luft keine Veränderung erleiden. Bei der Darstellung von farbigem Glase handelt es sich entweder darum, Glasgeräthe (aus Schleifglas oder Krystallglas) mit Farben zu verzieren, oder es handelt sich um wirkliche Glasmalerei, wo gefärbte Bleigläser in Pulverform mit dem Pinsel auf das fertige Glas aufgetragen und darauf durch Schmelzen befestigt werden.

a) Die meisten schweren Metalloxyde besitzen die Eigenschaft, mit der Kieselsäure farbige Verbindungen einzugehen, die sich in jedem Verhältnisse mit dem gewöhnlichen Glase mischen lassen.

b) Man erzeugt Blau ohne Ausnahme durch Kobaltoxydul; es läßt hinsichtlich der Schönheit und Wohlfeilheit nichts zu wünschen übrig und erträgt die höchsten Hitzgrade. Die Smalte ist durch Kobalt gefärbtes und fein gemahlenes Glas.

c) Roth erhält man mittelst Eisenoxyd, Kupferoxydul und Gold. Eisenoxyd liefert ein billiges, aber ordinäres Braunroth. Kupferoxydul giebt ein außerordentlich intensives Blutroth; man wendet es in der Weise an, daß man weißes Glas auf der einen Seite mit einer sehr dünnen Schicht des rothen Glases überzieht (Ueberfangglas, verre doublé, verre à deux couches). Gold liefert Rubinglas, vom Scharlach bis zum Carmin und Rosenroth. Man wendet das Gold als Goldpurpur (Purpur des Cassius) an.

d) Gelb wird erzeugt durch Antimonoxyd und Uranoxyd. Kohle ertheilt dem Glase eine braungelbe Farbe.

e) Grün. Kupferoxyd giebt eine ziemlich reine Smaragdfarbe, Chromoxyd ein reines feuriges Smaragdgrün.

f) Violett wird durch Braunstein (Mangansuperoxyd) hervorgebracht; durch Zusatz von Kobaltoxydul kann man das Violette ins Blaue ziehen.

g) Weiß und undurchsichtig wird (wie schon bei dem Email erwähnt) mittelst Zinnoxyd und Knochenasche hervorgebracht.

h) Die Anfertigung des Aventuringlases, eines hellbraunen halbdurchsichtigen Glases, das unzählige metallisch glänzende Pünktchen von goldgelber Farbe enthält, ist ein Fabrikgeheimniß der venetianischen Glasfabriken. Die Pünktchen rühren her von kleinen Krystallen von metallischem Kupfer.

i) Das Hämatinon, eine schön rothe, undurchsichtige, harte, sehr politurfähige Glasmasse, welche bei den Alten für Prunkgefäße, Mosaiken rc. im Gebrauche war und ziemlich häufig in den pompejanischen Nachgrabungen gefunden wird, ist in der neuesten Zeit von Pettenkofer in München nachgebildet worden. Vergl. Bericht der Beurtheilungs-Commiss. d. Münchn. Ausstell. des Jahres 1854, Gr. IX. Abth. 3. p. 48.

k) Als Anhang seien hier namentlich angeführt das Filigranglas (Fadenglas, Petinetglas, reticulirtes Glas, verre filigrané), welches in der durchsichtigen Masse weiße Emailfäden (Zinnoxydglas) oder ein netzförmiges Gewebe, aus kleinen Luftbläschen bestehend, enthält. Dem Filigranglas verwandt ist das Millefiori (verre mosaïque), das aus verschieden gefärbten, systematisch geordneten, durch farbloses Glas verbundenen und in farblose Glasmasse eingeschmolzenen Glasstäbchen besteht. Der Effect beruht gewöhnlich darin, daß dem Auge der Querschnitt der zu bestimmten Mustern geordneten Stäbchen geboten wird, welcher Blumenbouquets, Sterne u. s. w. darstellt.

Sechsundvierzigster Abschnitt.

Die Spiegelfabrikation.

§. 386.

Die Alten kannten nur Metallspiegel (z. B. aus geschliffenem Stahl); die Glasspiegel aus undurchsichtigem schwarzen Glase sollen ebenfalls schon zur Zeit des alten Testaments in Sidon bekannt gewesen sein; aber die Kunst Glasspiegel, die auf der hintern Fläche mit Metall belegt waren, zu fabriciren, wurde erst im 13. Jahrhundert bekannt. Ehedem belegte man sie mit Blei. Im Anfange des 16. Jahrhunderts benutzte man als Spiegel mit Blei ausgegossene Glaskugeln, die damals in Nürnberg fabrikmäßig verfertigt wurden. Die Kunst der modernen Spiegelfabrikation, also die Kunst, ebene und mit Zinnamalgam belegte Glasplatten zu machen, ist im 16. Jahrhundert von Murano bei Venedig ausgegangen, kam von da 1665 nach Frankreich, wo eine kleine Fabrik in Tourlaville bei Cherbourg errichtet wurde. Die Spiegelfabrikation wurde durch die Erfindung des Spiegelgusses durch Abraham Thévart 1685 zur jetzigen Vollkommenheit gebracht.

a) A. Thévart gründete im Jahre 1691 die berühmte Spiegelfabrik zu St. Gobin, außerdem existiren noch in Frankreich großartige Fabriken zu Saint-Quirin und Mont-Luçon. In England wurde die erste Spiegelgießerei gegen das Jahr 1790 zu Ravenhead bei St. Helene in Lancashire errichtet. Im Zollverein wurden neuerdings die ersten Spiegelgießereien durch Actiengesellschaften, eine in Aachen, die andere in Manheim gegründet. Belgien liefert noch immer einen großen Theil des Glases zum Schleifen und Belegen in die deutschen Spiegelfabriken wie z. B. in die zu Fürth, in welcher Stadt allein über 1300 Menschen mit der Spiegelfabrikation beschäftigt sind.

§. 387.

Die Fabrikation der Glasspiegel zerfällt: 1) in die Vorbereitung und die Reinigung der dazu bestimmten Materialien; 2) das Schmelzen derselben; 3) das Gießen oder Verblasen der blankgeschmolzenen Masse; 4) das Zerschneiden, Schleifen und Poliren der Platten; 5) das Belegen (Foliiren) derselben mit Zinnamalgam; 6) das Einfassen der fertigen Spiegel in Rahmen.

a) Die Materialien zu Bereitung des Spiegelglases bestehen in eisenfreiem Kieselsand, in gereinigter Pottasche, in Salpeter, in calcinirtem Borax, in Arsenik und in Braunstein.

b) Die Materialien (z. B. 60 Kieselsand, 25 Pottasche, 15 Salpeter, 7 Borax, $\frac{1}{8}$ Arsenik, $\frac{1}{8}$ Braunstein, oder 300 Kieselsand, 100 calcinirte Soda, 43 Kreide, 1 Braunstein, 300 Bruchglas) werden hierauf im Frittofen calcinirt, dann im Werkofen geschmolzen. Jetzt ist die Glasmasse in den meisten Spiegelfabriken ein Natron-Kalkglas, es wird theils aus Soda allein, theils mit Zusatz von Glaubersalz verschmolzen. Die Zusammensetzung des französischen und englischen Spiegelglases läßt sich durch folgende Formeln ausdrücken: *französ. Glas*: $CaO, 2SiO_3 + 4NaO, SiO_3$; *engl. Glas*: $\left.\begin{matrix}2NaO\\CaO\end{matrix}\right\}, 8SiO_3$ oder $\left.\begin{matrix}2NaO\\CaO\end{matrix}\right\}, 9SiO_3$.

c) Der Werkofen ist vierkantig. Er ist auf beiden Seiten mit einer erhabenen Bank versehen, auf der die Glashäfen placirt sind. In der Mitte befindet sich ein mit einem eisernen Roste versehener Heerd, auf dem das Feuermaterial brennt. Die Schmelzhäfen sind eben so bereitet wie die zum weißen Glase.

d) Die Fritte wird erst dann, wenn die Häfen glühen, in kleinen Portionen, nach und nach, in die Häfen eingetragen, und das Schmelzen darin so lange fortgesetzt, bis eine herausgenommene Probe (die Larm- oder Thränenprobe) zeigt, daß keine Bläschen mehr darin enthalten sind. Der Schaum wird nun abgenommen und die Masse ist zum Verarbeiten fertig.

e) Bei der Fabrikation des gegossenen Spiegelglases (glaces coulées) wird das dünn geschmolzene und in den Schmelzhäfen geläuterte Glas mit kupfernen Kellen in kleinere Gießhäfen oder Gießwannen umgefüllt.

f) Soll mit Steinkohlen gefeuert werden, so müssen die Häfen bedeckt sein, damit kein Rauch hineinschlägt.

Gießen und Blasen der Glasmasse.

§. 388.

Die Spiegel werden entweder gegossen oder geblasen und dann gestreckt.

a) Um die Spiegel zu gießen, bedient man sich länglich viereckiger Gießtafeln von Bronze oder von Gußeisen. Sie werden durch glühende Kohlen erhitzt, dann in den schon erheizten Kühlofen eingeschoben. Die Gießwanne mit der schmelzenden Masse wird nun mittelst eines eisernen Wagens aus dem Ofen herausgezogen, mittelst eines Krahns emporgehoben und ausgegossen, dann die ausgegossene Form in den Kühlofen hinein geschoben, wobei eine darüber hinlaufende Walze die Tafel ebnet und das überflüssige Glas hinwegnimmt. Die rohen Glastafeln, so wie sie aus dem Kühlofen gefahren werden, zeigen nichts weniger, als die Glätte der beiden Metallflächen, aus denen sie geformt sind. Sie haben ein welliges Ansehn und werden nun ferner verarbeitet.

b) Kleinere Spiegel werden geblasen. Man bläst aus der schmelzenden Masse Cylinder, von ihnen werden die Halbkugeln abgeschnitten, hierauf werden sie der Länge nach gespalten, dann in den Kühlofen gebracht, wo sie auseinander gehen, hierauf geebnet.

Schneiden, Schleifen und Poliren der Tafeln.

§. 389.

Die Tafeln werden sodann in das Beschneidezimmer gebracht, wo die Glaser mit Lineal und Diamant die wulstigen und unregelmäßigen Ränder entfernen. Die beschnittenen Tafeln kommen nun in die Schleiferei. Das Schleifen zerfällt:

1) in das Rauhschleifen (dégrossir, *first grinding*) durch Maschinen und Sand;

2) in das Feinschleifen (savonnage, *smoothing*) durch Handarbeit und Smirgel;

3) in das Poliren (poliment *polishing*) durch Maschinen und Eisenoxyd.

a) Bei Beginn des Schleifens (eigentliches Rauhschleifen) kittet man die untere Glastafel (das Bodenglas) mit Gyps auf dem Arbeitstische (der Schleifbank) fest, setzt eine kleinere Glastafel (das Oberglas), die an einem schweren hölzernen Kasten befestigt ist, darauf, und wendet als Schleifmittel geschlämmten Sand an. Die Fortsetzung der Arbeit (Klarschleifen, Douciren, doucir, *second grinding*) geschieht eben so, aber mit feinerem Sande.

b) Da die obere Glastafel sich früher fertigschleift als das Bodenglas, so wird es ein- oder mehreremale gegen ein neues umgetauscht; man rechnet auf ein Bodenglas 2—7 Obergläser.

c) Nachdem die Gläser auf beiden Flächen geschliffen sind, glättet man sie, indem man die untere Tafel auf Flanell legt, noch mehr durch Anwendung von Smirgel (Feinschleifen), bis die Glasfläche ein gleichmäßiges, halbdurchsichtiges, zartes Matt zeigt.

d) Die geschliffenen Tafeln werden nun polirt. Dasselbe geschieht mit geschlämmtem Kolkothar (rothem Eisenoxyd). (Ein ausgezeichnet feines rothes Eisenoxyd wird durch Glühen von oxalsaurem Eisenoxyd erhalten). Derselbe wird auf Filzplatten gebracht, die an Brettern befestigt sind, und nun über die Platte hin und her bewegt, bis die Oberfläche glatt erscheint. Man verrichtet das Poliren jetzt mittelst Maschinen.

e) Eine weitere Erklärung aller dieser Arbeiten, in den Vorlesungen.

Das Foliiren der Spiegel.

§. 390.

Damit die Glasplatten das Licht reflektiren können, werden sie auf der hintern Fläche mit einem Amalgam aus Zinn und Quecksilber (der Belegung) belegt, welches das Foliiren oder Belegen (mettre au tain, étamage, *silvering, foliating*) genannt wird.

a) Das dazu bestimmte, dünn ausgewalzte Zinn nennt man Zinnfolie oder Spiegelfolie (feuille d'étain, *tinfoil*).

b) Um das Foliiren zu veranstalten, bedient man sich einer horizontalen Tafel aus Holz, die leicht geneigt gestellt werden kann. Auf dieser werden die Zinnplatten ausgebreitet, dann eine Linie dick mit Quecksilber übergossen, endlich die Glasplatte darauf gelegt, und mit Steinen belastet; worauf man die hölzerne Tafel neigt, um das überflüssige Quecksilber abfließen zu lassen. Hierzu sind bei großen Spiegeln 2, 3 und selbst 4 Wochen erforderlich, bei solchen, die nicht über 4 Fuß hoch sind, nur 2 – 8 Tage. Sie sind nun fertig, um in Rahmen gefaßt zu werden.

c) In der neueren Zeit hat man versucht, die Spiegel anstatt mit Zinnamalgam mit Silber zu belegen, das man aus seiner Lösung durch ätherische Oele (Zimmtöl, Nelkenöl) unter Zusatz von Ammoniak niederschlägt. Es sind jedoch gewisse Schwierigkeiten, die der Anwendung des Verfahrens im Großen hindernd entgegenstehen, noch nicht gehoben worden.

d) Eine speciellere Erörterung dieser Operationen, in den Vorlesungen.

Siebenundvierzigster Abschnitt.

Das Eisen und seine Verarbeitung.

§. 391.

Das **Eisen** (fer, *iron*) ist unstreitig das wichtigste und nützlichste aller Metalle. Diese hohe Bedeutung verdankt das Eisen außer seinen Haupteigenschaften, besonders der Leichtigkeit, mit der es in Folge gewisser Abänderungen bei der Darstellung und Verarbeitung, unter gänzlich verändertem Charakter, mit neuen und nutzbaren Eigenthümlichkeiten begabt, auftritt. Man gebraucht in der Industrie **drei** solche Abänderungen des Eisens, nämlich: 1) das **Gußeisen** oder **Roheisen** (fonte, *cast iron, pig iron*); 2) das **Schmiedeeisen** oder **Stabeisen** (fer, *soft iron, wrought iron*); 3) den **Stahl** (acier, *steel*).

a) Das **Gußeisen** (Roheisen) ist das durch **reducirende** Schmelzung unmittelbar aus dem Eisen dargestellte **kohlenstoffreichste** Eisen; es vereint große Festigkeit und Härte mit einem gewissen Grade der Leichtschmelzbarkeit.

b) Das **Schmiedeeisen** (Stabeisen) ist das durch einen **oxydirenden** Schmelzprozeß von seinen fremden Bestandtheilen größtentheils befreite und dadurch geschmeidig gewordene Roheisen; es ist äußerst schwer schmelzbar, aber schweißbar und dabei sehr zähe.

c) Der Stahl steht hinsichtlich seiner Eigenschaften und seiner Zusammensetzung (Kohlenstoffgehaltes) ungefähr in der Mitte zwischen Gußeisen und Schmiedeeisen.

Die Eisenerze.

§. 392.

Das Eisen macht einen Bestandtheil gar vieler Mineralien aus. Zur Gewinnung des Metalles können aber nur diejenigen Eisenerze benutzt werden, welche das Eisen oxydirt enthalten. Schwefelkies (FeS_2), Magnetkies (Fe_7S_8), Arsenikkies ($FeS_2 + Fe$) u. s. w. sind demnach keine Eisenerze. Die wichtigsten Eisenerze sind:

a) Der Magneteisenstein (fer magnétique, *magnetic ironstone*), $Fe_2O_3 + FeO$ mit 72,4 Proz. Eisengehalt, dient zur Darstellung des berühmten schwedischen und russischen Eisens;

b) α) Der Eisenglanz (fer oligiste, *iron glance*) und β) der Rotheisenstein (hématite rouge, *red iron-ore*), Fe_2O_3, mit 69,9 Proz. Eisengehalt. Beide kommen in großer Verbreitung vor (α) vorzüglich schön und rein auf der Insel Elba) und gehören zu den am häufigsten angewendeten Eisenerzen;

c) Der Brauneisenstein (hématite brune, *brown iron-ore*), eine Verbindung von Eisenoxyd mit Wasser, ist ein sehr verbreitetes Eisenerz;

d) Der Eisenspath oder Spatheisenstein (fer carbonaté, *sparry iron-ore*), FeO, CO_2, mit 48,3 Proz. Eisengehalt, und die kugelige Varietät, der Sphaerosiderit, gehören zu den meist geschätzten Eisenerzen.

e) Mechanische Gemenge vorher genannter Eisenerze mit Thon, Sand u. s. w. bilden den Thoneisenstein, der in Gestalt kugeliger Körner den Namen Bohnerz führt.

f) Der Raseneisenstein (Sumpferz, Wiesenerz, mine de marais, *bog iron-ore, swamp-ore*), mit dem Brauneisenstein wesentlich übereinstimmend, unterscheidet sich von demselben durch nie fehlenden Phosphorsäuregehalt. Er liefert gutes Gußeisen, doch kaltbrüchiges und wenig brauchbares Schmiedeeisen.

Darstellung des Roheisens.

(Hohofenproceß.)

§. 393.

Die Ausschmelzung der Eisenerze liefert stets das Eisen mit Kohlenstoff verbunden als Roh- oder Gußeisen. Die bergmännisch gewonnenen Eisenerze werden aufbereitet, nämlich nur durch Handscheidung (triage à la main) und Klaubarbeit von den tauben Gesteinen oder der Gangart getrennt und in kleinere Stücke zerschlagen. Nun folgt das Brennen oder Rösten (grillage, *rousting*) oder eine Vorbearbeitung durch Verwittern (rouissage). Nach dem Rösten werden die Erze gepocht.

a) Das Rösten wird nur bei steinartigen Erzen ausgeführt, um dieselben mürber, poröser und so zur Reduction geeigneter zu machen.

b) Es soll auch aus gewissen Eisenerzen (wie Eisenspath und Sphärosiderit) die Kohlensäure und das Wasser austreiben, deren Entfernung im Schmelzofen den Gang desselben stören würde.

c) Es sollen endlich schwefelkieshaltige Erze zersetzt werden. Im letzteren Falle läßt man das geröstete Erz noch verwittern, damit die entstandenen oder noch entstehenden schwefelsauren Salze durch Auslaugen entfernt werden.

§. 394.

Bei dem Ausbringen des Eisens aus seinen Erzen kommen vorzugsweise zwei Eigenschaften des Eisens in Betracht: 1) Theilchen von reinem oder fast reinem Eisen, im Ofen so gut wie unschmelzbar, kleben bei starker Rothglühhitze zu größeren Massen zusammen (schweißen); das Eisen bildet 2) in hoher Temperatur mit Kohlenstoff eine leichte schmelzbare Verbindung (Gußeisen).

a) Die directe Darstellung des Eisens (Schmiedeeisens) aus den Eisenerzen war früher sehr gebräuchlich; man erzeugt direct ein hämmerbares Product durch Rennarbeit und durch Luppenfrischerei, später wendete man Stück- oder Wolfsöfen (fourneau à loupe, *single block furnace*) an.

b) Jetzt gewinnt man das Eisen als Roheisen in dem Blauofen

(Blaseofen, fourneau à fonte, *flowing-furnace*) oder noch häufiger in dem Hohofen (haut fourneau, *high furnace*, *blast-furnace*).

§. 395.

Der Hohofen (Hochofen) ist ein 20 bis 50 Fuß hoher, mit starkem Gemäuer umgebener Schachtofen, dessen innerer Raum (Kernschacht, cuve, cheminée, *fire-room*) die Gestalt zweier, mit den Grundflächen einander angefügter, abgestutzter Kegel hat. Der untere Raum ist weit niedriger als der obere. Die oberste Oeffnung heißt die Gicht (gueulard, *mouth*). Der Theil, wo der Kernschacht den größten Durchmesser hat, wird Kohlensack (ventre) genannt. Der untere der beiden hohlen Kegel (also abwärts vom Kohlensacke) heißt die Rast (étalages, *boshes*). Unterhalb der Rast zieht sich der Raum zu dem Gestell (ouvrage, *hearth*) zusammen, dessen unterer Theil (Eisenkasten, creuset) das geschmolzene Eisen aufnimmt und mit dem außerhalb des Hohofens befindlichen Vorheerd (avant-creuset) zusammenhängt. Der Vorheerd wird durch den Wallstein (dame, *dam*) geschlossen, in welchem eine Spalte, die Abstichöffnung (oeil, *tap hole*) befindlich, die während des Schmelzens verstopft ist. In den Raum des Gestelles über dem Eisenkasten führen zwei einander gegenüber befindliche Oeffnungen, durch welche von dem Cylindergebläse (soufflets cylindriques) vermittelst der Düsen (buses, *nose-pipes*) und Formen (tuyères, *twyers*) die zum Betrieb erforderliche Luft in den Hohofen strömt.

a) Der Blauofen ist ein Hohofen mit geschlossener Brust. Die Rast geht allmälig in das Gestell über, dessen unter den Formen befindlicher Theil den Heerd bildet, aus welchem Gußeisen und Schlacken durch eine Abstichöffnung abgelassen werden können. Die Blauöfen werden fast nur zur Ausbringung des Gußeisens mittelst Holzkohlen benutzt.

§. 396.

Die auszuschmelzenden Eisenerze werden mit Schlacke (scorie, *slag*, *cinders*) bildenden Substanzen, sogenannten Zuschlägen oder Flüssen (fondant, *flux*) gemengt, deren Natur sich nach der Gangart des Erzes richtet. Man gebraucht als Zuschläge Quarz, Flußspath, Mergel, Thon u. s. w.

a) Die Schlacken sind kieselsaure Salze (Gläser); sie dienen dazu, gewisse in den Erzen enthaltene fremde Bestandtheile zu entfernen, das Zusammenfließen der geschmolzenen Metalltheilchen zu bewirken und das bereits gebildete Roheisen vor dem oxydirenden Einflusse der Gebläseluft zu bewahren.

b) Man mengt ärmere und reichere Eisenerze in einem solchen Verhältniß, daß das Gemenge (Gattirung, Möllerung) etwa 50 Proz. Eisengehalt habe.

§. 397.

Das Ausschmelzen der beschickten Erze geschieht auf folgende Weise: Man heizt zuerst den Hohofen an und füllt nach und nach den ganzen Schacht mit Brennmaterial an. Zugleich setzt man die Gebläse in Thätigkeit und trägt schichtenweise das Brennmaterial und die beschickten Erze ein. In dem Maaße, als die Kohlen verbrennen und Eisen und Zuschlag schmelzen, sinken die Schichten nieder. Die Kieselerde bildet mit den vorhandenen Erden und Oxyden Schlacke, während das schon früher reducirte halbflüssige Eisen mit dem Kohlenstoff zu Gußeisen zusammentritt. Das geschmolzene Eisen sammelt sich in dem Eisenkasten und Vorheerde an, während die Schlacke über den Wallstein von selbst abfließt oder abgezogen wird. Hat sich hinlänglich Eisen angesammelt, so wird es durch Oeffnen der Abstichöffnung abgestochen oder behufs der Gießerei mit Kellen ausgeschöpft. Das Abstechen (coulée, *running off*) geschieht alle 12 oder 24 Stunden. Gußeisen in Mulden nennt man Flossen (pigs, saumons), in Barren Gänze (gueuses). Das Ausschmelzen der Eisenerze (die Campagne) geht so lange fort, als der Ofen aushält, oft über mehrere Jahre.

a) Der beim Niederschmelzen der Beschickung im Hohofen stattfindende chemische Proceß ist in verschiedener Höhe im Hohofen ein sehr verschiedener. Vor der Form des Gebläses im

Gestell ist die höchste Temperatur, von hier ab nach oben hin nimmt die Temperatur allmälig ab. Der Ofen läßt sich hiernach in 3 Regionen oder Zonen eintheilen: 1) in die Vorwärmezone; 2) in die Reductionszone; 3) in die Kohlungs- und Schmelzzone.

b) In dem obersten Theile des Schachtes, in der Vorwärmezone wird die Beschickung vorgewärmt und vollständig ausgetrocknet. Innerhalb dieser Zone gelangt das Erz kaum zum schwachen Glühen.

c) Im unteren Theile des Schachtes, besonders in der Gegend des Kohlensacks wird das Eisenoxyd, nach und nach unter Verminderung des Sauerstoffgehaltes zu Eisenoxydul-Oxyd und endlich zu metallischem Eisen reducirt. Die in der Reductionszone wirksamen Reductionsmittel sind: Kohlenoxydgas, Kohlenwasserstoffgas und Cyanwasserstoffgas oder Cyankaliumdampf. An einer Stelle dieser Zone ist alles Eisen als hämmerbares Eisen vorhanden.

d) Noch tiefer im Ofen (in der Kohlungszone) findet die Kohlung des Eisens statt, das Eisen geht zuerst in stahlartiges Eisen über, welches im Gestelle über der Form schmilzt (Schmelzzone) und hier sich mit Kohlenstoff zu Gußeisen sättigt.

e) Ueber die Theorie des Hohofenprocesses vergl. Scheerer, Lehrb. d. Metallurgie, 1853 Bd. II. p. 1.

f) Die aus der Gicht entweichenden Gase heißen Gichtgase (Hohofengase), sie enthalten noch viel brennbare Gase (auch Ammoniak), daher die zuerst von dem württembergischen Bergrath Fabre du Faur zu Wasseralfingen aus- und jetzt fast allgemein eingeführte Benutzung der Gichtgase als Brennmaterial. Vergl. Kerl, Handb. d. metallurg. Hüttenkunde, 1855. Bd. II. p. 122; Scheerer, Lehrb. d. Metall. 1848. Bd. I. p. 339.

§. 398.

Erfolgt die Reduction des Eisenerzes zu Gußeisen, in Folge des richtigen Verhältnisses zwischen Erz und Brennmaterial vollständig, so wird der Gang des Hohofens ein garer (Gargang, allure regulière) genannt. Man erhält dadurch ein Eisen mit gehörigem Kohlenstoffgehalte; nach dem höheren oder geringeren Hitzgrade unterscheidet man den heißen, hitzigen Gang (allure chaude), welcher graues Eisen liefert, und den kalten Gang (allure froide), wobei weißes

Eisen sich bildet. Bei dem übersetzten, rohen oder scharfen Gange (allure irregulière) erfolgt wegen Ueberwiegens des Erzes, also wegen Mangel an Kohle, die Reduction nicht vollständig, so daß man ein kohlenstoffarmes weiches Eisen erhält und ein großer Theil des Eisens in die Schlacke geht.

Eigenschaften und Arten des Guß- oder Roheisens.

§. 399.

Das Guß- oder Roheisen (fonte, *pig iron, cast iron*) schmilzt im Allgemeinen in starker Weißglühhitze (1500° C.), besitzt verschiedene Grade von Härte, ist stets spröde und rostet nicht so leicht als das Stabeisen. Es giebt zwei wesentlich verschiedene Hauptarten des Eisens, die man, nach der Farbe ihres Bruchs, graues und weißes Roheisen nennt.

a) Das graue Roheisen (fonte grise, *grey metal, foundry-pig*) ist im Allgemeinem grau und von körnigem Bruche, weicher und weniger spröde als das weiße und wird im starken Rothglühen so weich, daß es mit einer schnell bewegten Holzsäge geschnitten werden kann. Je dunkler, desto gröber und glänzender ist das Korn im Bruche, desto weicher und geringer die Sprödigkeit.

b) Das weiße Roheisen oder Hartfloß (fonte blanche, *white caston-iron, forge-pig*) ist von heller, fast silberweißer Farbe, strahligem oder blättrigem, oft ins Dichte übergehendem Bruche, großer Härte und großer Sprödigkeit. Es schmilzt leichter, ist aber dickflüssiger als das graue Roheisen. Zuweilen lassen sich darin Prismen erkennen, man nennt es dann Spiegeleisen oder Spiegelfloß; bei strahlig-fasrigem Gefüge und bläulichgrauer Farbe heißt es blumiges Floß. Das luckige Floß steht in der Mitte zwischen grauem und weißem Roheisen; die Farbe geht schon ins Graue über, die Bruchflächen fangen an zackig zu werden.

c) Wenn in einem Roheisen beide Roheisensorten, entweder in besonderen Lagen oder das eine in die Masse der anderen zerstreut vorkommen, so heißt ein solches Eisen halbirtes Roheisen (fonte truitée, *motled iron*).

d) Der chemische Unterschied zwischen grauem und weißem Roheisen liegt darin, daß ersteres nur wenig gebundenen chemischen Kohlenstoff (0,5 — 2 Proz.), aber viel mechanisch beigemengten (1,3 — 3,7 Proz.); letzteres nur chemisch gebundenen Kohlenstoff (4 — 5 Proz.) enthält.

Darstellung des Schmiedeeisens oder Stabeisens. (Frischproceß.)

§. 400.

Das Schmiedeeisen, Stabeisen oder weiche Eisen (fer, *soft iron, wrought iron*) wird aus dem Guß- oder Roheisen durch den Frischproceß (affinage) dargestellt. Das Frischen bezweckt im Allgemeinen die Entfernung der fremden Körper, hauptsächlich der Kohle, aus dem Eisen. Man unterscheidet zwei Arten des Frischprocesses: 1) das Frischen in Heerden; 2) das Frischen im Flammenofen (Puddeln oder Puddlingsfrischen, weil dabei das Roheisen auf der Sohle des Flammenofens umgerührt oder gepuddelt wird).

Die Heerdfrischung.

§. 401.

Bei der Heerdfrischung wird das Gußeisen in dem vertieften Feuerraum des Frischheerdes (forge) bei Kohlenfeuer unter Mitwirkung eines Gebläses eingeschmolzen. Durch die Gebläseluft wird fortwährend Kohle aus dem Roheisen zu Kohlensäure verbrannt und das Roheisen entkohlt. Der dem Roheisen anhängende Sand oder die Kieselsäure vorhandener Schlacken kommen bei der Frischung wesentlich in Betracht; diese Körper verbinden sich nämlich mit dem durch Oxydation gleichzeitig entstandenen Eisenoxydul zu Rohschlacke (SiO_3, 3 FeO), die zu der nächsten Schmelzung mit Hammerschlag (Eisenoxydul-Oxyd) gemengt, gegeben, die Entkohlung des Roheisens bewirkt. Nach dem Einschmelzen des Eisens werden die Schlacken abgelassen und die Eisenstücken unter häufigem Wenden der Gebläseluft ausgesetzt. Dies (das Rohaufbrechen) wird fortgesetzt, bis das Eisen gar ist. Die nach dem Rohaufbrechen sich bildende Schlacke (die Garschlacke, *refining cinders* SiO_3, 6 FeO) wird eben so wie die mit Hammerschlag versetzte Rohschlacke zum Entkohlen des

Eisens benutzt. Hierauf schreitet der Frischer zum Garaufbrechen (avaler la loupe), d. h. er macht die ganze Eisenmasse durch verstärkte Hitze halbflüssig, damit sich die Schlacke abscheide. Nach beendigtem Gareinschmelzen kommt die gefrischte Eisenmasse (Deul oder Luppe, loupe) unter den Aufwerfhammer, um alle Schlackentheile auszupressen.

a) Die Theorie der Wirkung der mit Hammerschlag (Fe_3O_4) gemengten Schlacke zum Frischen des Roheisens ist folgende: das Eisenoxydul-Oxyd (Hammerschlag) giebt an den Kohlenstoff des Roheisens Sauerstoff ab und es bilden sich Kohlenoxyd und Stabeisen. Dabei gehen auch alle anderen Beimengungen des Roheisens wie Aluminium 2c. in die Schlacke.

Die Frischung in Flammenöfen.
(Puddlingsproceß.)

§. 402.

Das Frischen im Flammenofen ist die sogenannte Puddlingsarbeit (puddlage, *puddling*). Sie kommt in Ländern, wo man des hohen Preises wegen Holzkohlen zum Frischen des Eisens nicht anwenden kann, sondern hierzu Steinkohlen anwendet, zur Ausführung. Bei der Frischung mit Steinkohlen darf nur die Flamme dieser Brennmaterialien mit dem Eisen in Berührung kommen; es muß daher das Frischen in Flammenöfen ausgeführt werden. Es geschieht auf folgende Weise: Auf den Heerd des Ofens wird Sand oder Hammerschlag oder gepochte Frischschlacke 3—5 Zoll hoch gestreut. 2—5 Centner Roheisen werden eingesetzt, durch die darüber streichende Flamme des in dem Feuerheerde brennenden Steinkohlenfeuers teigartig geschmolzen. Dann wird bei unterbrochenem Luftzuge das mit der flüssigen Schlacke bedeckte halbflüssige Eisen mittelst eiserner Harken über die Heerdsohle ausgebreitet und umgerührt (gepuddelt). Auf dem breiigen Eisen zeigen sich blaue Flämmchen von brennendem Kohlenoxydgas und das Eisen wird zäher und steifer. Nach beendigtem Frischproceß wird es unter wieder verstärkter Hitze durch Kneten und Rollen zu Klumpen (balls) von etwa 50 Pfd. Gewicht vereinigt, aus denen man durch ein Walzwerk oder Preßwerk, oder durch einen schweren Hammer die noch eingemengte Schlacke auspreßt.

a) Zum Puddeln eignet sich am besten das weiße Roheisen. Wo man nur graues oder halbirtes Roheisen hat, muß dasselbe vor dem eigentlichen Puddeln, durch Einschmelzen im Flammenofen, durch das Feineisenfeuer (fourneau d'affinerie, *refinery furnace*) in Feineisen, Feinmetall (fine métal, *fine iron*) umgewandelt werden. Man nennt diesen Proceß das Feinmachen (finage, *fining*).

Eigenschaften des Stab- oder Schmiedeeisens.

§. 403.

Das Stab- oder Schmiedeeisen kann im gewöhnlichen Ofenfeuer nicht geschmolzen werden, dagegen läßt es sich in starker Rothglühhitze in alle Formen bringen und wird bei lebhaftem Weißglühen (in der Schweißhitze, chaude suante, *welding-heat*) so weich, daß es sich durch Hammerschläge vereinigen (schweißen) läßt. Es ist bei weitem weicher als das weiße und hellgraue Gußeisen und läßt sich daher leicht feilen, mit Meißel, Hobelmaschine ꝛc. bearbeiten. Es läßt sich kalt biegen und hämmern, wodurch es härter wird. Durch Glühen und Abkühlen wird es wieder weich. Es ist eigenthümlich für das Schmiedeeisen, daß es, glühend in kaltem Wasser abgelöscht, nicht spröde wird.

a) Fehler des Stabeisens sind der Kaltbruch, der Rothbruch und der Faulbruch.

b) Man nennt das Eisen kaltbrüchig (cassant à froid, *cold short*), wenn es in der Kälte spröde ist, sich aber in der Hitze wie gutes Eisen schmieden läßt. Der Kaltbruch entsteht hauptsächlich durch beigemengten Phosphor.

c) Rothbrüchiges Eisen (cassant à chaud, *hot short*) läßt sich zwar in der Schweißhitze gut schweißen und gut schmieden, zeigt aber bei abnehmender Temperatur besonders bei der Rothglühhitze, beim Schmieden und Bearbeiten leicht Sprünge und Risse an den Kanten. Den Rothbruch bewirkt meist das Vorhandensein von Schwefel, ebenso von Silicium und Kupfer. Das Silicium macht das Eisen hart und mürbe (faulbrüchig). Durch Calcium verliert das Eisen seine Schweißbarkeit und wird hadrig.

Verfeinerung des Stab- oder Schmiedeeisens.

§. 404.

Zu der mannigfaltigen Anwendung des Stabeisens ist Eisen in geringeren Dimensionen, als es von den Frisch- und Puddlingsöfen abgeliefert wird, nothwendig, zu welchem Zwecke dasselbe noch einmal geglüht und gestreckt wird. Man bringt das Stabeisen in Gestalt von Stäben in den Handel (daher die Namen Stabeisen, Stangeneisen, fer en barres, *bar-iron*). Man unterscheidet das Stabeisen in Quadrateisen (fer carré, *square iron*) mit quadratischem Querschnitte, Flacheisen (fer méplat, *flat iron*), dessen Querschnitt ein Rechteck mit verschiedenem Verhältnisse zwischen Breite und Dicke, Rundeisen (fer rond, *round iron*) mit kreisförmigem Durchschnitte.

a) Dünne vierkantige Sorten des vierkantigen Eisens sind Nageleisen (*nail rods*) und Hufnageleisen (*horse nail rods*).

b) Die dünnste Sorte des Flacheisens heißt Bandeisen, Reifeisen (fer en rubans, feuillard, *hoops, hoop-iron*).

c) Nicht glatt geschmiedetes Quadrateisen mit eingekerbten Flächen (Eindrücke des Hammers) heißt Zaineisen, Krauseisen (carillon).

d) Die Darstellung der verschiedenen Arten von Stabeisen geschieht entweder unter Hämmern (gewöhnlich Schwanzhämmern, martinets, *tilt hammers*) oder durch Walzwerke, die entweder Puddelwalzwerke (cylindres cingleurs, *puddler's roll*) oder Stabwalzwerke (cylindres étineurs, *finishing rolls*) sind.

e) Je nachdem das Stabeisen durch Hämmern oder durch Walzwerke erzeugt worden ist, unterscheidet man Hammereisen (fer forgé, *tilted iron*) und Walzeisen (fer cylindré, *rolled iron*).

f) Von besonderer Wichtigkeit ist die Anwendung der Walzwerke bei der Fabrikation der Eisenbahnschienen, welche auf andere Art kaum herzustellen sein würden.

Verarbeitung des Schmiedeeisens zu Blech.
(Blechfabrikation.)

§. 405.

Das zu mehr oder weniger dünnen Platten verarbeitete Eisen führt den Namen Blech. Man unterscheidet Schwarzblech (tôle en fer, *sheet, plate, hoop iron*) und verzinntes Blech oder Weißblech (fer blanc, *tin plate*). Man benutzt zur Blechfabrikation ein weiches und dehnbares Eisen, weil dasselbe die Bearbeitung bei abnehmender Temperatur am längsten aushält, ohne spröde zu werden. Als Material zum Blech benutzt man breites Flacheisen, das in Stücke von einer Länge zerhauen wird, die sich nach den Dimensionen des herzustellenden Eisens richtet. Ehemals geschah die Verfertigung des Blechs größtentheils durch Schmieden mit Hämmern von mehreren Centnern im Gewichte, die durch Wasserkraft in Bewegung gesetzt wurden. Solches Blech hieß geschlagenes Blech (plaques faites au marteau, *hammered metal*). Gegenwärtig benutzt man fast allgemein Blechwalzwerke (laminoir, *rolling mill, plate rollers*), welche aus zwei starken, abgeschliffenen Cylindern bestehen.

a) Man fertigt das Eisenblech in verschiedenen Dicken, von der Dünne einer feinen Kartenpappe bis zu einer Dicke von fast einem Zoll an.

b) Das Weißblech stellt man durch Verzinnen kleiner und dünner, für diesen Zweck besonders hergestellter Eisenblechsorten dar. Man macht die beschnittenen Blechtafeln blank, indem man sie in verdünnter Salzsäure beizt (nettoyage, *cleansing*), in einem Flammenofen kurze Zeit glüht (décapage, *scaling*) und nach dem Erkalten durch Schlagen mit einem hölzernen Hammer vom Glühspan befreit. Man läßt die Bleche noch einmal durch das Walzwerk gehen, reinigt sie durch ein saures Kleienbad und durch verdünnte Schwefelsäure, und taucht sie dann in schmelzenden Talg und endlich in geschmolzenes Zinn ein. Der Talg verhindert die Orydation des Zinns. Man läßt das überflüssige Zinn abtropfen. Die mit Kleie geputzten Bleche werden verpackt.

c) Durch Behandeln des verzinnten Bleches mit Säuren zeigen sich häufig auf der Oberfläche des Zinnes glänzende, mitunter sehr schöne Zeichnungen, die davon herrühren, daß das Zinn beim schnellen Erkalten krystallisirt. Durch die Einwirkung von Säuren werden die krystallinischen Stellen bloßgelegt, die mattere und lichtere Stellen zeigen. Solches Blech heißt gemoort oder geflammt (moiré metallique).

Verarbeitung des Schmiedeeisens zu Draht. (Drahtfabrikation.)

§. 406.

Der Eisendraht (fil de fer, *iron-wire*) wird aus sehr zähem und festem, dabei vollkommen ganzem, im Bruche fadigem Eisen dargestellt. Man fabricirt den Draht auf zweierlei Art. Nach der ersten Methode werden geschmiedete, gewalzte oder geschnittene Eisenstäbe durch Zangen (Stoßzangen, pinces, tenailles, *plyers*) oder durch Ziehscheiben (Bobinen, Leiern), wobei das Ende des Drahtes an dem Umkreise einer Scheibe befestigt ist, und durch das Umdrehen der Scheibe der Draht gezogen und aufgewunden wird, durch die Löcher des Zieheisens (filière, *drawing plate*) so gezogen, daß die Axe des Ziehloches mit der Linie, welche der durchgezogene Draht bildet, genau zusammenfällt. Nach der zweiten, von England ausgegangenen Methode, werden die auf dem Walzwerke durch gereifte Walzen gefertigten gröberen Drahtsorten durch Ziehscheiben weiter ausgezogen.

a) Die Ziehlöcher sind völlig kreisrund und möglichst glatt; man macht sie im Allgemeinen trichterförmig. Die Zieheisen sind von Stahl. Der Draht wird während des Ziehens mehreremale ausgeglüht.

b) Eisendraht von 0,3 Zoll Durchmesser kann mit einer Geschwindigkeit von 12 — 15 Zoll in der Sekunde gezogen werden, von 0,025 Zoll Durchmesser mit 40 — 50 Zoll Geschwindigkeit.

Die Eisengießerei.

§. 407.

Das Gießen des Eisens findet entweder unmittelbar aus dem Hohofen (Hohofenguß) statt, oder es wird das

Roheisen erst noch umgeschmolzen (**Umschmelzbetrieb**). Für kleinere Gegenstände wendet man zum Umschmelzen **Thon-** oder **Graphittiegel** (creusets, *crucibles*), für größere **Schachtöfen** (**Kupolöfen**, fourneau à coupole, *cupolo furnace*), für sehr große **Flammenöfen** (fourneau à reverbère, *reverberatory furnace*) an.

a) Der **Kupolofen** ist ein Schachtofen mit thurmartigem, oben offenem Schmelzraume, in welchen seitwärts durch eine Oeffnung Gebläseluft eingetrieben wird.

b) Der **Flammenofen** besteht aus einem überwölbten mit Sand bedeckten **Schmelzheerde**, der in der Richtung seiner Länge ein wenig geneigt ist und an dessen tieferliegender schmaler Seite das **Stichloch** zum Abstechen des geschmolzenen Eisens befindlich ist; und aus dem **Feuerheerde**; die Flamme des hier befindlichen Steinkohlenfeuers zieht über eine niedrige Scheidewand (die **Feuerbrücke**) hinweg auf den Schmelzheerd, bestreicht denselben in seiner ganzen Längenausdehnung, und tritt endlich in einen hohen Schornstein.

§. 408.

Aus dem **Stichloche** des Umschmelzofens läßt man entweder das Eisen **direct** durch eine in Sand geschlagene Rinne in die **Formen laufen**, oder man **füllt** damit eiserne, lehmbestrichene **Kellen** und **Pfannen**, die von den Arbeitern zu den **Formen getragen** und dort durch Umneigen **ausgegossen** werden.

Der zweite und wesentlichste Theil der **Eisengießerei** ist die **Formerei** (moulage, *moulding*), d. h. die Herstellung der Gußformen. Die Formen bestehen aus Sand, Lehm und Gußeisen, daraus entstehen drei Hauptabtheilungen der Gießerei: 1) **Sandgießerei**, 2) **Lehmgießerei** und 3) **Schalenguß**. Der **Masseguß** geschieht in Formen von Masse, eines Gemenges von Lehm und Sand.

a) Der **Sandguß** (moulage en sable, *sand-moulding*). Der **Formsand** muß so fein sein, daß die feinsten Gegenstände sich darin abdrücken lassen und so zusammenhalten, daß die schärfsten Kanten stehen bleiben. Er enthält so viel Thon, daß er mit etwas Wasser angefeuchtet, zusammenballt. Zu Gegenständen, welche auf der einen Seite eben sind, wie Platten, Gitter, Räder, wendet man den Heerdguß (moulage à découvert, *open sand casting*) an, d. h. man gießt auf einem Theile der Hüttensohle, die mit dem Formsand bedeckt ist; zu zusammengesetzteren Gußwaaren (z. B. Töpfe) benutzt man den Kastenguß (moulage en chassis, *sand casting between flasks*). Die Formen werden vor dem Eingießen des Eisens nicht getrocknet.

b) Der Masseguß wird in Fällen angewendet, wo man das Zusammenstürzen einer Sandform zu fürchten hat und wo man dem Gusse die ganze natürliche Weichheit des Eisens erhalten will. Man benutzt diesen Guß zu eisernen Kanonen und Mörsern und zu den sogenannten Galanteriewaaren aus Eisenguß (Schreibzeuge, Leuchter, Ringe, Schnallen ꝛc.) Die Formen werden scharf getrocknet.

c) Der Lehmguß (moulage en terre, *loam-casting*) wird für sehr große meist hohle Gegenstände und besonders für solche, wozu kein besonderes Modell angefertigt wird, wie z. B. zum Gießen von Glocken, großen Kesseln angewendet. Man unterscheidet drei Haupttheile: den Kern (noyau, *core*), der an Gestalt und Größe dem Inneren des Gußstückes gleich kommt, das Modell (Hemd oder Eisenstärke, chemise, *thickness*) und die Einhüllung des Hemdes, den Mantel (manteau, *case*). Die Formen werden sehr scharf getrocknet. Hierher gehört auch der Kunstguß, d. h. die Anfertigung von Monumenten, Statuen ꝛc., zu welchem aber in der neueren Zeit das Zink das Gußeisen zu verdrängen beginnt.

d) Der Schalenguß oder der Guß in gußeiserne Formen (Schalen, coquilles, *chills*) hat den Vorzug, in der nämlichen Form eine beliebige Anzahl von Abgüssen herstellen zu können. Ungeachtet dieses Vorzuges findet der Schalenguß nur geringe Anwendung, weil der Guß (durch zu schnelle Abkühlung) rauh, hart und spröde ausfällt. Man gebraucht ihn deshalb ausschließlich in solchen Fällen, wo diese große Härte als ein wesentlicher Umstand beabsichtigt wird, nämlich zu Hartwalzen zum Ausstrecken des Bleches.

§. 409.

Die Eisengüsse (fonte moulée, *iron foundry*) werden nach dem Guß durch mechanische Bearbeitung vollendet, es werden z. B. die Gießnäthe abgehauen, der eingebrannte Sand von der Oberfläche abgelöst. Den größeren Gegenständen läßt man die natürliche Eisenfarbe, die feineren Stücke werden geschwärzt, Kochgeschirre werden auf der inneren Seite emaillirt. Oft müssen die gegossenen Gegenstände ausgebohrt, abgedreht und geschliffen werden. Da die Gußwaaren nun durch schnelles Erkalten auf der Oberfläche oft hart und spröde sind, als wären sie aus weißem Roheisen gefertigt und dadurch einer Bearbeitung mit Feilen, Spitzhammer, Meißel rc. unfähig sind, so sucht man solchen Gegenständen durch das Tempern, Anlassen oder Adouciren (adoucir, *tempering*) die erforderliche Weichheit und unter Umständen selbst die Haupteigenschaften des Schmiedeeisens zu ertheilen. Das Wesentliche des Temperns besteht in anhaltendem starkem Glühen der Gußstücke in einer Einhüllung und sehr langsamem Erkalten.

a) Von großem Einflusse ist die Natur der Einhüllung und der Grad der Hitze. Ueberzieht man die Gegenstände mit Lehm, glüht sie zwischen lockeren Kohlen aus, oder bloß unter trocknem, reinem Kiessand, oder in mit Kohlenstaub ausgefütterten Kapseln, bei nicht anhaltender Rothglühhitze, so tritt keine chemische Veränderung ein und das Harteisen geht in weiches Eisen nur auf physikalischem Wege über. So macht man häufig Eisengüsse weich, um sie leichter abdrehen zu können.

b) Soll den Gußwaaren durch das Tempern zugleich ein gewisser Grad von Festigkeit ertheilt werden, wie er dem Stahl und Schmiedeeisen zukommt, so muß die Einhüllung und die länger anhaltende Hitze chemisch (d. h. entkohlend) auf das Gußeisen einwirken. Man benutzt als Hülle Cementirpulver aus Knochenasche und Kohlenpulver, Eisenhammerschlag und rothes Eisenoxyd. Ist die Masse gleichmäßig (durch und durch) entkohlt, so spricht man von hämmerbarem, schmiedbarem Eisenguß (fonte malléable, *annealed cast iron*).

c) Auf letztere Weise stellt man in neuerer Zeit viele kleine Gegenstände aus Gußeisen dar, welche man früher zu schmieden pflegte, so z. B. Schlüssel und Riegel, Nägel, Lichtputzen, Schnallen, Steigbügel rc. Durch Einsetzen (s. Stahl) lassen sich diese Gegenstände oberflächlich verstählen, so macht man jetzt gegossene wohlfeile Scheeren und Messer (selbst Rasirmesser), die sich von den stählernen kaum unterscheiden lassen.

Darstellung des Stahls.
(Stahlfabrikation.)

§. 410.

Der Stahl (acier, *steel*) steht bezüglich seiner hauptsächlichsten Eigenschaften in der Mitte zwischen Roheisen und Schmiedeeisen und ist durch diese Vereinigung der Eigenschaften ein schätzbares Material für die Industrie. Er ist des Gusses fähig wie das Roheisen und läßt sich schweißen und schmieden wie das Schmiedeeisen. Er ist etwas härter als Schmiedeeisen aber weicher als weißes Roheisen. Im glühenden Zustande ins Wasser getaucht, nimmt er große Härte, aber auch zugleich Sprödigkeit und Zerbrechlichkeit an. Man nennt ihn in diesem Zustande gehärtet (trempé, *hardened*). Durch allmäliges Erhitzen, (Anlassen, recuire, *tempering*) kann man dem Stahl jeden beliebigen Grad von Härte, die zwischen der Glashärte und seiner ursprünglichen Weichheit liegt, ertheilen. Der Maßstab des Erhitzens findet sich in den Anlauffarben (couleurs du recuit, *tempering colours*).

a) Zuerst erscheint strohgelb (bei 221° C.), dann orange (243°), purpurroth (277°), blau (293°), dunkelblau (317°) ɩc. Schneidende Instrumente für Eisen läßt man strohgelb, für Holz und Knochen purpurroth, Uhrfedern aber blau anlaufen. Die Farben werden durch eine dünne Oxydschicht hervorgebracht.

§. 411.

Man gewinnt den Stahl auf zweierlei Weise:

1) durch theilweise Entkohlung des Roheisens;

2) durch Kohlung (Cementation) des Schmiedeeisens.

Den aus dem Roheisen durch den Frischproceß dargestellten Stahl nennt man Rohstahl oder Schmelzstahl (Mock, acier brut, acier de fonte, *natural steel, rough steel*); den durch Cementation aus dem Schmiedeeisen erhaltenen Cementstahl oder Brennstahl (acier de cémentation, *steel of cementation*). Durch Umschmelzen beider Stahlsorten, namentlich des Cementstahls, erhält man den Gußstahl (acier fondu, *cast-steel*).

Der Frisch- oder Rohstahl.

§. 412.

Der Frisch- Roh- oder Schmelzstahl wird, wie erwähnt, durch theilweise Entkohlung des Roheisens dargestellt. Zur Rohstahlfabrikation eignet sich namentlich das aus Spatheisenstein erblasene Spiegeleisen. Der Proceß der Darstellung des Roheisens ist ein Frischproceß, bei welchem zu starke Entkohlung des Eisens, wodurch der Stahl in Schmiedeeisen übergehen würde, vermieden werden muß. Der Proceß wird in Heerdfeuern ausgeführt, ähnlich denen, wie sie bei der Heerdfrischung des Gußeisens zu Stabeisen Anwendung finden. Um den Rohstahl gleichförmiger zu machen, wird er nach beendigtem Frischen gestreckt, zusammengebogen und wieder gestreckt. Er heißt dann gegerbter Rohstahl oder Gerbstahl (acier corroyé, *shear steel*).

a) In der neueren Zeit ist die Methode, Frischstahl im Puddlingsofen zu erzeugen, zu großer praktischer Bedeutung gelangt, indem man jetzt mit der größten Sicherheit den Puddlingsproceß in dem Stadium unterbricht, wo dem Roheisen der entsprechende Theil des Kohlenstoffs entzogen worden ist.

b) Eine große Berühmtheit hat die steyermärkische Stahlsorte, der Scharsachstahl oder Tannenbaumstahl (zu Klingen, Scheeren, Ahlen, Sensen ꝛc.) erlangt; von den kärnthnischen und krainischen Stahlsorten seien angeführt der Brescianer Stahl (auch Fassekstahl, Kistenstahl) und der Azzalonstahl; beide Stahlsorten werden behufs der Blankwaffen- und Dolchfabrikation aus Kärnthen, Steyermark und Krain nach Ober-Italien, namentlich nach der Stadt Brescia versendet.

Der Cementstahl.

§. 413.

Der Cementstahl oder Brennstahl wird durch Kohlen oder Cementiren von Schmiedeeisen erhalten. Zu diesem Zwecke glüht man Schmiedeeisenstäbe anhaltend zwischen kohlehaltigen Substanzen. Man bringt die Stäbe mit dem Cementirpulver in Kästen von feuerfestem Thon und Ziegeln (Cementirkästen), erhitzt dieselben nach und nach bis zum beginnenden Weißglühen und unterhält diese Temperatur 4—12 Tage lang. Der so erhaltene Cementstahl ist brüchig und von blättrigem Gefüge und auf seiner Oberfläche gewöhnlich blasig, daher er auch Blasenstahl (acier boursouflé, *blister steel*) genannt wird. Durch Schweißen und Strecken wird er in gegerbten Cementstahl verwandelt. Hierher gehört auch die Einsatzhärtung oder Flächencementation (trempe en paquet), wodurch man schmiedeeiserne Gegenstände oberflächlich in Stahl verwandelt. Man verwendet hierzu im Kleinen häufig Blutlaugensalz.

a) Die Cementirpulver bestehen aus Kohlenpulver, Asche und Kochsalz. Thierkohle liefert ein weit wirksameres Cementpulver als Holzkohle, da, wie aus chemischen Untersuchungen hervorgeht, der Stickstoff der Kohle mit dem Eisen zu Cyaneisen (C_2NFe) zusammentritt, welches sich in Stahl (Kohleeisen) und Stickstoffgas zersetzt, welches letztere bei seinem Entweichen die Blasenbildung verursacht. Das Cyan ist demnach als der Träger des Kohlenstoffs bei der Cementstahlbildung anzusehen.

b) Man hat auch Cementstahl dadurch erzeugt, daß man über erhitztes Schmiedeeisen Leuchtgas (aus Steinkohlen) leitete.

Der Gußstahl.

§. 414.

Der Gußstahl wird durch Umschmelzen von Rohstahl und Cementstahl, oder durch Zusammenschmelzen von Gußeisen mit Schmiedeeisen dargestellt. Der Stahl erhält durch das Umschmelzen eine weit größere Gleichförmigkeit, als dieß durch Gerben möglich ist.

a) Krupp in Essen (Regierungsbezirk Düsseldorf) ist der erste, dem es gelungen ist, Gußstahl in großen und durchaus gleichförmigen Stücken von 50 Ctr. und darüber darzustellen, wodurch dem Stahl in viele Gewerbszweige, in denen man sich bis jetzt mit einem geringeren Material begnügte, Eingang verschafft wird. Krupp verwendet den Gußstahl zu Kanonen, Walzen, Wagenachsen, Patentreifen ꝛc. Siehe amtlichen Bericht der Londner Industrie-Ausstellung d. Jahres 1851. Bd. I. S. 232 und Bericht der Beurtheilungs-Commiss. d. Münchner Ausstell. d. J. 1854.

b) Der über Bombay eingeführte indische Gußstahl wird Wootz genannt.

c) Der Damascener Stahl oder damascirte Stahl (acier damassé, *damascus steel*) ist ein Gemenge von innig mit einander verschweißten Stahl- und Eisentheilchen. Durch Beitzen mit Säuren erhält er eigenthümliche, aus helleren und dunkleren Linien zusammengesetzte Zeichnungen (Damascirung, damas).

Achtundvierzigster Abschnitt.

Das Kupfer und seine Verwendung.

§. 415.

Das Kupfer (cuivre, *coppre*), das bekannte rothe Metall, zeichnet sich durch Klang, Glanz und große Dehnbarkeit und Geschmeidigkeit aus. Es ist weicher als das Schmiedeeisen und läßt sich selbst kalt mit dem Hammer bearbeiten. Sein spec. Gewicht ist 8,66 — 8,89. Es schmilzt bei etwa 1000° C., leichter als Gold, schwerer als Silber. Es eignet sich nicht zu Gußwaaren, da es blasige und poröse Güsse liefert. An feuchter Luft oxydirt es sich und überzieht sich mit der Zeit zu Grünspan.

a) Das Kupfer findet sich auf der Erde gediegen in sehr beträchtlicher Menge, weit ausgebreiteter kommen aber die Kupfererze vor, deren hauptsächlichste folgende sind:

b) Das Rothkupfererz (cuivre oxidé rouge, *red copper-ore*, Cu_2O) mit 88,5 Prozent Kupfergehalt, kommt vor in den Gruben von Cornwallis und in Australien und Chile.

c) Der Kupferglanz (cuivre sulfuré, *copper glance*, Cu_2S) mit 79,7 Proz. Kupfergehalt.

d) Das Buntkupfererz (cuivre pyriteux panaché, *variegated copper-ore*, $Fe_2S_3, 3Cu_2S$) mit 55,7 Proz. Kupfergehalt.

e) Der **Kupferkies** (cuivre pyriteux, *copper pyrites*, Fe_2S_3, Cu_2S) mit 34,8 Proz. Kupfergehalt.

f) Das **Fahlerz** (cuivre gris, *grey and black copper-ore*), eine Verbindung von Kupfersulfuret (Cu_2S und Schwefelsilber AgS) mit Schwefelantimon (SbS_3) und Schwefelarsenik, wird wegen seines Silbergehaltes gewöhnlich zu den Silbererzen gerechnet. Der Kupfergehalt beträgt 14—41 Prozent.

g) Der **Kupferlasur** (cuivre carbonaté bleu, *azure copper-ore*, $2CuO, CO_2 + CuO, HO$) mit 55,3 Proz. Kupfergehalt.

h) Der **Malachit** (cuivre carbonaté bleu, *green copper-ore*, $2CuO, CO_2 + HO$) mit 57 Prozent Kupfergehalt.

i) Zu den Kupfererzen gehört auch der **Kupferschiefer**, ein schwarzer, schiefriger, bituminöser Mergel, gewöhnlich mit eingesprengten oder in sehr dünnen Lagen in ihm enthaltenen Kupfererzen (Kupferkies, Buntkupfererz, Kupferglanz zc.).

k) Die Arten c, d, e, f der Kupfererze nennt der Hüttenmann **kiesige** (geschwefelte), die Arten b, g, h **ockrige** (oxydirte) Kupfererze.

Die Gewinnung des Kupfers aus seinen Erzen.

§. 416.

Aus den **ockrigen Erzen** gewinnt man das Kupfer durch Reduction der Erze in einem Schachtofen mit Kohle und den zur Schlackenbildung erforderlichen Zusätzen. Das auf diese Weise erhaltene Kupfer wird in einem Flammenofen von kleinen Mengen beigemengter fremder Körper (Eisen, Kohle, Schwefel) befreit. Die Gewinnung des Kupfers aus den **kiesigen** Erzen ist ziemlich umständlich, da die meisten Erze sehr arm an Kupfer sind. Zuerst stellt man aus den Erzen den **Rohstein** oder **Kupferstein** (metal brut, *coarse metal*) dar, der gegen 8—14 Proz. Kupfer, 60 Proz. Eisen und gegen 26 Proz. Schwefel enthält. Der Rohstein wird geröstet und abermals geschmolzen, wodurch der Kupfergehalt vergrößert wird. Man nennt diese Arbeit die **Concentrationsarbeit** (das Spuren), das Produkt derselben den **Concentrationsstein** oder **Spurstein** (metal fin, metal bleu, *fine metal, blue metal*). Durch neues Rösten und Schmelzen erhält man den **Dünnstein** oder **Lech** (malle mince) und aus diesem das **Rohkupfer** (Schwarzkupfer, cuivre brut, cuivre noir, *coarse copper*), das gegen 92—96 Proz. Kupfer enthält und auf **Garkupfer** (Scheiben- oder Rosettenkupfer, cuivre rosette, *rose-copper*) verarbeitet wird.

a) Man gewinnt auch das Kupfer durch **Cementation**, indem man in Grubenwässern aufgelösten Kupfervitriol (Cementwasser) durch metallisches Eisen zersetzt, wodurch das **Kupfer** metallisch als **Cementkupfer** niedergeschlagen wird ($CuO, SO_3 + nHO + Fe = FeO, SO_3 + nHO + Cu$).

b) Auch auf **galvanischem Wege** erhält man aus dem Kupfervitriol **Kupfer** (Galvanoplastik, kalter Guß).

Anwendung des Kupfers.

§. 417.

Man benutzt das **Kupfer** zu Kesseln, Röhren, Siedepfannen (z. B. in Zuckerfabriken), zu Blasen und Kühlapparaten in Brennereien und Bierbrauereien ꝛc. Man wendet es ferner an zum Graviren (Kupferstecherei), zum Beschlagen der Schiffe, zur Fabrikation der Kupfermünze, zur Darstellung des Kupfervitriols (§. 296.) und der Kupferfarben (Braunschweigergrün, Schweinfurtergrün, Bremerblau), von Allem aber zur Darstellung der **Kupferlegirungen**, von denen einige Eigenschaften besitzen, welche ihnen eine ausgedehnte Anwendung in der Technik verschafft haben. Die wichtigsten Kupferlegirungen sind: die **Bronze**, das **Messing** und das **Neusilber**.

Die Bronze.

(Erz, Metall.)

§. 418.

Die **Bronze** (bronze, *hard brass, bronze*) ist eine Legirung aus Kupfer und Zinn, oder Kupfer, Zinn und Zink. Die wichtigsten Arten der Bronze sind: 1) das **Glockenmetall**, 2) das **Kanonenmetall**, 3) die **Statuenbronze**.

a) Das **Glockenmetall** (Glockengut, Glockenspeise, metal de cloches, *bell-metal*) besteht durchschnittlich aus 78 Th. Kupfer und

22 Th. Zinn. Es muß Klang mit Härte und Festigkeit vereinigen. Der Ton der Glocke hängt ab von dem Durchmesser der Glocke, ihrer Dicke, ihrer Elasticität und ihrer Schwere. Die Töne der Glocken verhalten sich wie die Durchmesser der Oeffnungen.

b) Das Glockenmetall ist ein sprödes Metall und deshalb ist die Behandlung der Glocke auf der Drehbank nicht mehr ausführbar; die Glocke muß demnach den Ton, den sie erhalten soll, durch den Guß, durch ihre Form und durch die Metallmischung erhalten.

c) Vergl. Schafhäutl Bericht der Münchner Ausstellung im Jahre 1854; Gruppe VI. Abth. IV. S. 206.

§. 419.

Das Kanonenmetall (Kanonengut, Gut, Geschützmetall, Stückgut, bronze à canon, *gun-metal*) besteht durchschnittlich aus 100 Th. Kupfer und 10 Th. Zinn. Es muß Zähigkeit, Elasticität, Härte und chemische Beständigkeit besitzen.

a) Die Zähigkeit ist nothwendig, weil bei jeder Entzündung einer Ladung die Wände des Geschützes einem Druck von wenigstens 1200—1500 Atmosphären ausgesetzt sind; die Elasticität soll den durch die häufigen und stoßweisen Gasentwickelungen auf die Cohäsion geschehenden Angriffen entgegentreten; die Härte soll die beim Anschlagen des Geschosses entstehenden Vertiefungen in der inneren Wand (Seele) des Geschützes (die Kugellagen) verhindern; die chemische Beständigkeit endlich verlangt die möglich größte Unangreifbarkeit des Geschützes durch die Luft, durch die Zersetzungsproducte des Pulvers und der Schießbaumwolle und durch die bei der Entzündung derselben bewirkte hohe Temperatur.

b) Vergl. Werther, Unorgan. Chem. Berlin 1852; Abtheil. II. S. 93, und Marchand, Artikel Geschützmetall, Liebig's Handwörterbuch der Chemie Bd. III. S. 457.

c) Nach neuesten mit stählernen Kanonen aus der Fabrik von Fr. Krupp in Essen angestellten Versuchen der k. preuß. Artillerie-Prüfungscommission, des Commandeurs der braunschweig. Artillerie, G. Orges und des königl. bayer. Artillerie-Obersten Weber in Augsburg, steht zu vermuthen, daß der Gußstahl anstatt der Kupferzinnlegirung zu Geschützröhren Verwendung finden wird.

d) Vergl. hierüber Hülße, Bericht d. Münchner Ausstellung vom Jahre 1854; Gruppe V. S. 60.

§. 420.

Die Statuenbronze zu Bildsäulen, Büsten, Verzierungen besteht aus Kupfer, Zinn und Zink. Sie muß so zusammengesetzt sein, daß sie beim Schmelzen dünnflüssig wird, die Gußform gehörig ausfüllt und einen scharfen reinen Guß liefert, der sich leicht ziseliren läßt und eine schöne grüne Patina annimmt.

a) Die Reiterstatue des Königs Ludwig XIV. in Paris (1699 beendigt) besteht aus 91,40 Kupfer, 5,53 Zink, 1,70 Zinn und 1,37 Blei; die Reiterstatue von Ludwig XV. aus 82,45 Kupfer, 10,30 Zink, 4,10 Zinn und 3,15 Blei, die von Heinrich IV. (auf dem pont neuf zu Paris) aus 89,62 Kupfer, 4,20 Zink, 5,70 Zinn und 0,48 Blei.

b) Beim Zusammenschmelzen der Bronze schmilzt man zuerst das Kupfer ein und setzt dann die vorläufig erwärmten übrigen Metalle hinzu. Beim Zusatz des Zinks muß man sich bemühen, dasselbe auf den Grund des geschmolzenen Kupfers zu bringen, weil sonst ein Theil desselben durch Verflüchtigung und Oxydation entfernt wird.

c) Man schätzt an der Statuenbronze die Eigenschaft, möglichst bald eine gleichmäßige und schöne grüne Oxydschicht (Patina) anzunehmen. Künstlich befördert man die Bildung dieses Ueberzuges, indem man die Oberfläche des Gusses wiederholt mit einer Auflösung von Salmiak und oxalsaurem Kali in Essig überstreicht.

d) In der neueren Zeit findet das Gußeisen und das Zink häufige Anwendung in dem Kunstguß.

Das Messing.

§. 421.

Unter Messing (laiton, cuivre jaune, *brass*) versteht man eine jede Legirung aus Kupfer und Zink. Gegenwärtig geschieht die Fabrikation auf eine zweifache Weise: 1) entweder durch Zusammenschmelzen von Schwarzkupfer, Galmei und Kohle; oder durch Zusammenschmelzen von Garkupfer und metallischem Zink. Die Anstalten, wo das Messing fabricirt wird, werden Messinghütten oder Messingwerke genannt.

a) Es giebt Erze (zinkhaltige Kupfererze), die sogleich beim Ausschmelzen Messing geben.

b) Früher wurden zu dessen Darstellung 30 Theile Schwarzkupfer, 45 Theile Galmei und 22 Theile gepulverte Kohle zusammen geschmolzen und das erhaltene Messing noch ein oder mehrere Male unter Zusatz von etwas Zink umgeschmolzen. Jetzt schmilzt man das Messing aus 2 Theilen Garkupfer und 1 Theil Zink mit einer Decke von Kohlenpulver zusammen. Oder man schmilzt zuerst Messingabfall, schadhafte Kessel, Blechabfälle, in dem Tiegel nieder, nimmt dann den Tiegel aus dem Ofen, setzt die Hälfte des zuzusetzenden Zinks, dann eben so Kupfer, darauf den Rest des Zinkes und zuletzt die zweite Hälfte des Kupfers nebst Kohlenpulver zu und schmilzt im Windofen zusammen. Man rechnet auf 41 Th. Bruchmessing, 55 Th. Kupfer und 24 Th. Zink.

c) Im ersten Fall bedient man sich des Messingofens, der in der Hüttensohle entfernter placirt ist. Das Schmelzen geschieht in aus eisenfreiem Thon und Sand geformten und gebrannten cylinderförmigen Tiegeln.

d) In dem Ofen stehen 6 bis 8 Tiegel in der Peripherie eines Kreises; in der Mitte derselben ist ein leerer Tiegel in der vor dem Ofen befindlichen erhitzten Grube (dem Monthal) angebracht; in diesen wird das in den übrigen Tiegeln geschmolzene Messing eingefüllt und mit einem Rühreisen (dem Kaliol) umgerührt, hierauf die obenauf schwimmende Schlacke abgenommen. Das so gewonnene Messing ist noch unrein; es wird Stückmessing, Mengepresse auch Arco (arcot) genannt. Erst nach einem zweiten Schmelzen wird dasselbe ausgegossen und dann mundirtes Messing genannt.

e) Das Gießen des Messings geschieht zwischen länglich viereckigen Tafeln von Stein, vorzüglich aus Granit, die auf der inneren Seite mit Thon und Kuhmist überzogen sind.

f) Die gegossenen, gewöhnlich ¾ bis 1 Zoll dicken, Messingtafeln (Tafelmessing) werden nun mit der Tafelscheere, oder auch mit durch Wasser in Bewegung gesetzten Sägen, zerschnitten.

g) Eine speciellere Erörterung aller dieser Arbeiten, in den Vorlesungen.

§. 422.

Das **Messing** ist von schöngelber Farbe, welche mit dem zunehmenden Zinkgehalt blässer, mit dem abnehmenden goldgelber ausfällt; in kaltem Zustande ist es hämmerbar und läßt sich strecken, walzen und zu Draht ausziehen; im heißen Zustande ist es spröde. Ein **hämmerbares** oder **schmiedbares Messing** (*yellow metal*), das sich im glühenden Zustande hämmern läßt, erhält man durch Zusammenschmelzen von 60 Th. Kupfer und 40 Th. Zink. Es ist leichter schmelzbar als Kupfer, verbrennt leicht auf der Oberfläche, bildet gern Grünspan. Ein Zusatz von Blei macht das Messing zur Bearbeitung auf der Drehbank geeignet; solches Messing läßt sich auch besser feilen, da es die Feilen nicht verschmiert.

Dem Messing ähnliche Metalllegirungen.

§. 423.

Dem Messing ähnliche Legirungen werden unter sehr verschiedenen Namen zu verschiedenen Zwecken verarbeitet. Die wichtigsten derselben sind folgende:

a) **Tombak** (rothes Messing, Rothguß, Rothmetall, tombac, bronze, *tombac, red brass*) enthält auf 1 Th. Zink stets mehr als $2\frac{1}{2}$ Th. Kupfer. Aus 2 Th. Zink und 11 Th. Kupfer stellt man in Nürnberg und Fürth die Legirung dar, die von den dasigen Metallschlägern zu **Blattgold** (Goldschaum) verarbeitet wird.

b) Andere Kupferzinklegirungen von goldähnlicher Farbe, die jetzt keine oder nur wenig Anwendung finden, sind: **Prinzmetall**, **Semilor**, **Manheimer Gold**, **Pinchbeck**.

c) Die **Platine** (eine weiße Legirung zu Knöpfen) besteht aus 32 Th. Messing, 4 Th. Zink und 2 Th. Zinn.

d) **Mosaisches Gold** oder Chrysorin (zu vergoldeten Gegenständen sehr brauchbar) besteht aus 100 Th. Kupfer und 50—55 Th. Zink.

e) Das *Potin jaune* der Franzosen ist ein ordinäres, hartes und sprödes, nur zu Gußwaaren taugliches Messing, das man durch Einschmelzen von Messingabfällen aller Art darstellt.

Das Messingblech.

§. 424.

Mit dem Namen Latun (laiton, *sheet brass, plate-brass*) wird das zu Blech ausgewalzte Messing bezeichnet. Die Anstalt, worin die Arbeit geschieht, wurde früher Latunhütte genannt. Sie faßt in sich: 1) eine Glühe; 2) ein Hammerwerk; 3) einen Schleifstein; 4) eine Stockscheere. Die Arbeiter, durch welche die Hütte betrieben wird, werden Latunschläger genannt.

a) Die Glühe (ein durch Kohlen heizbarer Ofen) ist dazu bestimmt, das Messing zu erhitzen, um es zu Blechen auswalzen zu können.

b) Die $\frac{1}{4}$ bis $\frac{3}{4}$ Zoll dicken gegossenen Messingplatten werden anfangs mit leichtem Hammer geschlagen und die geschlagenen Blätter unter einem Planirhammer geebnet.

c) Bei der Anfertigung des gewalzten Messingblechs werden die Messingplatten entweder sogleich unter die Walzen gebracht, oder zuerst mittelst des Hammers ausgestreckt und sodann gewalzt.

d) Das dünnste Messingblech (von etwa $\frac{1}{2300}$ Zoll Dicke) führt den Namen Knittergold, Rauschgold (clinquant, oripeau, *dutch gold*), wird aus sehr dünn gewalztem oder geschlagenem Messingblech unter einem Hammer, der in der Minute 300 — 400 Schläge giebt, erhalten; man legt dabei 40 — 80 Blätter übereinander.

Fabrikation des Messingdrahts.

§. 425.

Die Verfertigung des Messingdrahts (fil de laiton, fil d'archal, *brass-wire*) geschieht auf zweierlei Weise: entweder werden aus gewalzten Messingtafeln mittelst der Scheere oder des Schneidewerkes sogenannte Regalen (d. h. schmale, quadratische Streifen) geschnitten, oder man gießt cylindrische Stangen, die vor dem Ziehen befeilt werden. Der Draht wird sodann auf dem Drahtzuge (der Ziehbank) zu Draht ausgezogen.

a) Die Scheere wird durch die Welle eines Wasserrades in Thätigkeit gesetzt. Die so erhaltenen Riemen werden nun auf dem Drahtzuge zu Draht von verschiedener Dicke ausgezogen.

b) Von der Einrichtung des Drahtzuges und der Arbeit mit demselben; so wie von der Polirung des Drahts, in den Vorlesungen.

c) Der Messingdraht kommt von den Fabriken in zweierlei Gestalt, nämlich schwarz und licht oder blank; der schwarze Draht ist nach dem letzten Zuge geglüht worden, er ist darum sehr weich, biegsam und zu gewissen Zwecken sehr brauchbar. Der lichte Messingdraht ist theils lichtweich (nach dem Ziehen mit verdünnter Schwefelsäure blank gebeitzt, auch wol noch einmal durch ein scharfrandiges Ziehloch gezogen, geschabt); theils lichthart, d. h. nach dem Glühen gebeitzt und noch mehrmal gezogen, so daß er eine gewisse Härte und Elasticität erlangt.

d) Außer dem runden Drahte unterscheidet man noch vierkantigen (öfters statt der Fischbeinstäbchen an Regenschirmen gebraucht, den Schwalbenschwanzdraht (*dovetail wire*, im Querschnitte keilförmig und in England zum Gebrauche für Uhrmacher dienend) und die Sammtnadeln (im Querschnitte fast herzförmig); sie werden beim Weben des Sammtes gebraucht.

Das Neusilber.

§. 426.

Das Neusilber (Argentan, Pakfong, Weißkupfer, maillechort, argent d'Allemagne, *german silver, pakfong, tutenay*) ist eine Legirung von Kupfer mit Zink und Nickel, die eine weiße silberähnliche Farbe besitzt und eine schöne Politur annimmt, die sich an der Luft unverändert erhält. Gutes Argentan gleicht zwölflöthigem Silber; es wird von sauren Flüssigkeiten stärker als dieses, weit weniger aber als Kupfer und Messing angegriffen, daher es ohne Gefahr zu Geschirren, in denen Speisen aufbewahrt werden sollen, Anwendung finden kann.

a) In Berlin und England werden gewöhnlich folgende Sorten Neusilber gefertigt:

	Kupfer.	Nickel.	Zink.	
Prima	52	22	26	in Berlin.
Secunda	59	11	30	
Tertia	63	6	31	

	Kupfer.	Nickel.	Zink.	
Ordinär	8	2	3½	in England.
Weiß	8	3	3½	
Electrum	8	4	3½	
Strengflüssig	8	6	3½	
Tutenay	8	3	6½	

b) Das Argentan ist selbst auf dem Probirsteine leicht vom 12löthigen Silber zu unterscheiden. Befeuchtet man aber den Strich mit Salpetersäure, so wird er rascher gelöst, als der von Silber, und auf Zusatz von Kochsalzlösung erfolgt keine Färbung.

c) Die unter dem Namen Chinasilber (*china silver*) im Handel befindlichen und meist in Birmingham und Sheffield gefertigten Tafelgeräthe bestehen aus galvanisch versilbertem Neusilber; anstatt des Neusilbers wendet man auch Britanniametall (*imperial metal*), eine Legirung von Zinn, Antimon und etwas Kupfer an.

d) Die unter dem Namen Perusilber und Alpaka neuerdings im Handel vorkommenden Legirungen scheinen dem Neusilber ähnlich zusammengesetzt zu sein.

Neunundvierzigster Abschnitt.

Einige in technischer Beziehung wichtige Metalle und ihre Verarbeitung und Anwendung.

(Zinn, Zink, Wismuth, Blei, Antimon, Arsenik, Nickel und Kobalt, Chrom.)

Vom Zinn.

§. 427.

Das Zinn (étain, *tin*) ist ein weiches Metall, dessen Farbe und Glanz mit dem Silber ziemlich übereinstimmt, es bleibt an der Luft, im Wasser und verdünnten Säuren unverändert, besitzt große Dehnbarkeit, so daß es gehämmert und gewalzt werden kann, ist aber nicht hart genug, um sich zu Draht ziehen zu lassen. Es eignet sich besonders gut zu Gußwaaren. Wird es gebogen, so kriescht es (cri d'étain). Sein spec. Gew. beträgt 7,3, sein Schmelzpunkt ist bei 235° C.

a) Das wichtigste Zinnerz ist der Zinnstein SnO_2.

§. 428.

Man benutzt das Zinn, früher häufiger als jetzt, zu Geschirren zum Hausgebrauch und Tischgebrauch, zu Destillirhelmen für Destillirblasen, zu Kühlapparaten und Röhren, zu Kesseln für Apotheker und Färber u. s. w. Theils durch Walzen, theils durch Schlagen unter den Stanniolhämmern erhält man aus dem Zinn die Zinnfolie (Stanniol, feuilles d'étain, *tin-foil*), von welcher die dünnere (Folie) zum Ausfüttern von Büchsen, Kästen, zum Einwickeln von Seife, Chocolade u. s. w., die stärkere (Spiegelfolie) zum Belegen der Spiegelplatten Anwendung findet. Das Zinn dient ferner zum Verzinnen (étamage, *tinning*) des Bleches, der Löffel u. s. w. und zur Darstellung der Zinnlegirungen.

a) Die wichtigsten Zinnlegirungen sind folgende: 1) das Schnellloth der Flaschner oder Klempner aus 1 Zinn und 2 Blei; 2) das Calain der Chinesen, aus der die Folie gefertigt ist, mit welcher die chines. Theekisten inwendig bekleidet sind, aus 17½ Zinn, 126 Blei, 1½ Kupfer; 3) das Schlagsilber oder unächte Blattsilber (Metall, Silberschaum) ist Zinn mit etwas Zink versetzt und in dünne Blättchen ausgeschlagen; 4) der *Pewter*, eine in England zu Geräthen gebrauchte Legirung von Zinn und Blei, oder Zinn und Antimon, oder Zinn, Antimon, Wismuth und Kupfer; 5) das *Queen's metal* besteht aus Zinn, Blei, Antimon und Wismuth.

b) Durch Glühen des Zinns an der Luft erhält man die Zinnasche (potée d'étain, *putty*), die zum Poliren von Glas und Metall und zum Weißfärben des Emails dient. Durch Verbindung des Schwefels mit dem Zinn stellt man das Musivgold (SnS_2) dar, das man zum bronzefarbenen oder goldfarbenen Anstrich auf Holz, Papier, Gypsfiguren benutzt. Das in der Färberei und Druckerei häufig benutzte Zinnsalz ($SnCl$) wird durch Auflösen von Zinn in Salzsäure erhalten.

Vom Zink.

§. 429.

Das Zink (Spiauter, zinc, *zinc*) ist ein bläulichweißes Metall von blättrigem, stark glänzendem Bruche. Es überzieht sich an feuchter Luft mit einem grauen Ueberzug, der das darunter befindliche Metall vor weiterer Zerstörung schützt. Geschmolzen und wieder erkaltet ist es spröde; bis auf 100—120° erhitzt, ist es hämmerbar, läßt sich walzen, strecken und zu Draht ausziehen. Sein spec. Gewicht beträgt 6,8, nach dem Hämmern 7,2. Bei 412° C. schmilzt es und verwandelt sich bei höherer Temperatur in Dämpfe. Seiner Wohlfeilheit wegen eignet es sich gut zu Gußwaaren; seiner leichten Oxydirbarkeit durch Wasser und Säuren wegen, aber nicht zu Kochgeschirren.

a) Die wichtigsten Zinkerze sind:

α) der Zinkspath (edle Galmei, Zinc carbonaté, calamine, *sparry calamine*), ZnO, CO_2, mit 52 Proz. Zinkgehalt.

β) das Kieselzinkerz (oder der gewöhnliche Galmei, zinc silicaté, pierre calaminaire, *siliceous oxide of zinc*) $2(3ZnO, SiO_3)+3HO$ mit 52 Proz. Zinkgehalt.

γ) die Zinkblende (zinc sulfuré, blende, *blende*, *black-jack*), ZnS mit 66,72 Zinkgehalt.

§. 430.

Das Zink findet Anwendung als Zinkblech (zinc laminé, *sheet zinc*) zum Dachdecken, zu Badewannen und anderen Wassergefäßen, zu Röhren und Rinnen, zur Anfertigung von Gußwaaren (Zinkguß) anstatt der Bronze, zur Darstellung der Zinklegirungen (Messing 2c.), zur Zersetzung des Wassers, als Bestandtheil der galvanischen Batterie, zur Zeugdruckerei, zur Bereitung von Zinkvitriol, Zinkweiß; zum Verzinken (Galvanisiren) des Eisens und zum Trennen des Silbers vom Blei.

a) Zink dehnt sich in der Wärme bedeutend aus (von 1—100° C. um $\frac{1}{340}$ seiner Länge, worauf zuweilen Rücksicht genommen werden muß; z. B. Platten zum Dachdecken müssen mit umgebogenen Rändern ohne feste Verbindung in einander gelegt werden, damit jede Platte ungehindert sich ausdehnen und zusammenziehen kann.

b) Das Zinkoxyd oder Zinkweiß (blanc de zinc), ZnO ist ein weißes Pulver durch Verbrennen des Zinkes an der Luft dargegestellt, das jetzt häufig als Ersatzmittel für Bleiweiß angewendet wird und vor diesem in der That vielfache Vorzüge besitzt.

c) Ueber den Zinkvitriol siehe §. 298. S. 189.

Vom Wismuth.

§. 431.

Das **Wismuth** (bismuth) ist ein in gewerblicher Beziehung weniger wichtiges, röthlich weißes, stark glänzendes, sehr sprödes Metall von 9,9 spec. Gewicht, das bei 246° C. schmilzt. Man benutzt das Wismuth zu Legirungen, die sich durch Leichtflüssigkeit auszeichnen.

a) Das **Wismuth** kommt nicht gediegen vor, so daß es nur durch Ausschmelzen (**Aussaigern**) von der Gangart getrennt zu werden braucht.

b) Unter den **Wismuthlegirungen** ist die aus 5 Th. Wismuth, 2 Th. Zinn und 2 Th. Blei bestehende die wichtigste; ihr Schmelzpunkt liegt bei 92° C. Man gebraucht sie zum Abklatschen (Clichiren) von Holzschnitten, Druckformen, Stereotypen.

c) Das **Wismuthoxyd** dient zuweilen anstatt des Bleioxydes zur Verfertigung optischer Gläser; das **salpetersaure Wismuthoxyd** als weiße Schminke (blanc de fard).

Vom Blei.

§. 432.

Das **Blei** (plomb, *lead*) ist ein bleigraues, auf frisch geschabten Stellen stark glänzendes Metall, das an Härte allen anderen in den Gewerben verarbeiteten Metallen nachsteht, sich leicht biegen und schneiden läßt und auf Papier oder an den Händen gerieben stark abfärbt. Es läßt sich zu dünnen Blättern auswalzen, seine Zähigkeit ist aber geringer als die der anderen dehnbaren Metalle, weshalb es sich nicht gut in dünne Drähte ziehen läßt. Sein specifisches Gewicht ist 11,44; sein Schmelzpunkt bei 323° C. Gewöhnlich erhält es Beimengungen fremder Metalle (Arsenik, Kupfer, Eisen, Zink); es ist daher minder weich (**Hartblei**, plomb aigre) als das reine Blei (**Weichblei**).

a) Die wichtigsten **Bleierze** sind:

α) der **Bleiglanz** (galène, plomb sulfuré, *galena*, *lead-*

glance), PbS, mit 86,55 Proz. Bleigehalt (enthält meist etwas Silber);

β) das Weißbleierz (plomb carbonaté, *white lead ore, carbonate of lead*), PbO, CO_2 mit 78 Proz. Bleigehalt;

γ) das Vitriolbleierz (sulfate de plomb, *vitriol of lead*), PbO, SO_3;

δ) das Grünbleierz (phosphate de plomb, *phosphate of lead*), 3(PO_5, 3 PbO) + PbCl;

ε) das Gelbbleierz (molybdate de plomb, *molybdate of lead*), PbO, MoO_3;

ζ) das Rothbleierz (chromate de plomb, *chromate of lead*), PbO, CrO_3.

§. 433.

Das Blei findet mit Zinn, Wismuth und anderen Metallen legirt vielfache Anwendung. Das Bleiblech (plomb laminé, *sheet lead, rolled lead*), durch Walzen oder durch Gießen dargestellt, benutzt man zu Siedepfannen für Alaun, Schwefelsäure und Vitriol, zu Bleikammern bei der Fabrikation der englischen Schwefelsäure, zum Dachdecken, zum Verband kleiner Glasscheiben in Fenstern (Fensterblei) ꝛc. Das zu dünnen Blättern ausgewalzte Blei, Tabakblei, benutzt man zum Einhüllen des Schnupftabaks. Der Bleidraht (*lead wire*) findet Anwendung zum Anbinden der Gartengewächse, so wie zum Befestigen der Etiquetten an Säureflaschen. Man verwendet das Blei ferner zum Ausbringen gewisser Metalle wie des Silbers und Goldes, zur Darstellung des Bleiweißes, des Bleizuckers und der Mennige, so wie zum Kugelgießen, zur Fabrikation des Bleischrotes und der Bleiröhren.

a) Unter den Bleilegirungen ist als die wichtigste zu erwähnen das Schriftgießermetall (Schriftzeug), das gewöhnlich auf 1 Th. Antimon 4—5 Th. Blei enthält.

Die Fabrikation der Bleikugeln und des Bleischrotes.

§. 434.

Die Flintenkugeln (balles, *bullets*) und die kleineren Kugeln, die Rehposten (chevrotines, postes), gießt man in den Kugelformen (moule à balle, *bullet mould*), eisernen zweitheiligen Formen, von denen ein jeder Theil die Hälfte des trichterförmigen Eingusses enthält. Nach beendigtem Gusse wird der Gießzapfen hinweggenommen. Zweckmäßiger werden die Kugeln durch Bleistangen vermittelst einer Preßmaschine gepreßt, wodurch sie vollkommen rund und ohne Höhlung erhalten werden, was beim Gießen nicht erreicht werden kann. Öfters werden indessen auch die gegossenen Kugeln nachträglich zusammengepreßt, um die Höhlungen im Innern zum Verschwinden zu bringen.

§. 435.

Der Flintenschrot (dragée, grenailles de plomb, plomb de chasse, *shot*) bietet uns das einzige Beispiel von Metallgießerei ohne Anwendung einer Gußform; er besteht in der That nur aus erstarrten Bleitropfen. Die Schrotgießerei umfaßt fünf verschiedene Operationen: 1) das Schmelzen des Bleies; 2) das Körnen des geschmolzenen Metalles; 3) die Sortirung der Bleikörner nach ihrer verschiedenen Größe; 4) die Sonderung der unregelmäßig geformten Schrotkörner von den runden; 5) das Scheuern und Glätten.

a) Das Schmelzen des Bleies. Das sogenannte Schrotblei ist eine Legirung von Blei mit wenig Arsenik; die Quantität beider richtet sich nach der Beschaffenheit des Bleies; je reiner und weicher das Blei, um so mehr Arsenik muß ihm zugesetzt werden. Auf 1000 Pfund Blei rechnet man 3—8 Pfund weißes Arsenik oder Operment.

b) Das Körnen des geschmolzenen Schrotbleies geschieht auf die Weise, daß man dasselbe durch die Schrotform, eine hohle Halbkugel von Eisenblech, die mit sehr genau runden, gleich großen Löchern durchbohrt ist, von einem hohen thurmartigen Gebäude herabfallen läßt, so daß die Tropfen in der Luft bereits fest werden; um sie vollends abzukühlen, fängt man sie in einem Gefäße mit Wasser auf, das etwas Schwefelleber aufgelöst enthält.

c) Die mit einem und demselben Siebe erhaltenen Körner sind nicht von gleicher Größe, da, wie es scheint, die weniger heiße Mitte größere Körner zieht, als die Seitenwände des Siebes. Um sie nach ihrer Größe zu sondern, ist das Sortiren durch Siebe erforderlich.

d) Sind die Schrotkörner nach der Größe sortirt, so müssen auch noch diejenigen abgesondert werden, welche nicht rund sind, oder andere Fehler haben. Dies wird ausgeführt, indem man die Körner auf einer mit Rändern versehenen Tafel ausschüttet, die sehr wenig geneigt ist und in horizontaler Richtung hin und her bewegt wird; hierdurch laufen die runden herab, die anderen nicht.

e) Die letzte Operation ist das Scheuern und Glätten. Zu diesem Zwecke giebt man sie nebst Graphit (auf 100,000 Th. Schrot 6 Th. Graphit) in die Scheuertonne, die sich um eine eiserne horizontale Axe bewegt und läßt so lange rotiren, bis das Blei den erforderlichen Grad von Glanz und Glätte erlangt hat.

f) Ueber den Centrifugalbleischrot in den Vorlesungen.

Die Bleiröhren.

§. 436.

Bleiröhren von $\frac{1}{2}$—3 Zoll innerem Durchmesser, wie man sie häufig zu Wasser= und Gasleitungen braucht, werden gegossen und sodann durch Ziehen über einen Dorn und durch stählerne Zieheisen verdünnt und in die Länge gestreckt. Man nennt solche Röhren gezogene Röhren (tuyaux etirés, *drawn tubes*); Bleiröhren von größerem Durchmesser werden aus Bleitafeln zusammengesetzt, diese werden vergossen. Neuerdings sind die gezogenen Röhren fast ganz durch die gepreßten Röhren (tuyaux par compression) verdrängt worden. Das Princip, nach welchem diese Röhren angefertigt werden, ist dem gleich, nach welchem man aus Mehlteig die Maccaroni, aus Graphitbrei die Bleistifte bildet. Der Apparat dazu ist der Grundidee nach eine große starke mit dem zu pressenden Blei gefüllte Spritze, deren Stempel einwärts getrieben, das Blei durch die Mundöffnung herauspreßt. Vor der Oeffnung, in der Verlängerung der Spritzenachse, befindet sich ein cylindrischer Stift, dessen Durchmesser kleiner ist als der der Oeffnung. Das herausgepreßte Blei muß daher als eine Röhre erscheinen, deren äußerer Durchmesser gleich ist der

Weite der Spritzenöffnung, deren innerer Durchmesser aber gleich ist der Dicke des erwähnten Stiftes. Man unterscheidet das Kaltpressen und das Heißpressen.

a) Beim Kaltpressen wird das Blei in seinem festen Zustande behandelt, indem man eine gegossene Bleiröhre (1½—3 Fuß lang und 2—3 Zoll Wanddicke) von beliebigem inneren Durchmesser in einen starken eisernen Cylinder, die Preßform, einschiebt und vermittelst des von einer kräftigen hydraulischen Presse nachgetriebenen Stempels durch die enge Mundöffnung herauspreßt. Die Wanddicke des entstehenden Rohres beträgt meist nicht mehr als 1—2 Linien; die innere Weite bleibt unverändert die der gegossenen Röhre; die zu erreichende Länge ist von den Umständen abhängig. Wird z. B. ein 2 Zoll weites Rohr von 3 Zoll Wanddicke auf ⅛ Zoll Wandstärke reducirt, so verlängert sich jeder Zoll der gegossenen Röhre auf fast 56½ Zoll der gepreßten Röhre.

b) Das Heißpressen unterscheidet sich von dem Kaltpressen dadurch, daß die Preßform durch ein außen angebrachtes Kohlenfeuer auf einer Temperatur erhalten wird, bei welcher das Blei eben noch geschmolzen bleibt, so daß dasselbe beim Austreten aus der Oeffnung, in welcher die Röhrenbildung vor sich geht, sogleich erstarrt, zu welchem Zwecke auch wol eine besondere Kühlvorrichtung mit Wasser angebracht ist. Das Heißpressen erfordert eine geringere Preßkraft als das Kaltpressen. Auch kann durch Nachgießen von frischem Blei in die Form die Röhre beliebig verlängert werden, wie man auch wirklich Bleiröhren von 800 Fuß Länge bei 3 Linien Weite dargestellt hat.

Die Bleipräparate.

§. 437.

Von den Bleipräparaten sind die wichtigsten die Bleiglätte, die Mennige, das braune Bleisuperoxyd, das Bleiweiß, der Bleizucker und das Chromgelb.

a) Die Bleiglätte, Glätte, Bleioxyd, PbO (litharge, *litharge*) ist halbgeschmolzenes Bleioxyd. Man benutzt sie zur Töpferglasur (vergl. S. 218), zur Leinölfirnißbereitung, zu Kitt, zur Darstellung von Bleizucker, Mennige ꝛc. Auf geschmolzenem Blei bildet sich an der Luft eine graue Haut von Bleisuperoxyd, Bleiasche (cendre de plomb, *lead-ashes*) genannt, welche durch Glühen nach und nach in gelbes Bleioxyd, Massicot (massicot, *yellow lead*) übergeht.

b) Die Mennige (minium, mine orange, *red lead*), das bekannte rothe Farbematerial ist eine Verbindung von Bleisuperoxyd mit Bleioxyd, und entsteht durch Glühen auf dem Heerd eines Flammenofens. Sie dient als Malerfarbe, zur Darstellung von Bleiglas und Flintglas, zur Glasur von feineren irdenen Waaren 2c.

c) Das braune Bleisuperoxyd, PbO_2 (peroxyde puce de plomb, *peroxide of lead*), durch Behandeln von Mennige mit Salpetersäure erhalten, ist ein braunes Pulver, das gegenwärtig als Bestandtheil der Zündmasse der Streichzündwaaren häufige Anwendung findet.

d) Das Bleiweiß, kohlensaures Bleioxyd, PbO, CO_2 (céruse, blanc de plomb, *white lead*), die bekannte weiße Farbe, häufig durch Zersetzen des basisch essigsauren Bleioxydes mittelst Kohlensäure erhalten, dient außer als Malerfarbe, zum weißen Oelfirniß, zum Glaserkitt 2c. Das Zinkweiß (vergl. S. 286) scheint dem Bleiweiß gefährliche Concurrenz zu bereiten.

e) Der Bleizucker, essigsaures Bleioxyd, $C_4H_3PbO_4 + 3HO$ (acetate de plomb, sucre de saturne, *sugar of lead*) wird hauptsächlich in der Druckerei und Färberei, in der Farbenfabrikation 2c. gebraucht. Mit chromsaurem Kali giebt er das Chromgelb, chromsaures Bleioxyd (chromate de plomb, *chromate of lead*) und das Chromroth, Chromzinnober, basisch chromsaures Bleioxyd.

Vom Antimon.

§. 438.

Das Antimon, Spießglanz, Spießglas (antimoine, *antimony*), ein zinnweißes, glänzendes, sprödes, leicht zu pulverndes Metall von 6,8 spec. Gewicht, das bei 430° schmilzt. Man gebraucht es hauptsächlich zur Verfertigung verschiedener Metalllegirungen (z. B. Schriftgießermetall); im Allgemeinen ertheilt es dem Blei und Zinn eine größere Härte.

a) Das wichtigste Antimonerz ist das Grauspießglanzerz, SbS_3 (antimoine sulfuré, *grey antimony-ore*), das im Handel den Namen *Antimonium crudum* führt.

Vom Arsenik.

§. 439.

Das Arsenik (arsenic) ist ein metallglänzender stahlgrauer Körper, der sich in der Natur als gediegen Arsenik, Scherbenkobalt, Fliegenstein findet. Er findet nur bei der Schrotfabrikation (vergl. S. 289) und in der Feuerwerkerei bei der Darstellung des weißen Feuers Anwendung. Andere Metalle macht das Arsenik spröde, die schwer schmelzbaren leichter flüssig.

a) Früher fand eine Legirung des Arseniks mit Kupfer als Weißkupfer (argent haché) zu Schnallen, Leuchtern, Pferdegeschirren ꝛc. vielfache Anwendung; gegenwärtig ist sie aber durch das Chinasilber und Neusilber vollständig ersetzt worden.

§. 440.

Die wichtigsten Arsenikverbindungen sind die arsenige Säure, der Realgar und das Operment.

a) Die arsenige Säure, der weiße Arsenik AsO_3 (acide arsenieux, arsenic blanc, *arsenious acid, white arsenic*), auch Hüttenrauch, Giftmehl, Rattenpulver genannt, wird häufig bei der Verarbeitung arsenikhaltiger Erze in den Blaufarbenwerken, auf den Zinnhütten u. s. w. als Nebenproduct gewonnen. Sie erscheint als eine glasartige oder emailartig undurchsichtige Masse. Sie ist im höchsten Grade giftig. Man benutzt sie bei der Glasfabrikation, zur Bereitung der Arsenikpräparate (arsenigsaures und arseniksaures Kali, Schweinfurter Grün), beim Ausstopfen von Thierbälgen.

b) Der Realgar, rothes Arsenik, Rubinschwefel, AsS_2 und das Operment, Auripigment, gelbe Rauschgelb, AsS_3 werden angewendet in der Kattundruckerei und Färberei, so wie zuweilen in der Feuerwerkerei.

Vom Quecksilber.

§. 441.

Das Quecksilber (mercure, *mercury, quicksilver*) ist ein fast silberweißes, metallglänzendes, bei gewöhnlicher Temperatur flüssiges Metall von 13,5 spec. Gewicht, das bei —40° fest wird und bei 360° siedet. Es verbindet sich mit anderen Metallen und bildet mit denselben die Amalgame; es verbindet sich leicht mit Blei, Wismuth, Zinn, Zink, Silber und Gold, schwer mit Kupfer, nicht mit Eisen. Auf dieser Eigenschaft, sich mit den meisten Metallen zu verbinden, beruht seine Anwendung zur Scheidung einiger Metalle, wie des Goldes und Silbers von seinen Erzen (Amalgamation, Verquickung).

a) Das Quecksilber findet sich gediegen, als Zinnober und als Lebererz. Der Zinnober HgS (cinabre, mercure sulfuré, *cinnabar*) enthält gegen 86 Proz. Quecksilber. Das Quecksilberlebererz (mine hépatique de mercure, *hepatic mercurial-ore*) ist ein Gemenge von Zinnober mit Paraffin, Kohle und erdigen Theilen.

§. 442.

Das meiste Quecksilber wird zum Amalgamationsproceß verwendet, außerdem dient es als Amalgam zum Spiegelbelegen, zur Feuervergoldung, für das Reibzeug der Elektrisirmaschinen. Es findet ferner Anwendung zur Anfertigung physikalischer Instrumente (Thermometer, Barometer), zur Bereitung der Secretage für Hutmacher (siehe S. 111) und zur Fabrikation der Quecksilberpräparate, deren wichtigste der Zinnober, das Quecksilbersublimat und das Knallquecksilber sind.

a) Die Anwendung des Zinnobers (vermillon) als Farbematerial ist bekannt.

b) Das Quecksilbersublimat, Quecksilberchlorid HgCl (sublimé corrosiv, *corrosive sublimat*) wird zuweilen als Mittel gegen Holzschwamm und überhaupt gegen Zerstörung des Holzes (z. B. der Eisenbahnschwellen) benutzt, außerdem dient es zur Darstellung mancher chemischer und pharmaceutischer Präparate.

§. 443.

Das Knallquecksilber, knallsaure Quecksilberoxyd, $C_4N_2O_2$, 2 HgO (fulminate de mercure, *fulminate of mercure*) wird wegen seiner ausgedehnten Anwendung bei Gewehren mit Percussionszündung im Großen auf folgende Art dargestellt: Man löst 1 Th. Quecksilber in 10 Th. Salpetersäure und gießt die Lösung langsam in 9 Th. Alkohol. Es setzt sich aus der Flüssigkeit das Knallquecksilber als weißes krystallinisches Pulver ab. 100 Th. Quecksilber liefern gegen 118—128 Th. Knallquecksilber. Am sichersten bewahrt man das ausgewaschene Präparat in einem hölzernen Gefäße unter Wasser auf. Die Fabrikation der Zündhütchen (capsule fulminante, capsule à percussion, *cap, percussion cap*) zerfällt in 4 Operationen: 1) in die Darstellung des Zündsatzes, 2) in das Körnen des Zündpulvers, 3) in das Anfertigen der Zündhütchen, 4) in das Füllen derselben.

a) Der Zündsatz wird durch Mischen von 100 Th. Knallquecksilber, 62½ Th. Salpeter und 29 Th. Schwefel auf einer polirten Marmortafel mit Reibern oder Walzen aus Buchsbaumholz dargestellt. Es ist zweckmäßig, die Gemengtheile mit mindestens 30 Proz. Wasser zu verreiben. Der nasse Zündsatz wird auf Papierunterlagen getrocknet und zwar so, daß er noch feucht der nächsten Operation unterliegt.

b) Das Körnen des Zündsatzes geschieht durch Haarsiebe. Die gekörnte Masse wird getrocknet, durch Sieben vom Staub befreit und zur Aufbewahrung durch Papiertrichter in Flaschen gefüllt.

c) Die Zündhütchen werden aus dünn gewalztem Kupferblech verfertigt; es werden zuerst runde Scheiben ausgestoßen und aus diesen sodann durch Preßwerke die Hütchen geformt. Die auf diese Weise hergestellten Zündhütchen sind meist kleine, ein wenig konische Cylinder ohne Rand, indessen fertigen auch einige Fabriken die Hütchen mit umgebogenem Rande an.

d) Das Füllen der Zündhütchen mit der gekörnten Masse geschieht mittelst zweier Instrumente, der Hand und der Schiebelade (das Nähere in den Vorlesungen). Auf die in die Zündhütchen gelegten Körner des Zündpulvers wird in manchen Fabriken ein kleines Kupferplättchen gelegt, welches vermittelst des Stempels einer Maschine fest auf die Zündmasse aufgepreßt wird. Andere Fabriken überkleiden das Zündkorn mit einer Auflösung von Mastixharz in Terpentinöl.

e) Wie wenig Knallquecksilber zur Füllung eines einzelnen Hütchens erforderlich ist, ergiebt sich daraus, daß man mit einem Kilogramm (2 Pfunden) Quecksilber, indem man es in Knallquecksilber verwandelt, 40,000 Zündhütchen füllen kann. Bei Jagdflinten reicht diese Menge zur Füllung von 57,600 Zündhütchen.

Vom Platin.

§. 444.

Das Platin (platin, *platinum*) ist ein Metall von weißer, ins Stahlgraue gehender Farbe, nimmt weniger Glanz an als das Silber, ist weich, sehr dehnbar, läßt sich zu Blättchen ausschlagen, in dünne Bleche walzen und in sehr feine Drähte ausziehen. Sein spec. Gewicht ist 21,25; in dem gewöhnlichen Ofenfeuer ist es unschmelzbar, wol aber schmelzbar vor dem Knallgasgebläse, im Focus von Brennspiegeln, Brennlinsen, im Schließungskreise kräftiger galvanischer Batterien u. s. w. Es ist schweißbar, so daß Platinpulver und kleinere Stücke Platin in der Weißglühhitze durch starken Druck oder unter dem Hammer zu größeren Massen vereinigt werden können. Es ist nur in Königswasser auflöslich.

a) Das Platin findet sich nur gediegen und zwar in geringer Menge in dem Platinerze, einem Gemenge von Platin mit Palladium, Rhodium, Osmium, Iridium, Ruthenium, Eisen und Gold. Außerdem ist es ein fortwährender Begleiter des Silbers in seinen Erzen.

§. 445.

Das Platin wird angewendet als gehämmertes Platin, als Platinmohr (noir de platine) und als Platinschwamm (éponge de platine, *spongy platinum*). Das gehämmerte Platin wird zu vielfachen chemischen und technischen Apparaten benutzt; man verfertigt daraus Bleche, Drahte, Tiegel, Retorten, Zangen, Kessel für Schwefelsäurefabriken und Affinirwerkstätten. In Rußland wurde es von 1828 bis 1844 zu Münzen ausgeprägt.

a) Der Preis des Platins ist gleich dem dritten Theil des Goldpreises und dem fast Fünffachen des Silberpreises.

b) Der Platinschwamm, durch Glühen von Platinsalmiak, $PtCl_2 + NH_4Cl$, erhalten, wird in den bekannten Platinfeuerzeugen benutzt.

c) Ueber Vorsichtsmaßregeln beim Gebrauche von Platingeräthen, in den Vorlesungen.

Vom Silber.

§. 446.

Das **Silber** (argent, *silver*) ist ein schön weißes Metall, das die glänzendste Politur annimmt, weicher ist als Kupfer, härter als Gold; es hat ein spec. Gewicht von 10,5. Es ist im hohen Grade dehnbar und hämmerbar. Bei etwa 1000° C. schmilzt es.

a) Das **Silber** findet sich in der Natur **gediegen** und in den **Silbererzen**, die entweder nur das Silber als Beimengung in geringer Menge enthalten, oder in denen das Silber einen Hauptbestandtheil ausmacht, zu den ersteren gehört der **Bleiglanz** PbS (der häufig etwas AgS enthält), der **Kupferkies**, das **Buntkupfererz** und das **Fahlerz** (vergl. S. 276); die wichtigsten **Silbererze** sind folgende:

b) Der **Silberglanz**, Glaserz (argent sulfuré, *silver glance*) mit 87 Proz. Silbergehalt.

c) Das **Rothgültigerz** in den beiden Varietäten **Dunkel-** und **Lichtrothgültigerz**.

α) Das **Dunkelrothgültigerz** (argent rouge, *red silver-ore*), $SbS_3 + 3AgS$ mit 58 Proz. Silbergehalt;

β) das **Lichtrothgültigerz**, $AsS_3 + 3AgS$, mit 65 Proz. Silbergehalt.

d) Das **Sprödglaserz** (argent sulfuré noir, *brittle silver-glance*), $SbS_3 + 6AgS$ mit 70 Proz. Silbergehalt; der **Polybasit**, $SbS_3 + 9(AgS, Cu_2S)$ mit schwankendem Silbergehalte.

e) Das **Silberhornerz**, Hornsilber (argent muriaté, argent corné, *horn-ore*), AgCl mit 75 Proz. Silbergehalt.

§. 447.

Das **Silber** wird in reiner Gestalt nur wenig verarbeitet; es wird fast stets mit Kupfer legirt, theils des hohen Preises halber, theils auch weil das legirte Kupfer eine größere Härte besitzt und sich deshalb weniger schnell abnutzt. Die Menge des Zusatzes oder den Feinheitsgrad (**Feingehalt**, **Löthigkeit**, titre) bezeichnet man durch die Angabe, wie viel in der Mark (= 16 Loth) Lothe feines Silber enthalten sind. In den meisten Ländern verarbeitet man eine Legirung nach bestimmten und vorgeschriebenen Legirungsverhältnissen; Silber von dem vorgeschriebenen Silbergehalte nennt man Probesilber (argent au titre, *standard silver*).

a) Die Silberprobe (essai), welche zum Zwecke hat, den Feingehalt einer Legirung zu ermitteln, ist bei Gelegenheit der Münzfabrikation beschrieben worden.

b) Zu Blattsilber (feuille d'argent, *leaf-silver*) kann nur Feinsilber, nicht aber das mit Kupfer legirte angewandt werden.

Die Versilberung.

§. 448.

Die Versilberung (argenture, *silvering*) wird unterschieden in: 1) die Versilberung mit Blattsilber; 2) die Feuerversilberung; 3) die kalte Versilberung; 4) die nasse Versilberung; 5) die galvanische Versilberung. Die Versilberung mit Blattsilber (plaqué francais, *french plating*) findet, seitdem die Plattirung von Neusilber, von Kupfer durch Aufwalzen, und die galvanische Versilberung (wie beim Chinasilber und Perusilber) üblich geworden, kaum noch Anwendung.

a) Die Plattirung von Kupfer mit Silber, die Darstellung von silber- und goldplattirtem Drahte, die Verarbeitung des plattirten Drahtes zu Lahn, in den Vorlesungen.

b) Desgleichen die Anwendung des Blattsilbers zum Versilbern von Holz, Leder, Papier, Pergament u. s. w.

§. 449.

Die Feuerversilberung (argenture au feu) geschieht mittelst eines Silberamalgams oder eines Gemenges von Silberpulver, Salmiak, Kochsalz und Quecksilberchlorid (Sublimat), das auf die Oberfläche des zu versilbernden Metalles eingerieben wird. Aus dem Ueberzug von Silberamalgam wird das Quecksilber durch Ausglühen verjagt. Die Stücke sehen nach der Versilberung matt aus; man ertheilt denselben Glanz durch den Polirstahl oder durch Blutstein.

§. 450.

Die kalte Versilberung (argenture à froid) oder die

Versilberung durch Anreiben wird besonders angewendet, um kleinere Gegenstände wie physikalische und mathematische Apparate, namentlich für Theilungen auf billige, nicht aber haltbare Weise zu versilbern. Man reibt zu dem Ende die gereinigte Oberfläche der zu versilbernden Metalle mit einem mit Wasser angefeuchteten Gemenge von Chlorsilber, Kochsalz, Pottasche und Kreide, oder von salpetersaurem Silberoxyd mit Cyankalium ein. Die versilberte Oberfläche wird mit weichem Leder polirt.

§. 451.

Die nasse Versilberung oder der Silbersud wird ausgeführt, indem man den zu versilbernden Metallgegenstand in eine kochende Flüssigkeit, aus Chlorsilber, Kochsalz, Weinstein und Wasser bestehend, bringt, darin ¼ Stunde verweilen läßt, sodann abspült und trocknet.

a) Die Versilberung des Glases, die man zur Herstellung der Silberspiegel anwendet, beruht auf der Anwendung einer Flüssigkeit, aus salpetersaurem Silberoxyd, Ammoniak und gewissen ätherischen Oelen, wie Nelkenöl, Cassiaöl ꝛc. bestehend. Letztgenannte Oele besitzen die Eigenschaft, bei Gegenwart von Ammoniak, das Silber aus seinen Lösungen in cohärenter Gestalt abzuscheiden.

§. 452.

Die galvanische Versilberung findet jetzt die ausgedehnteste Anwendung, um Geräthschaften und Galanteriearbeiten aus Neusilber, Bronze, Messing und Kupfer entweder das Ansehn silberner Geräthe zu geben (wie beim Chinasilber), oder ihnen nur ein gefälligeres und preiswürdiges Ansehn zu ertheilen. Die Gegenstände werden entweder bloß mit einer dünnen Schicht überzogen, oder der Ueberzug erhält eine größere Dicke, wodurch die Metallversilberung erreicht wird.

a) Als Versilberungsflüssigkeit wendet man gewöhnlich eine Auflösung von frisch bereitetem Chlorsilber in Cyankaliumlösung an. Man benutzt entweder eine galvanische Batterie oder einen Rotationsapparat.

Vom Gold.

§. 453.

Das Gold (or, *gold*) ist von eigenthümlich gelber Farbe, besitzt einen rein metallischen Glanz und ist in hohem Grade politurfähig. Das reine Gold ist härter als Blei. Durch jede Beimengung eines fremden Metalles wird die Härte des Goldes erhöht. Im Verhältniß zu seiner geringen Härte besitzt es einen sehr hohen Grad von Festigkeit. Es besitzt unter allen Metallen die größte Geschmeidigkeit. Jede Goldlegirung ist weniger geschmeidig als reines Gold. Das specifische Gewicht des Goldes ist 19,2—19,5. Es schmilzt bei 1200°. Bei dem Uebergang aus dem flüssigen Zustand in den starren zieht sich das Gold stärker zusammen, als irgend ein anderes Metall, weshalb es sich nicht zu Gußwaaren eignet. Das Gold wird in der Luft und im Wasser nicht verändert.

a) Das Gold kommt in der Natur fast nur gediegen vor und in dieser Form mit größeren oder geringeren Mengen Silber verunreinigt.

§. 454.

Feines Gold findet nur Anwendung zur Darstellung des Blattgoldes; meist wird es nur mit Kupfer und Silber legirt zu Geräthen, zu Münzen u. s. w. verarbeitet. Eine Hauptanwendung des Goldes ist zum Vergolden, nicht nur um Gegenständen den Glanz und die Farbe des Goldes zu ertheilen, sondern sie auch vor der Zerstörung zu schützen wie die Spitzen der Blitzableiter.

Das Blattgold.

§. 455.

Das Blattgold oder geschlagene Gold (feuille d'or, *leaf gold*) wird von den Feingoldschlägern (batteur d'or, *gold beater's*) verfertigt. Man verwendet theils reines Gold, theils Gold, welches einen geringen Zusatz von Silber oder Kupfer, oder beide zugleich, oder Zink enthält. Holländische Dukaten sind noch nicht hinlänglich fein, um gut geschlagen werden zu können, die Feingoldschläger pflegen daher das Dukatengold durch Auflösen und Niederschlagen zu reinigen und mit $\frac{1}{8}$ seines Gewichts Dukatengold legirt zu verarbeiten. Das Gold wird geschmolzen und in Zaine (lingot, *ingot*) gegossen, welche zuerst ausgehämmert, dann ausgewalzt und zuletzt wieder ausgehämmert werden, indem man sie um einen hölzernen Stab windet. 20 Dukaten geben Goldblech von 50 Fuß Länge und 1 Zoll Breite, welches man in Stückchen (quartiers, *squares*) von 1 Zoll Länge zerschneidet.

a) 180 solcher Stückchen werden zwischen Pergamentblätter von 3 Zoll Länge und Breite gelegt, die man in ein doppeltes Futteral aus Pergament steckt, damit sie sich nicht verschieben können. Eine solche Vereinigung heißt eine Form (outil, moule), man unterscheidet Pergamentformen (cauchers) und Hautformen (chaudrets). Die zuerst benutzte ist die Quetschform (premier caucher).

b) Nun beginnt das Schlagen auf einem Marmor- oder Granitblock mit Hämmern von 5—15 Pfund, wobei die Form fleißig umgedreht und gewendet wird. Es wird so lange geschlagen, bis die Goldstückchen $2\frac{1}{2}$ Zoll breit und lang sind. Dann werden sie in einer eisernen Kapsel ausgeglüht, zwischen größere Pergamentblätter (die Dünnquetsche, second caucher) gelegt und so lange geschlagen, bis sie auf $3\frac{1}{4}$ Quadratzoll gebracht sind. 30 Blätter legt man übereinander und zerschneidet sie in 4 Theile.

c) 750 (oder auch 600) solcher Blättchen werden nun zwischen der Hautform geschlagen. Diese Form besteht aus 750 (oder 600) Blättchen von Goldschlägerhaut (baudruche, *gold-beater's skin*), der äußeren feinen Haut vom Blinddarme des Rindes. Die erste Hautform heißt die Löthform, die zweite die Dünnschlageform. In der ersten werden die Goldblättchen bis auf $5\frac{1}{4}$ Quadratzoll ausgeschlagen, in 4 Theile zerschnitten, wieder zwischen Goldschlägerhaut gelegt und abermals bis auf $5\frac{1}{4}$ Quadratzoll ausgeschlagen.

d) Die fertigen Goldblättchen werden nun in kleine Bücher von sehr glattem Papier eingelegt, das mit etwas Röthel oder Bolus eingerieben wird, um das Anhängen des Goldes zu verhindern. Man erhält kaum die Hälfte des angewendeten Goldes in gut ausgeschlagenen Blättern. Der Abfall (Schabine, Krätze) dient zur Darstellung der Goldbronze (Muschelgold, Malergold, or moulu, *shell gold*).

e) Das mit etwas Silber legirte, daher blaßgelbe, für Buchbinderzwecke bestimmte Blattgold heißt Franzgold. Das Zwisch- oder Quickgold (*party-gold*) ist Blattsilber, welches auf der einen Seite mit Gold plattirt ist.

Die Vergoldung.

§. 456.

Die Vergoldung (dorure, *gilding*) ist entweder 1) Vergoldung mittelst Blattgold, 2) Feuervergoldung, oder 3) kalte Vergoldung, oder 4) nasse Vergoldung, oder 5) galvanische Vergoldung. Das Blattgold wird zur Vergoldung von Stahlgegenständen oder von Holzgegenständen (Bilderrahmen, Tapetenleisten, Verzierungen von hölzernem Schnitzwerk, so wie von Buchstaben auf Firmen u. s. w.) benutzt. Man unterscheidet Oelvergoldung und Wasservergoldung. Bei der Oelvergoldung wird der zu vergoldende Gegenstand mit Bleiweiß und Oelfirniß grundirt, und dann auf diesen Grund, sobald der Firniß getrocknet ist, das Blattgold aufgetragen. Bei der Wasservergoldung werden die Gegenstände mit Leim getränkt, sodann giebt man den Kreidegrund d. h. man trägt ein Gemenge von Leim und Kreide auf und trägt darauf das Blattgold auf.

a) Die Goldleisten werden nicht mit Blattgold, sondern mit Blattsilber belegt, welches wiederholt mit einem gelblichen Firniß überstrichen wird. Man erhält dadurch Leisten von beliebiger Goldfarbe und gewinnt nebenbei noch den Vortheil, daß dieselben abgewaschen werden können, ohne daß der Metallüberzug Schaden leidet.

b) Vergl. Steinbeis, Bericht der Beurtheilungs-Commission der deutschen Industrie-Ausstellung in München 1854; Gruppe X. p. 94. —

§. 457.

Die Feuervergoldung (dorure au feu) wird ausgeführt, indem man 1 Th. dünnes Goldblech in einem Thontiegel bis zum gelinden Glühen erhitzt und dann 6—8 Th. Quecksilber zusetzt, wodurch das Gold aufgelöst und Goldamalgam (amalgame d'or, *amalgam of gold*) gebildet wird, von welchem man nach dem Erkalten durch Auspressen das überflüssige Quecksilber entfernt. Das zu vergoldende Metall (Bronze) wird ausgeglüht, und nach dem Abkühlen mit verdünnter Schwefelsäure gebeizt; sodann wird mittelst einer in Salpetersäure getauchten Bürste aus Messing das Goldamalgam aufgetragen. Nach dem Auftragen wird der Gegenstand mit Wasser abgespült, getrocknet und auf glühenden Kohlen erhitzt, wodurch das Quecksilber verflüchtigt wird und das Gold als dünne Schicht auf dem Metallgegenstande zurückbleibt. Nach Umständen wird das Auftragen des Quecksilbers 2—3mal wiederholt (daher die Ausdrücke zweifach, dreifach vergoldet, doré à deux, à trois buis, *double, treble gilt*).

a) Man giebt der Vergoldung entweder durch Poliren mit Hülfe des Polirstahles oder von Blutstein ein glänzendes Ansehn oder man mattirt sie. Letzteres geschieht, indem man 40 Th. Salpeter, 25 Th. Alaun und 35 Th. Kochsalz mit einander mengt und zusammenschmilzt, den zu mattirenden Gegenstand mit dem geschmolzenen Gemenge überzieht und ihn sodann in kaltes Wasser taucht. Das Mattiren kann auch stellenweise ausgeführt werden, wenn man die später zu polirenden Stellen aufspart, d. h. mit einem Brei aus Kreide, Zucker, Gummi und Wasser bedeckt, das Stück trocknet und erhitzt, bis Verkohlung eintritt und das Mattiren durch Auftragen auf die nicht aufgesparten Theile ausführt.

b) Das Mattiren gründet sich darauf, daß das schmelzende Salzgemenge Chlorgas entwickelt, welches den Goldüberzug anätzt und dadurch matt macht. (Das Alaun giebt in der Schmelzhitze Schwefelsäure ab, welche aus dem Salpeter NO_5 und aus dem Kochsalz ClH austreibt. ClH und NO_5 bilden, eben so wie im Königswasser Cl, HO und NO_4).

c) Soll der vergoldete Gegenstand die röthliche Färbung der Kupferkaratirung (siehe Münzfabrikation) besitzen, so pflegt man denselben mit Glühwachs (cire à dorer, *gilder's-wax*), einem Gemenge von 16 Th. Wachs, $1\frac{1}{2}$ Th. Bolus, 1 Th. Grünspan und 1 Th. Alaun zu färben. Zu diesem Zwecke taucht man die Bronze, nach dem Verdampfen des Quecksilbers, in das geschmolzene Glühwachs und läßt dieses über Kohlenfeuer abbrennen.

d) Hierbei wird unter Mitwirkung des verkohlten Wachses das Kupferoxyd des Grünspans zu Kupfer reducirt, das sich mit dem Golde zu rother Karatirung verbindet.

§. 458.

Die kalte Vergoldung oder das Vergolden durch Anreiben (dorure à froid, *cold gilding*) findet hauptsächlich auf Kupfer, Messing, Neusilber und Silber Anwendung. Sie wird ausgeführt, indem man Dukatengold in Königswasser löst, mit dieser Lösung Leinwandläppchen tränkt und dieselben nach dem Trocknen zu Zunder verbrennt. Um mit diesem Goldzunder (or en chiffons) zu vergolden, bestreut man ein in Salzwasser getauchtes Stück Kork mit dem Pulver und reibt mit dem Kork den zu vergoldenden Gegenstand. Darauf wird der letztere polirt.

Die nasse Vergoldung (dorure à voie humide) geschieht entweder durch eine Lösung von Goldchlorid in Aether, oder durch eine Lösung eines goldsauren Alkalis (AuO_3, KO). Im ersten Falle, dessen man sich besonders beim Vergolden von Stahl bedient, wird der vorher polirte Stahl durch Waschen mit Lauge gereinigt, schnell in den Goldäther eingetaucht, in Wasser abgespült, mit Fließpapier getrocknet, erwärmt und endlich polirt. Bei der nassen Vergoldung vermittelst goldsauren Alkalis (Goldsud) zersetzt man eine verdünnte Goldchloridlösung mit kohlensaurem Kali und läßt die Flüssigkeit kochen. In diese Lösung taucht man noch während des Siedens die vorher gereinigten Gegenstände mittelst eines Drahtes, läßt sie längstens eine Minute lang darin, spült ab und färbt die Vergoldung. Man führt diese Vergoldung aus auf Kupfer, Messing, Bronze, Zinn, Zink und Silber; letztere Metalle werden vorher mit Kupfervitriollösung verkupfert.

§. 459.

Die galvanische Vergoldung (dorure galvanique) ist wegen der schnellen und leichten Ausführbarkeit und der Möglichkeit, beliebig dünne und daher wohlfeile Goldüberzüge auf Gegenständen von allen Metallen hervorzubringen, außerordentlich verbreitet. Als Vergoldungsflüssigkeit benutzt man eine Lösung von Goldchlorid in Cyankaliumlösung, als galvanischen Apparat eine Batterie oder einen Rotationsapparat.

a) Hierher gehört auch die Vergoldung durch Eintauchen. Gegenstände von Kupfer, Bronze, Messing lassen sich durch Eintauchen in eine siedende Lösung von Goldchlorid in Cyankalium ohne weiteres vergolden.

b) Die galvanische Vergoldung ist bei gleicher Goldmenge weniger haltbar als die Feuervergoldung. Eine einfach aufgelegte Schicht kann begreiflicherweise nicht dieselbe Adhärenz darbieten als eine Schicht, die wie bei der Feuervergoldung bis zu einer gewissen Tiefe auf den Gegenstand durch die Legirung beider Metalle gelöthet ist. Bei den galvanisch vergoldeten Gegenständen überdecken die Goldblättchen das Metall, ohne daß sich eine Legirung bildet. Ein Vorzug der galvanischen Vergoldung liegt darin, daß die durch Galvanismus niedergeschlagenen Häutchen zwar nicht absolut, aber doch hinreichend ununterbrochen sind, und folglich zum häuslichen Gebrauche sehr den vermittelst der Feuervergoldung vergoldeten vorzuziehen sind. Bringt man nämlich die Goldblättchen von der Feuervergoldung zwischen das Auge und das auffallende Licht, so erscheinen sie als ein Sieb, was davon herrührt, daß das Quecksilber verdampfte und in Folge dessen eine unterbrochene Fläche zurückließ.

Fünfzigster Abschnitt.

Die Münzkunst.

(monnayage, *minting*, *coinage*.)

§. 460.

Die Münzkunst oder die Fabrikation von Münzen bezweckt die zu Münzen angewendeten Metalle: Gold, Silber und Kupfer und Legirungen derselben in Stücken von genau bestimmtem Gewichte und Gehalte darzustellen und deren Werth als Geld durch das Gepräge zu verbürgen.

a) Geld nennt man alles dasjenige, was dazu bestimmt ist, Waaren irgend einer Art dafür einzutauschen. Die gewöhnlichen Münzen sind aus Metallen geprägt und mit dem Stempel versehen, durch welchen der Staat den Werth der Münze ausdrückt. Hierdurch unterscheiden sich die Geldmünzen von den Denkmedaillen, Jettons, Preismedaillen &c.

b) Die Münzen werden unterschieden in klingende Münzen und in Rechnungsmünzen. Jene sind aus Metallen geprägt, mit dem Wappen oder Bildniß und dem Namen des Regenten oder der Regierung versehen, wodurch dem Empfänger der Werth garantirt wird. Nach dem Rechnungswerth (in Sterling, Livres, Scudi &c.) wird gerechnet, wenn sie auch nicht in Umlauf kommen.

c) Die Münzwissenschaft (Scientia numismatica) begreift alle zum Münzwesen erforderliche Kenntnisse vereinigt in sich. Sie zerfällt in den technologischen, den historischen, den antiquarischen, den merkantilischen und den politischen Theil derselben.

d) Eine speciellere Erörterung der verschiedenen Theile des Münzwesens, in den Vorlesungen.

§. 461.

Der technologische Theil der Münzwissenschaft (mit welchem wir es hier zu thun haben) besteht in der mechanischen und der theoretischen Kenntniß, aus edlen oder unedlen Metallen, oder den daraus gebildeten Legirungen, Münzen von bestimmtem Werthe zu prägen.

a) Edle Metalle (wie Gold und Silber) werden, im reinen Zustande, niemals zu Münzen ausgeprägt, sondern stets Legirungen von Gold und Silber oder Gold und Kupfer, und Silber und Kupfer. Die Verbindung des Silbers mit Kupfer, wird Legirung; die des Goldes mit Silber oder Kupfer, wird Karatirung genannt. Die Kupfergoldlegirung wird rothe Karatirung, die Silbergoldlegirung weiße Karatirung, eine Legirung von Gold mit Silber und Kupfer gemischte Karatirung genannt.

b) Das Zusammenschmelzen der Metalle geschieht in Tiegeln von Graphit (Ipser- oder Passauertiegeln). Das Gold wird nach Karaten, das Silber nach Marken berechnet. Die Mark feines Gold wiegt 16 Loth und wird eingetheilt in 24 Karate oder 288 Grän; 24karätiges Gold heißt Feingold, 22karätiges enthält in der Mark (16 Loth oder 24 Karat) 22 Th. Feingold und zwei Theile anderes Metall. Die Mark feines Silber wiegt 16 Loth; Silber ist 12löthig, wenn es in der Mark 12 Loth Feinsilber und 4 Loth anderes Metall enthält. Die Zollvereinsregierungen drücken den Gehalt ihrer Münzen an edlem Metall officiell nur in Grän aus, so bezeichnen sie z. B. den Feingehalt einer Münze, welche $\frac{3}{4}$ Silber und $\frac{1}{4}$ Kupfer enthält, mit 216 Grän ($\frac{216}{288}$), was mit 12 Loth ($\frac{12}{16} = \frac{3}{4}$) übereinstimmt. In Frankreich, Belgien, den Niederlanden, den vereinigten Staaten bezeichnet man das Feinsilber mit $\frac{1000}{1000}$ und drückt den Feingehalt des legirten Silbers in Tausendtheilen aus; Silber von $\frac{990}{1000}$ enthält daher in 1000 Th. 990 Th. Feinsilber. In England theilt man das Ganze beim Golde in 24 *Carats* zu 4 *Grains* à 4 *Quarts*, beim Silber in 12 *Ounces* zu 20 *Pennyweight*.

c) Die Mark eines reinen edlen Metalls wird eine feine, die eines legirten wird eine rauhe oder beschickte Mark genannt. Das Gewicht einer Münze heißt ihr Schrot (Bruttogewicht), diejenige Gewichtsmenge, die sie an edlem Metall enthält, ihr Feingewicht; das Verhältniß des Feingewichts zum Schrot heißt Korn oder Feingehalt. (Zuweilen wird auch das Feingewicht Korn genannt). Für Korn und Schrot ist den Münzmeistern eine kleine Abweichung von der gesetzlichen Bestimmung gestattet (Toleranz, Remedium, remède, tolérance).

d) Das Silber wird in den Münzwerkstätten vom beigemengten Gold durch Erhitzen mit Schwefelsäure (durch den Affinirproceß; siehe §. 297) befreit (affinirt). Das Gold (mit Spuren von Platin) bleibt zurück. Das Silber wird aus der Lösung durch Kupfer niedergeschlagen. Als Nebenproduct erhält man Kupfervitriol.

e) Eine speciellere Erörterung und Bedeutungen dieser Gegenstände, in den Vorlesungen.

Die Technik des Münzens.

§. 462.

Die Technik des Münzens zerfällt hauptsächlich in folgende Operationen: 1) die Verwandelung des Metalles in blechartige Streifen (Zaine); 2) die Herstellung von Münzplatten oder Scheiben; 3) die Anbringung der

Randverzierung (das Rändeln); 4) die Herstellung des Gepräges auf beiden Flächen.

a) Das zur Vermünzung bestimmte Metall wird geschmolzen und in Formen von Sand oder Gußeisen zu Zainen (lames, *ribbons*) gegossen. Die Gußzaine werden zunächst durch ein Walzwerk gestreckt und verdünnt.

b) Die fertigen Zaine werden in Stücke von 4 bis 6 Fuß Länge zertheilt und kommen nun zum Ausstückeln (couper, *cutting*), d. h. man verfertigt aus den Zainen vermittelst des Durchschnittes (découpoir, *blank-cutting machine*) kreisrunde Platten von der Größe der Münzen.

c) Die Platten werden vor dem Prägen auf ihr genaues Gewicht gebracht oder justirt (ajuster, *sizing*), indem man sie einzeln abwägt und die zu schweren nach Erforderniß abfeilt.

d) Die justirten Platten werden geglüht, um sie von anhängendem Oele zu reinigen und für das Prägen weicher zu machen.

e) Die geglühten Platten reinigt man weiter durch das Sieden (blanchir, *blanching*), indem man dieselben mit verdünnter Schwefelsäure erhitzt. Dadurch wird das auf der Oberfläche befindliche Kupferoxyd und das in der äußersten Schicht der Legirung enthaltene Kupfer gelöst; es bleibt alsdann eine reine Gold- oder Silberschicht auf der Oberfläche der Platte zurück.

Das Prägwerk.

§. 463.

Das Prägwerk (*coining press*), welches zum Ausprägen der Münzen bestimmt ist, war bis in das gegenwärtige Jahrhundert das Stoßwerk (balancier, *mill*); es besteht in einer senkrechten Schraube, die mittelst des Schiebers der Prägestange des obern Gepräges (welches in Stahl geschnitten ist) auf die auf dem Prägeklotze liegende Metallplatte hin, unter welcher der für das untere Gepräge bestimmte, gleichfalls in Stahl geschnittene Stempel liegt, bewegt wird. Um dieses zu verrichten, wird die Schraube, mittelst eines großen metallnen Schlüssels, der an beiden Enden mit metallnen Kugeln versehen ist, in Bewegung gesetzt; indem 2 Arbeiter die Schraube, mittelst an die Kugeln befestigter Seile, hin und her schwenken;

wodurch die Münzplatte den Eindruck beider Stempel annimmt. Mit Hülfe einer Wippe (d. i. eines in einer Gabel hängenden Hebels, welcher an dem einen Ende mit Gewichten belastet ist), wird der obere Stempel, nach gehöriger Wirkung, in die Höhe gehoben, um, nach Ausnahme der Erstern, eine neue Platte unter die Stempel zu bringen.

Die Uhlhorn'sche Prägmaschine.

§. 464.

Die Prägmaschine von Uhlhorn (in Grevenbroich bei Düsseldorf) — die vollendetste Prägmaschine — hat eben so wie die frühere Maschine von Nevedomsky keine Schraube, sondern benutzt Kniehebelpressen zum Prägen. Die Bewegung des Kniehebels wird vermittelst einer Zugstange und eines Krummzapfens an einer mit Schwungrad versehenen Welle hervorgebracht, und entspringt daher aus einer continuirlichen Bewegung dieser Welle, welche bei jedem ihrer Umgänge einmal das Knie öffnet und wieder schließt: daher die Leichtigkeit, mit der die Maschine direct durch eine Riemenscheibe mittelst Dampfkraft in Bewegung gesetzt werden kann.

a) Die Uhlhorn'sche Maschine erfordert wenig Betriebskraft, arbeitet höchst vollkommen ohne heftige Erschütterungen und dabei schneller als das beste Stoßwerk: 30—36 Doppelthaler, 50—56 mittlere und 60—75 kleine Münzen sind gewöhnlich das Erzeugniß einer Minute.

b) Die scharfe Ausprägung wird durch eine sehr kleine Drehbewegung, welche der Oberstempel im Augenblick des Drucks macht, befördert.

Das Rändel- oder Kräuselwerk.

§. 465.

Um die geprägten Münzen vor dem betrüglichen Abschneiden, Abschaben rc. zu schützen, um ferner dem unansehnlichen und stets rauhen Rand ein besseres Aussehn zu geben, werden sie gerändelt, wozu ein eigner Apparat (das Rändelwerk (machine à cordonner, *edge-works*) genannt) angewendet wird. Bei andern Einrichtungen wird Randverzierung (cordon) gleich durch das Prägwerk gegeben.

a) Schon die alten Römer gaben ihren Münzen einen gekräuselten Rand. Das eigentliche Rändelwerk wurde im Jahre 1658 durch den Franzosen Castaing erfunden. Es besteht wesentlich aus zwei geraden oder bogenförmigen stählernen Leisten (Rändeleisen), zwischen welchen die Münzplatten mit rollender Bewegung hindurchgezwängt werden, wobei ihr Rand einen Abdruck der auf jenen angebrachten Gravirung annimmt.

b) Ueber das Ringprägen mittelst des Prägeringes (virole), in den Vorlesungen.

c) Das Klipp- oder Schlagwerk, mittelst dessen früher Scheidemünze geprägt wurde, und das Walzprägewerk, sind jetzt völlig verschwunden.

Die fertige Münze.

§. 466.

An der fertigen Münze hat man zu unterscheiden den Avers (Kopfseite, Bildseite, Hauptseite, Vorderseite, effigie, *obverse*), den Revers (Schriftseite, Wappenseite, Kehrseite, Rückseite, revers, *reverse*) und den Rand (tranche, *edge*).

Der Schlagschatz.

§. 467.

Schlagschatz oder Prägeschatz (rendage, *mintage*) nennt man die Kosten, welche das Schmelzen der Metalle, so wie das Prägen der Münzen veranlassen. Man deckte diese Kosten früher dadurch, daß man den Feingehalt der Münzen etwas niedriger machte, als er nach dem angenommenen Münzfuße sein sollte. Jetzt bringt man die Kosten der Ausmünzung durch den Unterschied zwischen dem Ankaufspreise des rohen Silbers und dem Werthe der daraus geprägten Münzen auf.

a) Die genauere Bestimmung, zwischen dem innern Werthe der Münze (dem Schrot), und zwischen dem durch das äußere Gepräge angedeuteten Werthe derselben, wird das Münzregal genannt.

Der Münzfuß.

§. 468.

Mit dem Namen Münzfuß bezeichnet man das beim Ausmünzen beobachtete Korn und Schrot der Geldstücke, namentlich das Verhältniß des Feingehaltes der einzelnen Geldstücke zu der Einheit des Landes- oder eines angenommenen Münzgewichtes.

a) Man unterscheidet in Deutschland: 1) den 14 Thalerfuß (Preußen, Hannover, Sachsen, Kurhessen, Oldenburg, Thüringische Staaten); 2) den $24\frac{1}{2}$ Guldenfuß (Bayern, Württemberg, Baden, Hessen-Darmstadt, Nassau, Frankfurt 2c.); 3) den 20 Guldenfuß (Oesterreich).

b) In Deutschland ist die kölnische Mark oder Vereinsmark (= 233,8555 Gramme) das Münzgewicht.

c) Nach dem 14 Thalerfuße liefert die feine Mark Silber (= 233,8555 Gr.) 14 Thaler; nach dem $24\frac{1}{2}$ Guldenfuße enthalten $24\frac{1}{2}$ Guldenstücke oder 29 halbe Gulden eine feine Mark Silber.

d) Nach dem 20 Guldenfuße (Conventionsgulden) liefert die feine Mark Silber 20 Gulden.

e) In den Thalerstaaten des Zollvereins ist der Thaler 12löthig; das $\frac{1}{6}$ Thalerstück $8\frac{1}{3}$ löthig; zu der Scheidemünze wird die feine Mark zu 16 Thalern (= 28 Gulden Rhein.) ausgebracht.

f) Die $\frac{2}{1}$, $\frac{1}{1}$ und $\frac{1}{2}$ Guldenstücke der süddeutschen Vereinsstaaten sind $14\frac{2}{5}$ löthig (also genau so wie die Vereinsmünze: 2 Thaler- oder $3\frac{1}{2}$ Guldenstück). Zu der Scheidemünze (3 und 6 Kreuzerstücke) wird die feine Mark zu 27 Gulden ausgeprägt.

g) In Frankreich prägt man aus 1 Kilogramm (= 1000 Gramm) Feinsilber $222\frac{2}{9}$ Franken. Der Feingehalt der Münzen ist $\frac{900}{1000}$.

h) In England prägt man aus 1 Troy-Pfund Feinsilber $71\frac{1}{3}\frac{3}{7}$ Schilling Sterling. Der Feingehalt der Münzen ist $\frac{925}{1000}$.

Valviren und Devalviren.

§. 469.

Die genauere Ermittelung des Schrots und Korns in einer schon geprägten Münze und ihres Werthes nach irgend einem gegebenen Münzfuße, wird das Valviren oder Devalviren genannt. Diese Arbeit ist Geschäft des Münzwardeins.

a) Das Valviren geschieht mittelst der Probirnadeln auf dem Probirstein (Kieselschiefer). Von den Probirnadeln hat man 16 Stück, nämlich, wenn es sich um das Probiren von Silber handelt, von 1—16 Loth Feingehalt. Feinsilber giebt auf dem Probirsteine einen weißen Strich, mit Kupfer legirtes Silber einen um so mehr ins Rothe sich ziehenden Strich, je mehr die Legirung Kupfer enthält.

b) Genauer erfährt man den Feingehalt der Silbermünzen durch die Kupellation des Metalles auf der Kapelle (einem kleinen aus Knochenasche oder ausgelaugter Holzasche bestehenden Näpfchen), oder durch die Titrirmethode von Gay-Lussac, indem man aus der Lösung einer bestimmten Menge des zu prüfenden Silbers mittelst einer Kochsalzlösung von bestimmtem Gehalte, das Silber als Chlorsilber (Ag Cl) fällt.

c) Nach Karmarsch läßt sich der Feingehalt einer Silbermünze aus ihrem specifischen Gewichte berechnen. Als empirische Regel gilt folgende: Man subtrahirt von dem ermittelten spec. Gewichte 8,814, hängt dem Reste 2 Nullen an, und dividirt diese Zahl, welche jetzt als ganze Zahl gilt, durch 579. Der Quotient giebt den Feingehalt in Gränen.

Einundfünfzigster Abschnitt.

Die Nadelfabrikation.

§. 470.

Die Fabrikation der Nadeln zerfällt in die der Stecknadeln (épingles, *pins*), Nähnadeln (aiguilles, *needles*), Stricknadeln (aiguilles à tricoter, *knitting needles*) und Haarnadeln (épingles à friser, *hair pins*).

Die Stecknadeln.

§. 471.

Das Material, aus welchem die Stecknadeln (Glufen, Spendeln) verfertigt werden, ist Messingdraht, nur die Trauernadeln werden aus Eisendraht dargestellt. Die Stecknadel unterscheidet sich von der Nähnadel wesentlich dadurch, daß sie anstatt des Oehrs einen Kopf hat. Die Verfertigungsart der Stecknadeln durch Handarbeit zerfällt in folgende Hauptoperationen: 1) das Richten des Messingdrahtes; 2) das Zerschneiden dieser Drähte; 3) das Zuspitzen auf dem Spitzringe; 4) das Zerschneiden in einfache Nadellängen; 5) das Spinnen des Kopfdrahtes zu Röhrchen; 6) das Zerschneiden dieser Röhrchen; 7) das Aufstecken, Befestigen und Rundklopfen der Köpfe.

a) Trotzdem, daß die mannigfaltigsten Maschinen zur Fabrikation der Stecknadeln construirt worden sind, hat man doch eingesehen, daß es zweckmäßiger sei, die Handarbeit für das Anfertigen der Nadelschäfte beizubehalten, und nur die Köpfe durch Stauchung auf einer Maschine zu bilden. In Birmingham, dem Hauptsitze der englischen Stecknadelfabrikation, war dies in der That das praktische Resultat vielfacher Bemühungen.

b) Vergl. Poppe, Volksgewerbslehre VII. Aufl. 1855 und „Gegenwart," 1853. VIII. Bd. S. 190.

§. 472.

Der Draht kommt aus der Ziehscheibe in Ringen von 7 bis 9 Zoll Durchmesser: diese Krümmung wird durch das Richten oder Graderichten (dressement, *straightening*) beseitigt, wobei derselbe zugleich in Längen von 18—24 Fuß zertheilt wird. Die erhaltenen langen Stücke werden (100—200 zugleich) in Schäfte (tronçons) von der zwei-, drei- oder vierfachen Länge einer Nadel zerschnitten, und die Schäfte dem Zuspitzen (empointage, *pointing*) auf einer schnell um ihre Axe laufenden scheibenförmigen Feile, dem sogenannten Spitzringe (meule) unterworfen. Die an den beiden Enden zugespitzten Doppelschäfte werden jetzt mit der Schrotscheere genau in der Mitte von einander geschnitten. Auf diese Weise erhält man z. B. aus tausend Doppelschäften zweitausend einfache, deren stumpfes Ende nur noch den Kopf erhalten muß.

§. 473.

Die Köpfe der Stecknadeln bestehen aus Messingdraht (Kopfdraht), der etwas dünner ist als der Draht der Schäfte. Dieser Draht wird zuerst durch das Spinnen auf dem Knopfrade (tour à tête) in schraubenartige Röhrchen (Spindeln, *heading*) verwandelt, wovon nachher die Nadelköpfe entstehen. Vermittelst der Knopfscheere werden die Röhrchen in kurze Stückchen zerschnitten, von denen ein jedes einen Nadelkopf giebt.

a) Eine Person ist im Stande innerhalb eines Tages (zu 10 Stunden) den Draht zu 360,000 Nadelköpfen zu spinnen und ein gewandter Arbeiter, in der nämlichen Zeit 200,000 bis 400,000 Köpfe zu schneiden.

b) Das Gewicht des Nadelschaftes ist gleich dem von 8 Köpfen, so daß ein Pfund Köpfe für 8 Pfund Schäfte genügt.

§. 474.

Das Aufstecken, Befestigen und Rundklopfen der Köpfe geschieht mit Hülfe eines kleinen Fall- oder Schlagwerkes, Wippe (têtoir) genannt, das von einem Kinde oder einer Arbeiterin regiert und bedient wird.

a) Die Beschreibung der Wippe in den Vorlesungen.

b) Nach alter Art durch Handarbeit braucht man zur Herstellung von 100,000 Stecknadeln an Zeit:

$3\frac{1}{2}$	Stunden zum Richten des Drahtes,
1	Stunde zum Schneiden der Drähte,
$26\frac{1}{2}$	Stunden zum Spitzen,
8	Stunden zum Zerschneiden der gespitzten Drähte,
3	Stunden zum Spinnen des Kopfdrahtes,
3	Stunden zum Schneiden der Köpfe,
91	Stunden zum Aufsetzen der Köpfe,
136	Stunden im Ganzen.

c) Wenn man, wie es jetzt häufig geschieht, das Richten, Schneiden und Zuspitzen der Drähte durch Handarbeit, das Schneiden und Aufsetzen der Köpfe aber durch Maschinen verrichten läßt, so sind auf 100,000 Stecknadeln an Arbeitszeit zu rechnen:

Handarbeit (nach Obigem $3\frac{1}{2} + 1 + 26\frac{1}{2} + 8$)	39 Stunden,
Maschinenarbeit (Spinnen, Schneiden, Aufsetzen der Köpfe)	22 Stunden,
macht	61 Stunden,

also weniger als die Hälfte der Zeit, welche bei reiner Handarbeit nöthig wäre, abgesehen von dem zu letzterer erforderlichen viel größeren Arbeitspersonal.

d) Der unerläßlichen Rücksicht auf möglichst billige Herstellung der Stecknadeln ist es vorzugsweise zuzuschreiben, daß bei ihrer Anfertigung die Theilung der Arbeit auf die consequenteste Weise durchgeführt ist. Babbage (dessen Werk über Maschinen- und Fabrikwesen) weist nach, daß die Verfertigung der Stecknadeln durch einen und denselben Arbeiter nahezu 4 mal so viel kosten würde, als jetzt bei der Theilung der Arbeit.

e) Vergl. Amtl. Ber. d. Berlin. Ausstellung; 1844; Bd. II. S. 314.

§. 475.

Die fertigen Stecknadeln werden, um ihnen ein besseres Ansehn zu ertheilen, weiß gesotten oder verzinnt. Das Weißsieden (blanchir, *blanching*) geschieht auf folgende Weise: Nachdem die Nadeln mit verdünnter Schwefelsäure gebeizt worden, werden sie mit einer Auflösung von Weinstein und Zinn in einem verzinnten kupfernen Kessel gekocht; durch Berührung mit dem Zinn des Kessels werden die Nadeln negativ elektrisch, wodurch sich das durch den Weinstein aufgelöste Zinn auf dem Messing niederschlägt und die Verzinnung bedingt. Die weißgesottenen Nadeln werden abgewaschen und durch Schütteln mit Kleie getrocknet.

a) Die fertigen Nadeln werden dutzendweise parallel in Papier gesteckt, in welches man vorher die Löcher mittelst eines stählernen Kammes eingestochen hatte. Die so eingestochenen Nadeln heißen Briefnadeln, zum Unterschied von den Gewichtsnadeln, die nach dem Gewicht verkauft werden.

b) Ist bei Stecknadeln von Nummern die Rede, so zeigt Nro. 1. stets die gröbste, die letzte Nummer die feinste Sorte an.

c) Der Schaft einer Stecknadel muß glatt sein, damit er beim Entfernen aus den Zeugen kein rauhes Loch hinterlasse; die Spitze muß fein, gerundet sein und genau in der Axe der Nadel liegen; der Kopf muß kugelrund sein und die verhältnißmäßige Größe haben; er muß das Hindurchschlüpfen des Schaftes durch das gemachte Loch verhüten und zugleich das Hineindrücken der Nadel in das Zeug erleichtern, ohne dem Finger wehe zu thun.

d) Die Trauernadeln sind aus Eisendraht gefertigt und werden zuletzt noch blau anlaufen gelassen oder mit Leinöl in der Hitze geschwärzt.

Die Nähnadeln.

§. 476.

Das Material, das zur Darstellung der Nähnadeln dient, ist theils Stahldraht, theils Eisendraht. Der Verfertigungsact der Nähnadeln zerfällt in folgende Abtheilungen: 1) das Aufhaspeln des Drahtes; 2) die Herstellung der Schachte; 3) das Gradrichten der Schachte; 4) das Spitzen der Schachte auf der Schleifmühle; 5) das Halbiren des Schachtes; 6) das Bilden des Oehrs; 7) das Härten und 8) das Poliren der Nadeln.

§. 477.

Der Eisen- oder Stahldraht, der gewöhnlich in Form von Ringen (bottes, *coils*) in die Fabrik gelangt, wird zuerst auf einen Haspel gewickelt von ungefähr 6 Fuß Durchmesser. Der so entstehende große Ring wird mittelst einer Scheere (Schrotscheere) an zwei gegenüberliegenden Punkten durchschnitten; er zerfällt dadurch in zwei Büschel, von denen ein jedes etwa 8—9 Fuß lang ist und 90—100 Drähte enthält. Die Drähte werden mittelst der Schrotscheere in Stücke, die sogenannten Schachte zerschnitten, welche die doppelte Länge der zu verfertigenden Nähnadeln haben.

a) Um die richtige Länge der Schachte einhalten zu können, bedient sich der Arbeiter einer Lehre, Schachtmodell genannt. Ein Arbeiter ist im Stande in einer Stunde 40,000 Schachte herzustellen, welche 80,000 Nadeln geben.

§. 478.

Die Schachte werden vermittelst der Richtmaschine gerade gerichtet und sodann auf dem Zuspitzrade (oder der Schleifmühle), Schleifsteinen aus dichtkörnigem Sandsteine zugespitzt.

a) Ein gewandter Arbeiter spitzt täglich an 30,000 Nadeln zu.

§. 479.

Die zugespitzten Doppelschäfte werden mit der Schrotscheere genau in der Mitte von einander geschnitten (halbirt). Als Vorbereitung zur Herstellung des Oehrs (oeil, trou, chas, *eye*) bewirkt man durch einige Hammerschläge die Abplattung des oberen Endes der Nadel. Diese Arbeit heißt das Pflöcken (palmer). Sodann wird durch das Einschlagen (marquer) der Ort, an welchen das Oehr kommen soll, vorgezeichnet, indem die Nadel mit dem flachen Ende auf einen spitzigen stählernen Dorn gelegt und mit dem Hammer leicht geschlagen wird. Darauf folgt das Ausbacken des Oehrs (troquer), wozu ein Dorn von der Gestalt des Oehres dient. Bei runden Oehren wendet man häufig einen Drillbohrer zum Durchbohren an. Zuletzt wird die Nadel am Kopfende rund gefeilt (geweißt) und zugleich auf jeder Seite die zur Erleichterung des Einfädelns dienende, vom Oehr auslaufende Kerbe (Fitze, cannelure) eingefeilt.

§. 480.

Die fertigen Nadeln aus Stahldraht werden gehärtet, dieß geschieht, indem man Haufen von 250,000 – 300,000 Stück auf Schwarzblechtafeln schwach rothglühend macht und sie schnell in kaltes Wasser wirft. Die Nadeln aus Eisendraht werden durch Einsetzen gehärtet, indem man sie in einem Tiegel in die sogenannte Härte (ein Gemenge von Alkalisalzen, phosphorsäurehaltigen und cyanbildenden Substanzen wie Seife, geraspelte Ochsenklauen und gestoßene Eierschaalen) eingepackt, glüht und den Inhalt in kaltes Wasser wirft.

a) Die gehärteten Nadeln werden durch das Anlassen (Abbrennen mit Fett oder Erhitzen bis zum Dunkelviolettanlaufen) von ihrer zu großen Sprödigkeit befreit.

§. 481.

Die letzte Operation der Nähnadelfabrikation ist das Poliren (Scheuern) auf der Scheuermühle, einem Apparat, der mit einer Wäschmange große Aehnlichkeit hat. Man schichtet einige Hunderttausend Nähnadeln auf einer Unterlage von grober Leinwand in mehreren Lagen mit Sand, befeuchtet das Ganze mit Rüböl und macht daraus durch Umwickeln mit Bindfaden wurstähnliche Ballen, welche auf der Tischplatte der Scheuermühle 12—18 Stunden hin- und hergerollt werden. Die gescheuerten Nadeln werden in einem mit Sägespänen versehenen Fasse von dem Oele befreit, nochmals mit Sand und Oel geschichtet, abermals gescheuert und die genannte Operation 10—12 mal wiederholt. Das letzte Scheuern ist ein Poliren der Nadeln, wobei die Nadeln nicht mit Sand, sondern mit Englischroth (Kolkothar), Zinnasche und Oel eingepackt werden. Das Waschen der Nadeln mit Seifenwasser und Abtrocknen mit Sägespänen macht den Beschluß des Polirens.

§. 482.

Durch das Brauniren (bleuir) erhalten die Spitzen der Nadeln die beim Poliren verloren gegangene Schärfe wieder; der Arbeiter hält hierzu 25 Nadeln auf einmal an einen kleinen, schnell rotirenden Schleifstein. Der dadurch an den Spitzen entstehende feine Schleifstrich unterscheidet sich sichtbar von der Politur der übrigen Theile. Die fertigen Nadeln werden hundertweise in Papierpaquete (Briefe) eingeschlagen.

a) Eine gute Nähnadel muß eine gerade, scharfe, genau in der Achse liegende Spitze haben, sie muß eine feine Politur besitzen, darf im Oehre nicht rauh und scharf sein und sich weder biegen noch brechen lassen.

Die Haarnadeln und Stricknadeln.

§. 483.

Die Fabrikation der Haarnadeln ist sehr einfach. Es wird Eisendraht vermittelst des Schachtmodells in gleich lange Stücke geschnitten, die Stücke an beiden Enden zugespitzt und über einer Klammer zusammengebogen. Sie werden gleich den Trauernadeln entweder mit Leinöl geschwärzt oder blau anlaufen gelassen. Die Stricknadeln werden aus Eisen- und Stahldraht hergestellt; die Nadeln werden nach dem Maße geschnitten, auf Schleifsteinen zugespitzt, in eisernen Ringen geglüht, gehärtet oder eingesetzt und auf der Scheuermühle polirt.

a) Gute Stricknadeln müssen wie eine gute Klinge sich biegen und wieder ihre vorige Richtung annehmen, auch eine glatte reine Politur besitzen.

b) Hinsichtlich der Länge der Stricknadeln ist die von 8—10 Zoll die gewöhnliche. Die Kopfnadeln zu 24—12 Zoll Länge, sind mit Messingköpfen versehen und dienen zum Stricken größerer Gegenstände.

Zweiundfünfzigster Abschnitt.

Die Metallschreibfederfabrikation.

§. 484.

Die Metallschreibfedern werden aus Stahl verfertigt. Die Fabrikation zerfällt: 1) in das Walzen des Stahls; 2) in das Ausschneiden der Bleche; 3) in das Seitenschlitzen, Durchbohren, Stanzen und Runden; 4) in das Härten, Schleifen, Anlaufenlassen; 5) in das Spalten.

§. 485.

Zuerst werden die Stahlplatten zu Stahlblech ausgewalzt. Jeder Streifen wird gemessen, bis er zur gehörigen Stärke ausgewalzt ist. Eine Stahlplatte stark wie Dampfkesselblech, zeigt sich nach dem Walzen als ein zartes, glänzendes, sich windendes Metallband. Das Ausschneiden der Bleche zu Plättchen von der Gestalt der Federn geschieht vermittelst einer Lochmaschine (Durchschnitt, Durchstoß).

a) Für die gewöhnlichen Federn sind die Seiten der Bleche glatt fortlaufend, für die Cylinderfedern aber werden an den Seiten der Bleche noch Flügel gelassen, die dann zusammengebogen den Cylinder bilden, in welchen der Federhalter gesteckt wird. Aus jedem Bande werden zwei Reihen Federbleche geschnitten und zwar so, daß die Spitzen sich nicht nur gegenüberstehen, sondern sich auch in einander fügen. Auf diese Weise entsteht so wenig Abfall als möglich.

b) Eine Arbeiterin schneidet täglich 300 Groß, also 43,200 Federbleche aus.

§. 486.

Die ausgeschnittenen Federbleche kommen nun unter eine andere Presse, wo sie auf den Stempel gelegt, durch das Herabgehen zweier kleiner Messer, die Seitenschlitze erhalten. Darauf werden sie durchbohrt; doch finden zuweilen beide Vorrichtungen zu gleicher Zeit statt.

a) Zur Darstellung ordinärer Federn bedient man sich der Maschinen, in welchen die Stahlbänder sofort in Federbleche mit Seitenschlitzen und Durchbohrungen versehen, verwandelt werden.

§. 487.

Die Feder wird ausgeglüht und unter die Stanze gebracht. Das bei dieser Arbeit beschäftigte Mädchen legt das flache, geschlitzte, durchbohrte und erweichte Blech auf die Matrize, setzt die Prägpresse in Bewegung, und in einer Sekunde kommt die Feder mit der Verzierung und Inschrift versehen, wieder zum Vorschein. Durch das Runden erhält das geschlitzte, durchbohrte und gestanzte Blech seine Biegung, seine Hohlkehlenform. Die Rundung wird durch eine concave Matrize und eine darauf fallende convexe Stanze hervorgebracht.

a) Den theilweise in der Rundungsmaschine gebogenen Cylinderfedern wird die völlige Cylinderform durch Kinder gegeben.

§. 488.

Die Federn werden jetzt durch Glühen und Ablöschen in Oel gehärtet; nach dem Härten werden sie gereinigt, dieß geschieht theils mit Schmelztiegelpulver, theils mit Sägespänen. Die zu große Sprödigkeit und Zerbrechlichkeit nimmt man den Federn durch das Anlassen. Das Schleifen geschieht auf Scheiben von Birkenholz, die mit starkem Schafleder überspannt und mit einem Gemenge von Leim und Schmirgel überzogen sind. Der Hauptspalt in der Mitte wird mit Hülfe einer Schraubenpresse hervorgebracht; hier liegt die Feder auf einem Unterstempel, welcher eine nach der Richtung des Spaltes laufende, senkrecht abfallende Kante zeigt; der von der Schraube abwärts getriebene Oberstempel enthält eine ähnliche Kante, so daß beide vereinigt gleich einer Scheere wirken.

Dreiundfünfzigster Abschnitt.

Die Kammfabrikation.

§. 489.

Kämme (peignes, *combs*) werden aus sehr verschiedenen Materialien, aus Horn, Klauen, Schildpatt, Elfenbein und Kautschuk angefertigt. Der Fabrikant, der Kämme verfertigt, wird Kammfabrikant oder Kammmacher genannt.

a) Die Kämme, ein jedem Stande unentbehrliches Bedürfniß, geben eben dieser Unentbehrlichkeit wegen ein recht klares Bild von dem Zwecke und den verschiedenen Abstufungen der sogenannten kurzen Waaren. Abgesehen von der künstlerischen oder ordinären Arbeit, liegt schon in der Wahl des Materials ein Mittel, die verschiedenen Abstufungen der Gesellschaft nach ihren verschiedenen Vermögensverhältnissen mit entsprechenden Producten zu versehen. Die jetzt nicht gebräuchlichen Aufsteckkämme wurden mit Gold- und Silberarbeit und mit Juwelen verziert. Für den gewöhnlichen Gebrauch Begüterter benutzt der Kammmacher das theure Schildpatt und das Kautschuk. Wer zu glänzen wünscht, oder Freude an schönen Dingen hat, ohne viel darauf verwenden zu können oder zu wollen, dem wird ein Hornkamm, schildkrötartig gebeitzt, geboten. Der Bescheidene begnügt sich mit inländischem Horn und dem Aermeren bietet man für sein Bedürfniß die Klauenkämme an.

b) Vergl. Amtl. Bericht d. Berliner Ausstell. 1844; Bd. III. S. 127; und Steinbeis, Bericht der Beurtheilungs-Comm. d. Münchner Ausstell. 1854; Gruppe X. S. 29.

Materialien der Kammfabrikation.

§. 490.

Das Horn (corne, *horn*) kommt vorzugsweise von Ochsen, Kühen und Büffeln. Das inländische ist meist von geringerem Werthe, von weißlicher oder bräunlicher Farbe; bessere Sorten sind die ungarischen von gemischter Farbe, so wie die russischen. Das vorzüglichste Horn ist das von Buenos-Ayres in Südamerika. Das Büffelhorn, das meist aus Italien und Ungarn kommt, ist von dunkelbrauner Farbe. Die Klauen der Ochsen liefern gleichfalls ein wichtiges Rohmaterial der Kammfabrikation.

§. 491.

Das Schildpatt (Schildkröt, écaille de tortue, carel, *tortoise shell*) ist die hornartige, durchsichtige und convexe Schale, womit die meisten Arten der Seeschildkröten bedeckt sind. Die Schale ist meist in verschiedene Felder (Platten, Patten, Padden) eingetheilt, von welchen gewöhnlich nur 13, nämlich 8 platte und 5 mehr gebogene der Verarbeitung fähig sind. Diese Schilder wiegen zusammen 3—8 Pfund. Je mannigfaltiger und dunkler die Zeichnung ist, desto höher wird das Schildpatt geschätzt.

§. 492.

Das Elfenbein (ivoire, *ivory*) bildet die beiden großen Stoßzähne des Elephanten, die zu beiden Seiten des Rüssels wie Hörner aufwärts gekrümmt hervorstehen. Die Größe dieser Zähne ist sehr verschieden, man hat sie von 3—12 Fuß Länge und eben so ist das Gewicht verschieden, die schwersten sollen bis 150 Pfund wiegen. Folgende Gattungen von Zähnen werden oft unter dem Namen Elfenbein mitbegriffen: Wallroßzahn, Nilpferdzahn und Narwalzahn.

a) Von der Anwendung des Kautschuks als Kammmaterial wird am Ende dieses Abschnittes die Rede sein.

Die Herstellung der Kämme.

§. 493.

Bei der Verarbeitung des Horns zu Kämmen wird von dem Horn zunächst die Spitze abgesägt, die der Drechsler zu Pfeifenspitzen u. dergl. benutzt, worauf der übrig bleibende hohle Theil plattenförmig zugerichtet wird. Man weicht zu diesem Zwecke die Hörner einige Tage lang in kaltem Wasser und darauf einige Stunden lang in siedendem Wasser ein, erhitzt sie hierauf mit Hülfe einer langen Zange unter schnellem Wenden über Kohlenfeuer und schneidet sie mit einem krummen Messer von dem einen Ende bis zum anderen auf. Die Ränder werden dann mittelst Zangen auseinander gebogen und das Horn erwärmt, bis es ausgeplattet ist. Vor dem Erkalten wird die Platte in einem Schraubstocke zwischen zwei eisernen Platten gepreßt. Aehnlich behandelt man die Klauen. Vor der Verarbeitung zu Kämmen wird das Horn mittelst einer feinen Säge in dünne Tafeln von $\frac{1}{12}$ — $\frac{1}{4}$ Zoll Dicke zerschnitten.

a) Das Zurichten des Horns und der Klauen ist häufig von dem Geschäft des Kammmachers getrennt und wird, wie es z. B. in Nürnberg, einem Hauptorte der Kammfabrikation, der Fall ist, von den Hornbrennern (Hornrichtern) verrichtet.

§. 494.

Das Schildpatt ist schon von Natur dünn genug, die Platten sind aber stets gewölbt und nie geradflächig oder von der Krümmung, die zu einem guten Kamme gehört. Um diese zu erzeugen, wird das Schildpatt in siedendem Wasser erweicht und zwischen eisernen oder messingenen Platten gepreßt. Die so erhaltenen gradflächigen Platten verändern in der Kälte ihre Form nicht; nach dem Ausarbeiten der Zähne ertheilt man denselben durch abermaliges Erwärmen und Pressen zwischen gekrümmten Platten die gewünschte Krümmung.

§. 495.

Die Horn- oder Schildpattplatte (oder auch Buchsbaum-,

Ebenholz- oder Kautschukplatte) wird vermittelst der Säge, der Raspeln und flachen Feilen zu der verlangten Form ausgearbeitet. An der Seite, an welche die Zähne kommen sollen, giebt man die Stellen der Einschnitte mit einer Feile an und führt sodann die Einschnitte mit einer Säge aus. Sehr zweckmäßig schneidet man die Zähne mit einem Systeme paralleler Kreissägen ein, die auf einer horizontal umlaufenden Spindel befestigt und durch Messingscheibchen in der gehörigen Entfernung von einander zu halten sind.

a) Um Staubkämme aus Elfenbein äußerst genau zu schneiden (z. B. auf 1 Zoll 80—100 vollkommen regelmäßige Zähne), wendet man am zweckmäßigsten eine feine Kreissäge an und befestigt die Elfenbeinplatte auf eine mechanische Vorrichtung (Support), mit deren Hülfe man den Kamm genau um die Breite eines Zahns fortschiebt.

b) Bei der Kammschneidemaschine von Lyne werden die Einschnitte durch eine durchschnittähnliche Vorrichtung ausgeschlagen. Die durch Erwärmen erweichte Hornplatte wird auf die Unterlage gebracht, welche die Gestalt des zu verfertigenden Kammes besitzt und mit zahnförmigen Ausschnitten versehen ist. Wird der der Unterlage entsprechende Meißel herabgedrückt, so werden die Zähne zweier Kämme zugleich ausgebildet, wobei kein Material verloren geht, indem die aus den Einschnitten des einen Kammes herausgeschnittenen Theile die Zähne des anderen Kammes bilden.

c) Nachdem die Zähne des Kammes eingeschnitten, werden dieselben, wenn nöthig, mit feinen Feilen noch zugespitzt und geglättet, zuweilen mit Kalk, Mennige und Wasser dunkel gebeitzt und endlich polirt.

d) Die Kämme durch Handarbeit hergestellt, können nicht mehr mit den Maschinenkämmen concurriren, da letztere, was Billigkeit der Preise und Annehmlichkeit beim Gebrauche betrifft, bei weitem den Vorzug verdienen. Dadurch ist die Existenz vieler Kammmacher eine beklagenswerthe geworden, da gut construirte Kammschneidemaschinen theuer sind und nur bei großer Production rentiren. Daher verläßt die Kammmacherei nach und nach die kleineren Werkstätten und concentrirt sich in den Kammfabriken, in denen die Schneidemaschinen durch Elementarkraft betrieben werden.

Vierundfünfzigster Abschnitt.

Die Verarbeitung des Kautschuk und der Guttapercha.

Das Kautschuk.

§. 496.

Das Kautschuk (Caoutchuk, caoutchouc, *india rubber*) findet sich in dem Milchsafte mehrerer in Südamerika wachsenden Bäume und Schlingpflanzen. Das meiste von diesen liefert die *Siphonia elastica.* Meist kommt es in Gestalt von größeren oder kleineren runden Flaschen, Platten u. s. w. zu uns. Das Kautschuk ist eine bekannte elastische Substanz, die in der Kälte erhärtet, in gelinder Wärme aber wieder geschmeidig wird. In Wasser und Weingeist ist es unlöslich; in Aether, Terpentinöl, Steinöl, Steinkohlentheeröl und in dem Oel, das man durch trockne Destillation von Kautschuk erhält, löst sich das Kautschuk.

a) Die erste wissenschaftliche Notiz über das Kautschuk gab de la Condamine im Jahre 1757, das bald nachher in Gebrauch kam und Jahrzehnde hindurch nur zum Auswischen von Bleistiftstrichen Anwendung fand.

b) Im Jahre 1790 benutzte man es zur Verfertigung dehnbarer Binden, man lernte es erweichen und wasserdichte Zeuge daraus herstellen.

c) Im Jahre 1791 machte man Kautschukröhren, indem man die frisch abgeschnittenen Stücke schneckenartig um einen Dorn wand. 1820 stellte man aus übersponnenen, sehr feinen Kautschukfäden elastische Gewebe dar; kurze Zeit darauf verfertigte Macintosh die nach ihm benannten Zeuge aus feinen, auf beiden Seiten mit Geweben belegten Kautschukplatten. Im Jahre 1815 erfand Hancock das Vulkanisiren des Kautschuks.

§. 497.

Um Kautschukflaschen in Fäden zu verwandeln, werden dieselben zuerst in Scheiben geschnitten und sodann durch eine aus zwei kreisförmigen Klingen* bestehende mechanische Vorrichtung spiralförmig zertheilt. Der so erhaltene Faden wird auf einen Haspel gewickelt. Meist wird das zu verarbeitende Kautschuk zuerst durchgeknetet und durch Pressen mittelst einer hydraulischen Presse zu einem größeren Block vereinigt, aus welchem mit einer Schneidemaschine Blätter geschnitten werden. Diese Blätter werden unter der Presse glatt gepreßt und durch ein Walzwerk zu ganz dünnen Tafeln ausgewalzt.

a) Das Kautschuk hat neuerdings in übertriebener und nicht motivirter Weise für die mannigfachste Anwendung Ausbreitung gefunden. Vergl. Amtl. Bericht der Berliner Ausstellung 1844; Bd. I. S. 500.

§. 498.

Das vulkanisirt, d. h. das mit Schwefel behandelte Kautschuk ist durch die Aufnahme des Schwefels sehr elastisch geworden und hat die sehr wichtige Eigenschaft erlangt, diese Elasticität bei sehr niederer Temperatur beizubehalten und bei höherer Temperatur nicht zu kleben. Der Schwefel wird dem Kautschuk durch Kneten und nachheriges Erwärmen incorporirt. Wenn die Platten oder Tafeln zur Fabrikation von Kautschukkämmen bestimmt sind und daher einen gewissen Härtegrad erhalten müssen, um dem Horne ähnlich zu werden, so mengt man dem Schwefel, der zum Vulkanisiren des Kautschuks dienen soll, eine Quantität sehr fein gepulverter Magnesia bei.

Die Guttapercha.

§. 499.

Die Guttapercha ist eine dem Kautschuk verwandte, aber doch in vielen Stücken von demselben wesentlich verschiedene Substanz, die aus dem Safte mehrerer Isonandraarten gewonnen wird. Die diesen Stoff liefernden Bäume wachsen in verschiedenen Gegenden Ostindiens, besonders in Madras und auf Ceylon.

a) Die Gewinnung der Guttapercha ist von der des Kautschuks in so fern verschieden, als nicht der ganze Milchsaft getrocknet wird;

es scheidet sich vielmehr aus dem Safte ein faseriges Coagulum ab, das in viereckige Blöcke gepreßt, in den Handel gebracht wird.

§. 500.

Die rohe Guttapercha ist eine lockere, braunrothe Masse, zusammengeballten Lederschnitzeln nicht unähnlich; durch Wärme erweicht und zu einer compacten Masse zusammengepreßt, erscheint sie von dunkelbrauner Farbe. Sie wird gereinigt durch Auskochen mit heißem Wasser, ferner dadurch, daß man die durch Wasserdämpfe erweichte Masse durch ein Drahtgeflecht preßt, wobei die Unreinigkeiten von den Sieben zurückgehalten werden, und die auf diese Weise erhaltenen einzelnen Stücke und Fäden durch eine mit Dampf geheizte Knetemaschine vereinigt.

§. 501.

Die gereinigte Guttapercha ist von brauner Farbe, in dickeren Stücken vollkommen undurchsichtig, in dünnen papierdicken Blättchen durchscheinend wie Horn. Bei gewöhnlicher Temperatur ist sie so hart wie erstarrtes Kautschuk, dabei zähe, sehr steif und wenig elastisch. Sie ist wenig dehnbar. Bis zu 50° erwärmt, wird sie weich, bis 70 — 80° leicht knetbar und formbar. In diesem Zustande läßt sie sich wie Wachs kneten und leicht in jede beliebige Form bringen, so daß getrennte Stücke durch Zusammendrücken vereinigt werden können. Beim Erkalten tritt die entsprechende Härte wieder ein.

§. 502.

Die Verarbeitung der Guttapercha bietet keine Schwierigkeit dar, indem sie im erweichten Zustande, durch Pressen in jede beliebige Form gebracht werden kann. Die Unveränderlichkeit der Guttapercha an der Luft und im Wasser machen sie geeignet zur Anfertigung von Treibriemen, zu Röhren für Wasserleitungen, Pumpen, Spritzen, Schläuchen. Man fabricirt aus ihr mancherlei Luxusgegenstände, wie Spazierstöcke, Reitpeitschen, Messer- und Säbelgriffe, ferner Knöpfe, Schaalen, Becher, chirurgische Apparate u. s. w.

a) Es bleiben bei der Anwendung der Guttapercha alle solche Gegenstände ausgeschlossen, deren Gebrauch eine Erwärmung mit sich führt.

b) Früher wendete man die Guttapercha zum Ueberziehen der Leitungsdrähte der elektrischen Telegraphen, welche in die Erde gelegt werden sollen, an. Es hat sich aber herausgestellt, daß das feuchte Erdreich die Guttapercha durchfeuchtet und nicht mehr isolirt.

c) Ein Uebelstand, der die Anwendung der Guttapercha bedeutend vermindert hat, ist die Thatsache, daß diese Substanz bei längerem Liegen zuweilen ihre Geschmeidigkeit so vollständig verliert, daß sie sich zu Pulver zerreiben läßt.

d) Mit Schwefel läßt sich die Guttapercha auf ähnliche Weise wie Kautschuk verbinden und vulkanisiren. Sie erhält dadurch etwas mehr Elasticität.

e) Die Guttapercha ist unlöslich in Wasser und Alkohol, vollkommen löslich in Schwefelkohlenstoff und Chloroform.

Fünfundfünfzigster Abschnitt.

Die Gasbeleuchtung.

(éclairage à gas, *gas lighting*.)

Geschichtliches und Allgemeines.

§. 503.

Bereits gegen das Ende des 17. Jahrhunderts wurde beobachtet, daß man bei der trocknen Destillation von Steinkohlen Coks, Theer und eine helle Flamme erhalte. Dr. Clayton und Hales erhielten zu Anfang des verflossenen Jahrhunderts durch den nämlichen Proceß ein entzündliches Gas. Lord Dundonald war der Erste, der das Gas zur Beleuchtung, wenn auch nur als Gegenstand der Curiosität benutzte; Murdoch versuchte 1792, das aus Steinkohlen und Torf bei der trocknen Destillation sich entwickelnde Gas zu reinigen und zur Beleuchtung im Großen anzuwenden; er stellte 1798 den ersten Gasbeleuchtungsapparat in der Maschinenfabrik von Watt und Boulton in Soho bei Manchester auf. Seit dem Jahr 1799 beschäftigte sich der französische Ingenieur Lebou mit der Darstellung von Gas aus Holz, das zugleich zur Beleuchtung und Heizung dienen sollte.

a) Auch in der Natur erzeugt sich in den Steinkohlenflötzen fortwährend ein brennbares Gas, so liefert z. B. die Natur in der Nähe des Dorfes Fredonia in New-York, unweit des Erie-See's eine vollständige Gasbeleuchtungsanstalt, wie man sie in den Städten nur mit großen Kosten künstlich schaffen kann. In Ungarn und in China entströmt der Erde gleichfalls entzündliches Gas in großer Menge. Die großartigste, hierher gehörige Erscheinung ist ohne Zweifel das sogen. Feuerfeld bei Baku am Caspisee, wo an mehreren Punkten perennirende Ausströmungen von brennbaren Gasen stattfinden. Der Sage nach soll das Feuer daselbst schon mehrere Tausende von Jahren brennen.

b) Murdoch, den man als den eigentlichen Erfinder der Gasbeleuchtung anzusehen hat, vermochte trotz aller Anstrengungen die Beleuchtung mit Gas nicht über die Fabriken hinaus zu verbreiten. Einem Deutschen, Winzer (im Engl. Winsor) war es vorbehalten, die Anwendung des Gases zur Straßenbeleuchtung einzuführen. London's Straßen werden seit 1812 mit Gas beleuchtet, die von Paris seit 1820, die von Berlin seit 1826.

c) Nach dem Vorgange der Metropolen der Civilisation machte die Verbreitung der Straßenbeleuchtung mit Gas die schnellsten Fortschritte und wird in nicht zu ferner Zeit ihren Lauf um die civilisirte Welt vollendet haben, da die Verbesserungen in der Fabrikation, besonders die von Pettenkofer erfundene Darstellung des Holzgases die Einführung dieser Beleuchtungsart selbst in kleinen Städten ermöglicht.

Princip der Gasbeleuchtung.

§. 504.

Wenn man in Erwägung zieht, daß alle Flammen von Leuchtmaterialien in unseren Leuchtapparaten (in den Talg-, Stearin- und Paraffinkerzen, in den Oel- und Camphinlampen) in der That nichts anderes sind, als brennende Ströme von Kohlenwasserstoffgasen, so ist es klar, daß es keine andere Beleuchtung als Gasbeleuchtung giebt. Der Unterschied zwischen der eigentlichen Gasbeleuchtung und der Beleuchtung mit Oel oder Stearinsäure ist nur der, daß bei den Lampen und Kerzen Production und Consumtion zusammenfallen und nicht, wie bei der Gasbeleuchtung, eine Trennung durch den Ort der Gaserzeugung und die Zeit der Verbrennung stattfindet.

a) In dieser Beziehung könnte es scheinen, als wäre die Beleuchtung mit Gas ein Rückschritt. Einer unserer größten Chemiker sagt auch: Wäre die Beleuchtung mit Gas die ursprüngliche Beleuchtungsart und hätte man später die Kerze oder Lampe erfunden, in welcher die complicirten Operationen der Gasfabriken gleichsam zu einem Mikrokosmos selbstthätig und selbstregulirend verschmolzen sind, so würde man diese Erfindung ohne Zweifel zu den größten unseres Jahrhunderts rechnen.

b) Würde man Leuchtgas aus reinen Leuchtmaterialien (Stearinsäure, Wachs, Paraffin 2c.) darstellen wollen, so wäre der angeführte Ausspruch gerechtfertigt, so aber benutzt man Substanzen zur Gaserzeugung, die wie Steinkohle und Holz für sich nie als Leuchtmaterialien Anwendung finden können.

c) Es ist endlich nicht zu vergessen, daß gut eingerichtete Gasfabriken wesentlich Verkokungsanstalten sind, welche mehr durch den Verkauf an Koks bestehen und das Gas eigentlich als Nebenproduct erhalten.

Materialien der Gasfabrikation.

§. 505.

Die Materialien, die man zur Darstellung des Leuchtgases anwendet, waren ursprünglich nur Holz, Torf und Steinkohlen, später benutzte man Oel, Harz und Thran. Locale Verhältnisse ermöglichen zuweilen die Anwendung anderer Materialien wie des Asphalts, der Fette, des Seifenwassers, des Schieferöles (huile de schiste) 2c.

a) Die Hauptmaterialien der Gasfabrikation sind jetzt Steinkohlen und Holz. Das im Großhandel sehr billig zu erlangende

Colophonium findet auch in einigen Gasfabriken des Continents Anwendung.

b) In technischer Beziehung theilt man die Steinkohlen ein in Backkohlen, welche beim Erhitzen weich werden und sich aufblähen, Sandkohlen, die beim Erhitzen nur eine Volumenverminderung zeigen und endlich Sinterkohlen, die beim Erhitzen zusammensintern. Die Backkohlen zeichnen sich durch großen Wasserstoffgehalt aus (sie enthalten auf 1000 Aequiv. Kohlenstoff 375—400 Aequiv. Wasserstoff) und sind deshalb die zur Leuchtfabrikation geeignetsten Kohlen.

c) Unter den Backkohlen giebt man der Cannelkohle, die in Lancashire im Norden Englands und auch in Schottland in der Nähe von Glasgow (hier Skaterig-, Lesmahagow- und Monklandkohle genannt) sich findet, allgemein den Vorzug. Sodann benutzt man in England noch vorzugsweise die Kohlen von New-Castle und Staffordshire (Caking-, Cherry- und Splintkohle).

d) Ungeachtet des hohen Preises wendet man auch in Deutschland noch vielfach die englischen Steinkohlen an. Meist benutzt man sächsische, schlesische und rheinische Kohlen.

e) Die zur Gasfabrikation benutzten Kohlen dürfen nur sehr wenig Schwefel enthalten und nach dem Verbrennen nur geringe Mengen von Asche hinterlassen.

f) 100 Kilogramme beste Backkohlen liefern 50 — 57,5 Kubikmeter Gas und 60 — 71 Kilogramme Koks.

Steinkohlengas.

(gas de houille. *coal gas*).

§. 506.

Zur Zersetzung oder Destillation der Steinkohlen dienen die sogenannten Gasretorten von Gußeisen oder feuerfestem Thon. Man giebt ihnen am zweckmäßigsten entweder eine ovale Form oder die Gestalt eines liegenden D (⌓), um dem Feuer eine möglichst große Oberfläche darzubieten. Das hintere Ende der Retorte ist verschlossen, der vordere Theil wird durch ein besonderes Mundstück gebildet, welches vermittelst Schraubenbolzen mit dem Hauptkörper der Retorte verbunden wird. Von der oberen Seite derselben geht ein kurzes Rohr aus. Die Retorten liegen zu 5 oder zu 7 in einem Ofen. Sie werden bis zur Hälfte mit Steinkohlen gefüllt, damit die Koks während des Aufblähens den nöthigen Spielraum behalten.

a) Die Temperatur, bei welcher man die Retorten erhitzt, muß möglichst gleichförmig erhalten werden und muß die bei hellem Tageslichte wahrnehmbare Kirschrothglühhitze sein.

b) Als Brennmaterial benutzt man theils Steinkohlen, theils Koks. In gut eingerichteten Gasfabriken rechnet man 18—20 Prozent vom Gewicht der zu destillirenden Kohlen als Brennmaterial; man gewinnt somit bei einem Kohlenaufwande von 5—5¼ Centnern 12000 Kubikfuß Gas. Bei Benutzung von Koks rechnet man 40—45 Prozent von der bei der Gasbereitung gewonnenen Quantität.

c) Je nach der Beschaffenheit der Kohlen und der Form der Retorte ist die Zersetzung in 5—8 Stunden beendigt.

§. 507.

Das Sammeln des aus den Retorten sich entwickelnden Gases geht auf folgende Weise vor sich: Das von jeder Retorte aufsteigende Rohr geht vertikal in die Höhe und sodann heberförmig gekrümmt wieder herab, um mit dem unteren Ende in ein horizontal liegendes Hauptrohr (barill) einzumünden, das vor allen Oefen des Gaswerkes vorübergeht, und behufs der Weiterleitung das allen Retorten entströmende Gas aufzunehmen. In dem Hauptrohr sammelt sich ein großer Theil des bei der Destillation der Steinkohlen mit entstandenen Theers. Von der oberen Hälfte des Hauptrohres geht ein kurzes enges absteigendes Rohr ab, welches das Gas weiter leitet.

a) Aus dem Hauptrohr führt ferner ein Rohr nach der Theercisterne (*tar cistern, tar well*).

§. 508.

Das vom Theer befreite Gas gelangt nach dem Condensator (*condenser*), in welchem die dem Gas noch beigemengten Dämpfe durch Abkühlung möglichst vollständig niedergeschlagen werden. Am wirksamsten benutzt man ein System von hohen vertikalen Röhren, durch welche das Gas seinen Weg nehmen muß, deren untere Mündungen in einen gemeinschaftlichen Theerbehälter hinabreichen. Aus dem Condenser tritt das Gas in den Reinigungsapparat.

§. 509.

Das sogenannte ungereinigte Gas ist ein Gemenge von Gasen und Dämpfen. Es besteht aus: 1) ölbildendem Gas (CH), einem Hauptleuchtbestandtheil eines jeden Leuchtgases und den beiden mit dem ölbildenden Gase polymeren Kohlenwasserstoffen Propylen (Tritylen) C_6H_6 und Butylen (Tetrylen) C_8H_8; 2) Gruben- oder Sumpfgas (Methylwasserstoff C_2H_4), dem Hauptbestandtheil des Leuchtgases der Menge nach, obgleich nur wenig leuchtend; 3) Kohlenoxyd (CO); 4) Kohlensäuregas (CO_2); 5) Wasserstoffgas; 6) Schwefelwasserstoffgas (SH); 7) Dämpfen flüssiger Kohlenwasserstoffe (Benzol $C_{12}H_6$, Toluol $C_{14}H_8$, Xylol $C_{16}H_{10}$ ꝛc.); 8) Dämpfen von phenyliger Säure $C_{12}H_6O_2$ (nach dem Verdichten unter dem Namen schweres Steinkohlentheeröl bekannt); 9) kleinen Mengen von Cyan (C_2N), Schwefelcyan (C_2NS_2) und Schwefelkohlenstoff (CS_2); 10) Ammoniakgas (NH_3); neben dem Ammoniak sind auch häufig einige ammoniakähnliche Körper: Anilin, Leukol und Pikolin vorhanden.

a) Kohlenoxyd, Kohlensäure, Wasserstoff und Schwefelwasserstoff sind in dem Gas nur in geringer Menge enthalten; von diesen Bestandtheilen übt die Kohlensäure einen nachtheiligen Einfluß aus, nicht nur weil sie unverbrennlich ist, sondern auch, weil sie durch den Kohlenstoff, der sich in der Flamme ausscheidet und das Leuchten derselben bedingt, zu Kohlenoxyd reducirt wird, welches nur sehr geringe Leuchtkraft besitzt.

b) Der Schwefelwasserstoff verdankt dem fast allen Steinkohlen beigemengten Schwefelkies seine Entstehung; er würde, da er bei seiner Verbrennung schweflige Säure entwickelt, wenn man ihn aus dem Gas nicht entfernte, eben so sehr der Respiration, als allen blanken Metallen nachtheilig sein.

c) Das Ammoniak scheidet sich schon mit einem Theil des Benzols und der phenyligen Säure (Phenol, Carbolsäure) in den Steinkohlentheer aus, der wesentlich aus Brandharzen, Paraffin und Naphtalin besteht.

§. 510.

Die Reinigung des Gases bezweckt, dasselbe von der beigemengten Kohlensäure und dem Schwefelwasserstoffgase zu befreien; sie geschieht in dem Reinigungsapparate (épurateur, laveur, *lime machine*). Das am häufigsten angewendete Reinigungsmittel ist Kalk, den man entweder in Gestalt von Kalkmilch oder in zu Pulver gelöschtem Kalk verwendet. Vorher leitet man jedoch das Gas durch Wasser, welches Schwefelsäure enthält, um das Ammoniak zu entfernen. Ob das Gas hinlänglich gereinigt ist, erkennt man daran, daß eine dem Reinigungsapparate entnommene Probe in eine Bleizuckerlösung geleitet, keine schwarze Färbung hervorbringt.

a) Anstatt des Kalkes wendet man als Reinigungsmittel sehr zweckmäßig Aetznatronlauge an.

b) Häufig benutzt man auch zum Reinigen des Gases Manganchlorür, MnCl, eine Substanz, die als Nebenproduct bei der Fabrikation des Chlorkalkes gewonnen wird. Das Mangan entfernt CO_2 und SH vollständig, indem die beiden unlöslichen Verbindungen MnS und MnO, CO_2 sich bilden, während das Chlor des Manganchlorürs mit dem Ammoniak des Gases zu Salmiak (NH_4Cl) zusammentritt.

Holzgas.

§. 511.

Die Leuchtgasfabrikation hat durch eine Erfindung von Prof. Pettenkofer in München eine neue Richtung erhalten, welche unter dem Namen Holzgasbeleuchtung zuerst auf dem Bahnhof in München, neuerdings auch in den Städten Bayreuth, Würzburg, Heilbronn, Basel u. s. w. Eingang gefunden hat. Seit Ende des vorigen Jahrhunderts hat man öfters Gas aus Holz dargestellt, aber nie anderes, als von sehr geringer Leuchtkraft, da trocknes Holz 42—45 Prozent Sauerstoff enthält, welche bei der gewöhnlichen Destillation fast ganz als Kohlenoxyd in das Gas übergehen. Nach der neuen Erfindung ist dieß keine Nothwendigkeit und kann durch eine bis jetzt nicht veröffentlichte Modification der Destillation vermieden und so ein für praktische Anforderungen genügend leuchtkräftiges Gas erhalten werden.

a) Bei der Pettenkofer'schen Erfindung ist die Holzverkohlung zum Beleuchtungsgeschäfte herangezogen und der Hauptbedingung, der Wohlfeilheit genügt das Gas lediglich dadurch, daß es mit einem werthvollen und leicht verwerthbaren Producte, der Holzkohle entsteht.

b) Dadurch kann das Holzgas an vielen Orten die Concurrenz mit dem Steinkohlengase um so mehr bestehen, als es durch völlige Abwesenheit von Schwefel große Vorzüge darbietet.

c) Die Reinigung des Holzgases geschieht gleichfalls durch Kalk.

d) Gereinigtes Holzgas aus möglichst harzfreiem Fichtenholz bestand aus 10,57 ölbildendem Gas, 33,76 Grubengas, 37,62 Kohlenoxyd, 18,05 Wasserstoffgas.

Oelgas.

(gas d'huile, *oil-gas.*)

§. 512.

Das Oelgas wird durch trockne Destillation fetter Oele gewonnen; nur der Umstand, daß jedes übelriechende, sonst unbrauchbare Fett noch zur Gasfabrikation anwendbar ist, macht in einzelnen, durch die Oertlichkeit gebotenen Fällen die Verwendung von Oel möglich. Die Oelgasbereitung ist compendiöser als die Steinkohlengasbereitung, theils weil der Apparat bei gleicher Wirkung weit kleiner sein kann, theils auch, weil die Reinigung mit Kalk wegfällt.

§. 513.

Man füllt die Retorte mit zerkleinertem Koks von der Größe eines Eies, um dem hinein zu leitenden Oele eine größere Oberfläche zur Zersetzung darzubieten. Wenn die Retorten rothglühend sind, so läßt man das Oel oder das geschmolzene Fett in die Retorten fließen, wo sogleich die Zersetzung stattfindet.

a) Da sich bei der Destillation des Oeles eine gewisse Menge Kohle absetzt, welche mit der Zeit die Poren des Koks verstopft, so muß der Inhalt der Retorten von Zeit zu Zeit erneuert werden.

Harzgas.

(gas à résine, *rosin-gas*.)

§. 514.

Die Bereitung des Harzgases stimmt im Allgemeinen mit der des Oelgases überein, erfordert aber einen besonderen Apparat zum Schmelzen des Harzes (Colophonium). Das Gas wird durch das Leitungsrohr in den Condenser und von da, um die darin bis zu 8 Prozent enthaltene Kohlensäure abzuscheiden, durch Aetznatronlösung geleitet.

a) 100 Pfund Harz geben etwa 1300 Kubikfuß Gas.

b) Gereinigtes Harzgas bestand in 100 Raumtheilen aus 8,13 ölbildendem Gas, 29,71 Grubengas, 43,38 Wasserstoffgas, 18,78 Kohlenoxydgas.

c) Ueber die Darstellung von Leuchtgas aus Schieferöl, vermittelst des Hydrocarbonprocesses rc., in den Vorlesungen.

Leuchtkraft des Gases.

§. 515.

Das Verhältniß der Leuchtkraft des Leuchtgases zu seiner Zusammensetzung betreffend, wurde bisher fast allgemein angenommen, daß die Leuchtkraft besonders dem ölbildenden Gase und dem Grubengase zuzuschreiben sei, daß dagegen Kohlenoxydgas und Wasserstoffgas völlig nutzlos seien. Neuerdings ist aber gezeigt worden, daß auch das Grubengas keine Leuchtkraft besitzt, daß nichtsdestoweniger aber auch die nicht leuchtenden Gase einen entschiedenen Nutzen in der Gasbeleuchtung besäßen.

a) Die Bestandtheile des Leuchtgases lassen sich in zwei Abtheilungen bringen:

α) Leuchtende Gase: ölbildendes Gas, damit polymere Kohlenwasserstoffe (Propylen, Butylen) und Dämpfe flüssiger Kohlenwasserstoffe (Benzol, Toluol, Xylol rc.);

β) Nicht leuchtende Gase: Wasserstoffgas, Grubengas, Kohlenoxydgas.

b) Die zweite Abtheilung ist ohne directen Einfluß auf die Leuchtkraft der Flamme, aber als Verdünnungsmittel ist sie der ersten Abtheilung unentbehrlich, weil in dieselbe gehörende Substanzen ohne solche Verdünnung zum Theil unter Abscheidung von Kohlenstoff (als Ruß) verbrennen würden.

Aufsammlung und Vertheilung des Gases.

§. 516.

Das gereinigte Leuchtgas, gleichviel ob Kohlengas, Holzgas oder Oelgas, wird nun in dem Gasometer (gasomètre, *gasholder*) aufgesammelt, dessen Hauptzweck ist, als Magazin zu dienen, um den Vorrath des während des Tages bereiteten Gases aufzunehmen, außerdem aber auch, das Gas unter mäßigen gleichförmigen Druck zu versetzen und es so mit gleichmäßiger Geschwindigkeit den Leitungsröhren und durch diese den Lampen zuzuführen.

§. 517.

Der Gasometer (Gasbehälter) ist eine aus Schwarzblechtafeln luftdicht genietete, oben verschlossene, unten offene Trommel, welche gegen das Rosten durch einen Theeranstrich geschützt ist. Er taucht entweder in aus Holz oder Eisenplatten zusammengefügte Wasserbehälter über der Erde, oder in mit hydraulischem Mörtel gemauerte Cisternen ein. Ein über den Wasserspiegel reichendes Rohr (*inlet-pipe*) führt das Gas zu; ein anderes, dem ersten ganz gleiches Rohr (*outlet-pipe*) führt das Gas an den Ort seiner Bestimmung. Beide Rohre können durch Schiebventile abgesperrt werden.

a) Bei dem Füllen des Gasometers ist das Ausflußrohr verschlossen; durch diese Absperrung sammelt sich das Gas in dem Gasometer an und hebt diesen nach und nach empor. Ist er ganz gefüllt, d. h. hat er den höchsten Stand erreicht, ohne ganz aus dem Wasser gehoben zu sein, so wird auch das Zuleitungsrohr verschlossen. Durch Oeffnen des Schiebventils in dem Ausflußrohr kann zu jeder beliebigen Zeit das erforderliche Gas ausströmen.

b) Die Größe der Gasometer ist leicht begreiflich sehr verschieden;

man hat sie bis zu 350,000 Kubikfuß Capacität, von letzter Größe z. B. bei der englischen Gascompagnie in Berlin, von 45 Fuß Höhe und 100 Fuß Durchmesser.

c) Da in großen Städten der Boden, die Grundfläche für die Gasometer sehr theuer ist, so kam es darauf an, Behälter zu construiren, welche dieselbe Gasmenge auf einer kleinen Bodenfläche fassen. Diesen Vortheil gewähren die von Tait construirten Teleskop-Gasometer (gasometer à lunette, *telescope-gasometer*), welche mit den aus in einander schiebbaren Röhren gefertigten Teleskopen große Aehnlichkeit haben.

§. 518.

Zur Fortleitung des Gases dienen eiserne, kupferne und messingene Röhren; die Hauptleitungsröhren (tuyaux de conduite, *street-mains*) sind fast stets aus Gußeisen. Aus diesen Hauptröhren verzweigen sich die Nebenröhren (tuyaux de distribution, *service-pipes*) aus Schmiedeeisen, Kupfer- oder Messingblech, oder der Biegsamkeit wegen zweckmäßig aus Blei, welche das Gas aus den Hauptröhren in die Häuser führen und sich nach den einzelnen Brennern verzweigen.

a) Ein sehr wesentlicher Punkt ist die richtige Weite der Haupt- und Nebenröhren; zu eng würden sie die Fortbewegung des Gases erschweren, zu weit unnöthige Kosten verursachen und auch das Gas verschlechtern.

b) Um den Druck beim Ausströmen des Gases aus dem Gasometer zu den Gasleitungsröhren zu reguliren, wendet man die Regulatoren (regulateurs, *governors*) namentlich die von Clegg an. Beschreibung derselben in den Vorlesungen.

§. 519.

Es liegt sowohl im Interesse des Gasfabrikanten als auch des Consumenten, genau die Quantität des innerhalb einer gegebenen Zeit verbrauchten Gases zu wissen; zu diesem Zwecke dienen die Gasmesser oder Gasuhren (compteur, *consumer's meter*), d. h. eigene Meßapparate von solcher Einrichtung, daß das durch einen mit Wasser gefüllten Behälter hindurchgehende Gas einen Flügelapparat in drehende Bewegung versetzt, der wieder ein Zeigerwerk in Bewegung setzt, wodurch man die durchgegangene Gasmenge nach Kubikfußen abliest.

§. 520.

Die Mündungen der Gasleitungsröhren führen den Namen **Brenner** (becs, *burners*). Die Leitungsröhren der Brenner, gewöhnlich aus Messing gefertigt, hängen gewöhnlich von der Decke und sind auch an der Wand befestigt und durch Kugelcharniere nach allen Richtungen hin beweglich. Sie endigen in den eigentlichen Brenner, einen Knopf von Schmiedeeisen, Porcellan oder Speckstein, in welchem sich die Oeffnungen für das Gas gebohrt befinden. An jedem Brenner befindet sich ein Hahn, um die Menge des zuströmenden Gases zu reguliren.

a) Bildet der Brenner eine einfach senkrecht aufgebogene Röhre, in deren Ende eine gerade Oeffnung in der Richtung der Axe gebohrt ist, so entsteht der einfache Strahl; die Flamme ist lang, kegelförmig, im Verhältniß zur Höhe sehr schmal, mit einem kreisförmigen Querschnitte. Bei Kohlengas beträgt die Oeffnung $\frac{1}{15}$ Zoll, bei Oelgas $\frac{1}{25}$ Zoll. Die Flamme ist blendend weiß, die Wirkung aber trotzdem sehr gering.

b) Sind die Oeffnungen in den Brenner gebohrt, so erhält man eben so viele von einander getrennte Strahlen, welche die **Hahnenspornflamme** (*cocks spur*) heißen.

c) Um die Helligkeit der Flamme noch mehr zu steigern, plattet man sie ab, d. h. man vergrößert die Oberfläche im Verhältniß zum Inhalt. Zu diesem Zweck bohrt man in den Brenner zwei runde Oeffnungen unter einem Winkel von 45°. Die beiden Flammen treffen sich sogleich nach ihrem Austritt und bilden eine breite Flamme, welche den Namen **Fischschwanzbrenner** (*fish tail*) führt.

d) Wünscht man eine fächerförmige Flamme, wie sie zur Straßenbeleuchtung sehr gebräuchlich ist (einen sogenannten **Fledermausflügel**, *bat's wing*), so werden die feinen Kanäle etwas mehr einander genähert und die einzelnen Strahlen durch einen feinen Einschnitt mit einander vereinigt.

e) Zuweilen wendet man auch nach dem **Argand**'schen Princip construirte Brenner an; die Flamme erhält hierbei eine röhrenartige Form. Die **Argand'schen Brenner** erhalten, so wie die Oellampen einen Glascylinder, der aber weniger hoch gemacht wird.

Anwendung des Gases zum Heizen.

§. 521.

Die Anwendung der Gasflamme zum Heizen scheiterte bisher an der Eigenschaft derselben, eine große Menge Ruß abzusetzen, wodurch die Gefäße beschmutzt wurden, außerdem auch nur eine geringe Heizkraft zu besitzen. Durch eine neuere Erfindung ist man aber in den Stand gesetzt, diese Uebelstände so vollständig zu beseitigen, daß man jetzt mit Gas dieselbe reinliche und heiße Flamme erhält wie beim Brennen von Spiritus. Die Erfindung besteht darin, das Gas vor der Verbrennung mit atmosphärischer Luft zu mischen, wodurch sich kein Ruß ausscheiden kann, da der Kohlenstoff den zu seiner Verbrennung erforderlichen Sauerstoff vorfindet. Es entsteht eine nicht leuchtende, aber auch nicht rußende Flamme.

a) Elsner (Ingenieur der städtischen Gasanstalt in Berlin) hat auf diesem Principe beruhende Heizlampen construirt, welche allen Anforderungen entsprechen.

b) Warum eine Gasmenge mit Luft gemengt größere Heizkraft besitzt als dieselbe Menge Gas, wenn sie mit leuchtender Flamme verbrannt wird, da doch die entwickelte Wärmemenge in beiden Fällen genau die nämliche sein muß, läßt sich auf folgende Weise erklären:

c) Leuchtende Flammen geben einen großen Theil ihrer Wärme durch Strahlung ab, der fast unbenutzt verloren geht, während die nämliche Wärmemenge, bei nicht leuchtender Flamme entwickelt, den Verbrennungsproducten verbleibt, um sich als geleitete Wärme den Wänden des Gefäßes mitzutheilen.

d) Die Heizapparate werden mittelst eines Schlauches von vulkanisirtem Kautschuk mit der Gasleitung verbunden und können an jedem beliebigen Orte aufgestellt werden.

Uebersicht
einiger der wichtigsten Schriften
über
Technologie.

I. Lehrbücher.

F. Knapp, Lehrbuch der chem. Technologie, 1. und 2. Band, Braunschweig 1847.

R. Wagner, Die chem. Technologie, 2te Auflage, Leipzig 1853.

Schubarth, Handbuch der techn. Chemie u. chem. Technologie. 4te Aufl. 4 Bde. Berlin 1851.

K. Karmarsch, Handbuch d. mechan. Technologie, 2te Aufl. 2 Bde. Hannover 1851.

Bernoulli, Handbuch der Technologie, 2te Aufl. 2 Bde. Basel 1840.

Hermbstädt, Grundriß der Technologie, 2te Aufl. 2 Bde. Berlin 1830.

Poppe, Volksgewerblehre, 7te Aufl. Stuttgart 1855.

Gottlieb, Taschenbuch d. chem. Technologie, Leipzig 1852.

II. Industrieausstellungsberichte.

Berliner Ausstellung im Jahre 1844; Amtl. Bericht darüber, 3 Bde. Berlin 1845.

Wiener Ausstellung im Jahre 1845; Bericht über dieselbe, Wien 1846.

Londner Ausstellung im Jahre 1851; Amtl. Bericht über dieselbe von der Berichterstattungs-Commission der Zollvereins-Regierungen, 3 Bde. Berlin 1852.

Münchner Ausstellung im Jahre 1854, Bericht der Beurtheilungs-Commission (herausgegeben von dem Vorstande der Commission, Staatsrath Dr. Fr. B. W. von Hermann), München 1855.

Hermann, Die Industrieausstellung in Paris im Jahre 1839; Nürnberg 1840.

III. Wörterbücher.

J. J. Prechtl, Technol. Encyclopädie, oder alphab. Handbuch der Technologie, der techn. Chemie und des Maschinenwesens, Bd. 1—19; Wien 1830—1855.

Karmarsch und Heeren, Technisches Wörterbuch, 3 Bde; 2te Aufl. Prag 1854.

IV. Periodische Schriften.

Bayerisches Kunst- und Gewerbeblatt (redigirt von Dr. Kaiser), München.

Hannover'sche Mittheilungen (redigirt von Karmarsch), Hannover.

Hessisches Gewerbeblatt (redigirt vom Regierungsrath Rößler), Darmstadt.

Fürther Gewerbezeitung (redigirt von Beeg, Bernheim und Brentano), Fürth.

L. Elsner, Die chem.-techn. Mittheilungen der Jahre 1846—48 ꝛc. Berlin.

Dingler, Polytechn. Journal; Augsburg 1820—1855.

Verhandlungen des Vereines für Gewerbfleiß in Preußen, Berlin 1822—1855.

Polytechn. Centralblatt (redigirt von Schnedermann und Böttcher), Leipzig.

Polytechn. Centralhalle (redigirt von Dr. Th. Kerndt), Leipzig.

Polytechn. Notizblatt (redigirt von Prof. Dr. Böttger), Frankfurt a. M.

V. Geschichte der Technologie.

J. Beckmann, Beiträge zur Geschichte der Erfindungen, V. Bd. Leipzig 1786—1805.

Poppe, Geschichte der Technologie, III. Bde.; Göttingen 1807—1811.

Poppe, Geschichte der Erfindungen, Stuttgart 1837.

Rehlen, Geschichte der Gewerbe, Leipzig 1855.

FSC
www.fsc.org
MIX
Papier | Fördert
gute Waldnutzung
FSC® C083411

Kolibri 360 GmbH
Ferdinand-Jühlke-Straße 7
99095 Erfurt, Deutschland
produktsicherheit@kolibri360.de